오나미 아츠시 | 지음

송명규 | 옮김

AK TRIVIA BOOK

머리말

이 책은 「총격전(銃擊戰)」이 무엇인지에 대하여 101항목에 걸쳐 논한 책입니다. 권총이나 소총, 기관총 등을 사용한 총격전의 기초지식은 물론 총기 탄약의 선택, 기본 노하우부터 응용 테크닉까지 가능한 한 알기 쉽게 풀어서 해설하였습니다. 처음부터 끝까지 통독하셔도 되고 보고 싶은 부분만 골라 보셔도 됩니다. 색인도 충실하게 구성하였으니 사전처럼 활용할 수도 있습니다.

자작 소설이나 자작 만화에서 총격전을 묘사하고 싶은 사람에게도 추천합니다. 적당히 마니악한 잡학도 갖추어져 있으니, 등장인물의 이야기에 적용한다면 '그럴싸한' 분위기를 연출할 수 있을 것입니다.

물론 총격전이 발생했을 때 일어날 만한 일이나 해야 할 일을 책에 전부 우겨넣어 버린다면 흥미가 없는 사람은 뭐가 뭔지 파악하기 힘들 것입니다. 그래도 건 액션 만화나 건 액션 전장이 무대인 영상 작품을 만들고자 한다면, 역시 최소한의 '룰' 정도는 파악해둘 필요가 있겠지요. 드라마적 측면을 중시하여 이야기를 진행한다고 해도 "사실은 이러하다"라는 사실을 알고 있는 상태에서 허구를 만드는 것과, 제대로 알아보지도 않고 엉터리 같은 이야기를 늘어놓는 것은 그 의미가 완전히 다르기 때문입니다. 「이거 실제론 어떤데?」와 같은 의문을 가지고 계속 조사하면서 자신의 작품과 진지하게 마주한다면 작품의 수준이 높아지게 되는 결과를 맞이할 수 있을 것입니다. 소설이든 만화든 영화든 작품을 만드는 인간은 노력을 게을리 해서는 안 됩니다.

총기를 사용하는 전투 기술이나 사상은 그 양이 너무나도 방대하기 때문에 한정된 지면으로는 모두 다룰 수가 없습니다. 총기를 다루는 방식이나 탄의 교환법 하나하나조차도 군이나 경찰 기관에서 「이렇게 해야 한다」라며 자신들만의 방식으로 가르치는 경우도 드물지 않습니다. 이 책에서는 「최대공약수적인 표현」, 「일반적으로 떠오르는 내용」이라고 할 수 있는 것들을 다루고 있습니다만, 그렇다고 여기서 다루지 않은 방식이나 내용을 부정하는 것은 아니라는 사실을 미리 밝힙니다.

당신의 흥미를 지식으로 바꾸는 트리비아 시리즈. 이 책을 다 읽었을 때는 지금까지 무시하거나 지나쳐왔던 건파이트 속의 동작 하나하나에 의미가 있는 것임을 깨닫게 될 것입니다. 아드레날린의 분비를 촉진시키며 읽어주신다면 감사하겠습니다.

오나미 아츠시

목차

제 1 장

기초지식 편

—총격전이란?—

No.001

총을 다루는 데 필요한 자질은?

총은 편리한 도구다. 일단 상대에게 겨누고 「방아쇠를 당기는」 행동 하나만으로도 치명적인 데미지를 줄 수 있다. 또한 날붙이나 곤봉 같은 무기와 달리 신체적인 단련이 그다지 필요 하지 않다는 것도 큰 특징이다.

●총이란 어떤 물건인가

도검이나 창, 활 등의 "사람이나 동물을 쓰러뜨리기(죽이기)" 위한 도구를 「무기」라고 부르지만, 그중에서도 총은 특히 강력한 부류에 속한다. 훈련받지 않은 여자나 아이가 검이나 창을 들어도 성인 남성과 치고받는 것은 만만치가 않지만, 손에 들고 있는 것이 총이라면 얘기는 상당히 달라진다.

총이라고 하는 무기는 남자와 여자, 어른과 아이, 노인과 젊은이도 상관없이 신체적인 핸디캡을 전부 무시하고 같은 선상으로 끌어올려 준다. 물론 어린아이가 「.44 매그넘(44 Magnum)」을 쏘는 것은 어렵지만 인간을 죽이기 위해 그런 총까지 동원할 필요는 없고—.22구경 총이면 충분하다— 단순히 살상력이 있는 총이라면 여자나 아이도 다룰 수 있다.

총을 다루기 위한 진입 장벽은 한없이 낮지만, 그것과는 별개로 「총을 다루기 위한 자질」이라는 것은 존재한다.

우선 무슨 일이 있어도 일정 이상의 근력은 필요하다. 특히 총을 쥔 상태를 계속 유지할 수 있는 「악력」과 「손목의 힘」이 필요하다. 2~3발 연속으로 쏘는 경우 근력이 부족하다면 조준이 어긋나면서 빗나가게 된다.

또한 정신적인 부분에서 「바로 패닉에 빠지는」 타입은 총을 다루는 데 적합하지 않다고 할 수 있다. 총은 정밀한 메커니즘으로 작동하는 기계다. 설계가 잘 되어 있는 총은 좀처럼 고장 나지 않지만, 그렇다고 절대로 고장이 나지 않는 것은 아니다. 사격 중에 트러블이 발생한다거나 하는 일이 예사롭게 발생하는데, 이때 태세를 정비해서 신속정확하게 배제동작으로 이행하지 않으면 생사가 위태로워질 수 있다.

시력은 「그렇게 중요한 문제는 아니다」라고 하는 사고방식도 있다. 저격할 때는 시력이 조금이라도 더 좋으면 좋겠지만, 일반적인 전투 거리에서는 「상대가 있는 곳 근처에 탄환을 쏘아버리면」 되므로 시력이 평균 수준이라면 문제가 없다고 할 수 있다. 안경으로 시력을 교정했을 때는 이따금 안경이 미끄러지면서 빈틈이 생기는 경우도 있지만, 그것은 총을 다룰 때만 발생하는 문제는 아니다.

총이란 어떠한 것인가?

지금까지의 「무기」는 사용자를 가렸습니다.

잘 드는 날붙이 **단단하고 튼튼한 봉**

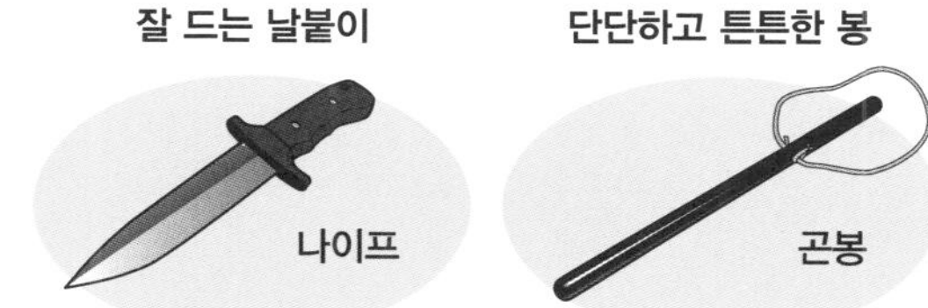

「살상력」이라고 할 만한 데미지를 주기 위해서는 일정 이상의 근력이나 체격 등이 필요하다.

「총」이라면 누구든지 간단히 사용할 수 있습니다!

원 터치로 탄이 나가는 총신

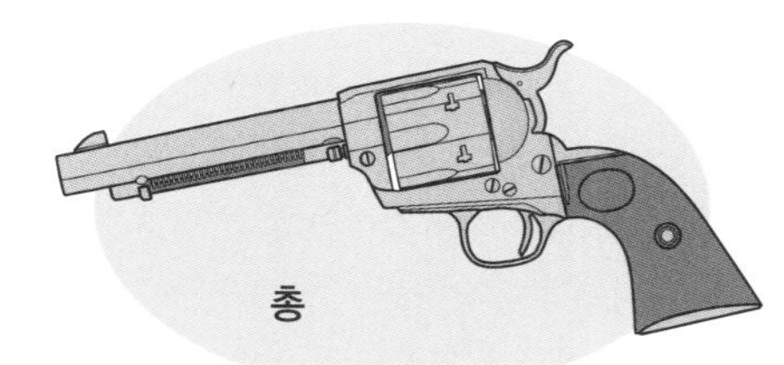

방아쇠를 당기기만 해도 일정 이상의 「살상력」을 발휘. 여자나 어린아이라도 성인 남성과 대등하게 싸울 수 있다.

…물론 그렇다고 해도 이러한 분은 무리일지도 모릅니다.

- **근력이 평균 이하이거나 손가락에 문제가 있는 사람.**
- **바로 패닉에 빠지는 사람.**
- **시력이 극단적으로 낮거나 아예 보이지 않는 사람.**

원 포인트 잡학

연발식 총이 등장하기 전에는 사용자를 사리지 않는 대표적인 무기로 「크로스보우(석궁)」가 있었지만, 단발인 데다 부피가 크다는 단점을 극복하지 못했다.

No.002

어떤 총이 총격전에 유리한가?

총격전에서는 적에게 탄을 명중시키기 쉽고 즉사시키거나 행동불능으로 만들 만큼의 위력이 있으며 장탄수가 많은 총이 유리하다. 하지만 아쉽게도 이러한 「명중 정밀도&위력&탄수」를 모두 완벽하게 갖춘 총은 아직 존재하지 않는다.

● 다양한 총이 있지만……

총에 흥미가 없는 사람에게 「총에 맞아 죽는다(또는 치명상을 입는다)」는 사실은 결정사항이며, 탄수나 사거리의 차이와 같은 총의 능력차 등은 사소한 것이라고 생각하기 쉽다. 하지만 실제로 총격을 주고받는 입장이 되면 상황(=자신이 무엇을 하고 싶은가?)에 맞게 골라야 할 총의 종류가 달라진다.

원거리에서 사격하고자 한다면 누가 뭐라 해도 소총이 최고다. **볼트액션 소총(Bolt Action Rifle)** 등은 연사하기 어렵거나 장탄수가 적다는 특징이 있지만, 거리가 벌어진다면 적이 접근하기 어려우므로 다음 행동을 생각할 여유가 생긴다.

기관총(Machine Gun)은 원거리에서 강력한 탄을 연속으로 발사할 수 있지만, 상당히 무거우므로 혼자서는 다루기 어렵다는 단점이 있다. **돌격소총(Assault Rifle)**은 기관총처럼 연사할 수 있으며, 소총처럼 혼자서도 들고 운반할 수 있다. 소구경(5.56mm) 클래스의 총은 장탄수가 많아서 완전 자동(Full Auto)으로 사격해도 탄약 걱정이 덜한 편이다. 대구경(7.62mm) 총은 **전투소총(Battle Rifle)**이라고 불리며 상당한 위력을 발휘한다.

근거리나 실내에서 벌어지는 전투에서는 다루기 쉬운 **권총(Pistol)**이 유리하다. 크게 **리볼버(Revolver)**와 **자동권총(Auto Pistol)**으로 나눌 수 있는데, 제대로 맞출 수 있게 될 때까지 훈련해야 하며 위력도 세지 않다. 군대에서는 호신용 정도로 취급하지만, 민간에서는 혼잡한 장소에서 총격전을 벌일 일이 많기 때문에 인기가 있다. **기관단총(Submachine Gun)**은 권총의 기관총 버전이라 할 수 있다. 권총탄을 완전 자동으로 사격할 수 있기 때문에 실내나 근거리 전투에 적합하다. 위력이 지나치게 높지 않다는 점 때문에 특수부대에서 즐겨 사용한다.

근거리에서는 **샷건(Shotgun, 산탄총)**이 이용된다. 사거리는 짧지만 산탄(한 번에 탄환이 수 발에서 수십 발이 튀어나온다)을 쓸 수 있기 때문에 정밀하게 조준할 필요가 없다. **비치사성 탄**을 사용하기 용이하다는 점도 큰 특징이라고 할 수 있다.

총격전에 임할 때는 자신이 가진 총의 카테고리, 전투 환경, 상대가 가진 총의 카테고리를 파악하여, 현장에서 자신이 유리한지 불리한지를 판단할 필요가 있다.

총의 카테고리

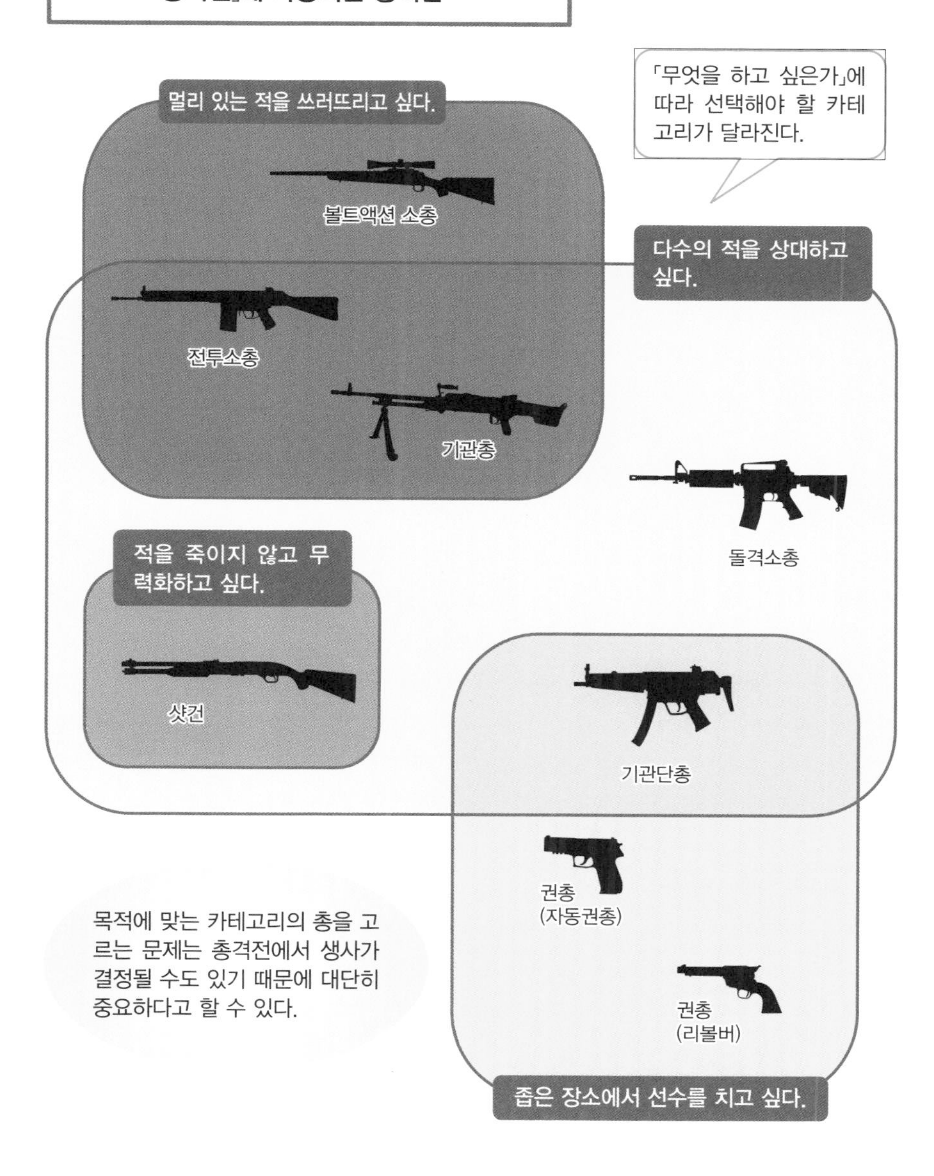

원 포인트 잡학

긴 총신과 총대(Stock)가 있으며 양손을 사용해서 사격하는 총은 그 생김새 때문에 「장총(長銃)」이라고 불리기도 한다.

No.003

총은 어떤 방법으로 조달할 수 있는가?

총은 편리하면서도 강력한 무기이다. 그렇기에 어느 시대, 어느 나라에서도 총은 권력자의 통제를 받으며 유통됐다. 따라서 총의 소지가 불법일 때는 물론이고 합법일 때에도 나름대로 고생할 수밖에 없다.

●강탈인가 구입인가

총을 조달하는 방법은 여러 가지가 있지만, 기본적으로는「강탈」이나「구입」중 한 방법으로 조달하게 된다. 그 외에도 "원래부터 총을 소지하고 있었던 인물이 자신의 총을 사용한다"고 하는 상황이 떠오를 수도 있겠지만, 이 세상의 모든 경찰이나 군대에서는 일반적으로 엄격하게 탄약을 관리하기 때문에 총을 계속 사용하기 위해서는「독자적인 탄약 조달 루트를 가지고 있다」등의 '설정'이 필요하다.

타인이나 시설 등에서 강탈하는 방법은 가장 빠르고 쉬워 보이지만, 불법이기 때문에 두고두고 고생하게 된다. 총이 (다소 제한은 있지만) 일반적으로 시중에 유통되고 있는 나라나 사회라면, 그것들을 판매하는 가게—총포상에서 총을 조달하는 것이 기본일 것이다. .22구경 정도의 총이라면 잡화점이나 슈퍼마켓과 같은 가게에서 입수할 수 있는 경우도 있지만, 이른바 '총기의 천국'이라는 비판을 받고 있는 하는 미국에서도 일반적인 마트 같은 곳에서 총기를 구하는 것은 어려운 곳이 많다(단, 탄약만이라면 OK인 경우도 있다).

「세기말」,「좀비물」이라는 장르에 속하는 창작물에서는 이러한 가게의 선반이나 창고에서 총을 빌려주는 장면을 쉽게 볼 수 있다. 특히 컨텐츠의 제작자 측에서 선호하는 것이「점주가 혼자서 가게를 보고 있는」것과 같은 상황이다. 이것은 사전에「막 들어온 참인 신제품」등과 같은 선전으로 다양한 타입의 총을 작품에 등장시킬 수 있기 때문이다. 이러한 총은 화면에 비쳤을 때의 임팩트가 크고 시청하는 사람에게 강한 인상을 쉽게 남길 수 있다.

하지만 일본이나 한국과 같이 총기규제가 삼엄한 나라가 무대인 픽션에서는 이러한 방법을 생각하는데 골머리를 썩을 수 밖에 없다. 예전이라면 뒷세계의 상인이나 야쿠자, 혹은 조직 폭력단의 무기고 등에서 조달한다는 패턴이 곧잘 이용되곤 했지만, 요즘 세상에는 그것마저도 현실감이 떨어진다. 경찰서에 보관되어있던 (수렵용)총기나 군의 무기고에서 빼돌리는 방법 또한, 해당 조직이 상당히 부패했다는 설정과 같이 극적 설득력을 실어주기 위한 묘사가 빠져서는 안 될 것이다.

총의 조달방법

총이 필요한 인물의 「성격」이나 「능력」에 따라서도 달라지지만, 크게 힘으로 빼앗는 방법과 돈으로 사는 방법의 두 가지로 나누어진다.

수단 1 **불법적으로 강탈**

- 경찰관이나 군의 구성원 등을 습격하여 자신의 것으로.
- 무기고나 총기 판매점 등을 습격.

수단 2 **합법적으로 구입**

- 허가증 등이 필요한 경우, 개인 정보가 유출될 우려가 있음.
- 구입할 수 있는 장소는 사회의 구조나 상황에 따라 달라짐.

무질서한 사회

나쁘다

치안

좋다

관리 사회

- 길가의 행상인에게서 구입.
- 슈퍼 등에서 구입.
- 총기 판매점에서 구입(등록필요).
- 지하 사회의 상인(바이어)에게서 구입.
- 불량 군인이나 공무원에게서 빼돌림.

원 포인트 잡학

현대 일본의 경우 엽총의 사용허가를 가지고 있는 인물의 집에 쳐들어가 빼앗거나 훔치는 등의 사례가 많다.

No.004

쓰레기 총을 뽑고 싶지 않다면?

인간은 무언가를 고를 때 조금이라도 상태가 좋은 것을 얻고 싶어 하는 법이다 그리고 그것이 「총」이라고 하더라도 마찬가지의 행동을 보일 것이다. 하지만 「정밀 기계」인 총의 상태를 체크하는 것은 겉으로 보이는 흠집이나 마모가 없는지를 확인하는 것만으로는 충분하지 않다.

●총의 컨디션 체크

누구든 자신의 목숨을 맡겨야 할 총은 최상의—이것이 안 된다면 하다못해 상태가 "사용하기 괜찮은" 것이기를 바랄 수밖에 없다. 군대나 치안기구에 소속된 사람이라면(그것이 어지간히 빈곤한 조직이 아닌 한), 비교적 품질이 우수한 총을 손에 넣을 수 있을 것이다. 하지만 일개 민간인이거나, 어둡고 범죄에 물든 암울한 인생을 사는 무법자 계열의 인물이라면 수중에 들어오는 총의 상태가 그다지 좋지 않은 경우가 많다. 입수 루트가 지하 사회의 상인이거나 법에 저촉되는 부업을 하는 지인 등을 거쳐 받게 되는 케이스는 특히 주의해야 한다.

상태가 심각한 총을 피하기 위해서는 물론 외관 체크를 빼놓아서는 안 된다. 표면에 큼직한 흠집이나 금이 가있는 총은 그만큼 거칠게 사용되었다는 말이다. 따라서 그 부분뿐만 아니라 다른 부분도 데미지를 입었을 가능성도 있다. 물론 녹이 슬어있는 물건은 논할 가치도 없고 말이다.

다음은 슬라이드나 방아쇠 등의 중요한 가동 부분이 매끄럽게 움직이는지, 탄창이 훌렁 빠지는지 등을 체크한다. 미세한 불안 요소가 있다면, 그것이 조정해서 고칠 수 있는 것인지, 부품을 교환해야 하는지에 따라 사용할 수 있을 때까지 드는 수고가 달라진다.

격철(Hammer, 공이치기)이나 탄창 멈치(Magazine catch) 등의 스프링이 약해지지는 않았는지를 확인하는 것도 잊어서는 안 된다. 작동에 문제가 있는 총은 위험하니 쓰지 않는 것이 좋다. 여차하면 작동 불량을 일으켜서 목숨을 잃을 수도 있기 때문이다.

일반적으로 자동차와 같은 것을 구입할 때는 실물을 본 다음, 시승을 해봐서 잘 달리는지를 확인하곤 한다. 물론 총을 살 때도 「시험 사격」을 해봐야 하겠지만, 한 발이라도 쏜다면 중고가 되어버리기 때문에 파는 측에서는 꺼릴 수밖에 없다. 신품이라면 그것도 어쩔 수 없겠지만, 중고품일 때에는 가능하면 시험 사격을 해봄으로써 강선(Rifling)의 마모 상태를 확인할 필요가 있을 것이다.

총의 상태

총에는 「상태가 좋은 총」과 「상태가 좋지 않은 총」이 있다.

총의 상태=「컨디션」을 파악하려면…

1. 표면의 흠집이나 녹슨 정도를 본다.
2. 가동부가 매끄럽게 움직이는지를 확인한다.
3. 용수철 등이 주저앉지는 않았는지 밀어본다.

총이 「판매용」이나 「대여용」일 경우 탄을 넣지 않고 쏘는 「빈총 격발」을 하면 판매원이 노골적으로 불쾌한 표정을 지을 수 있으니 주의!

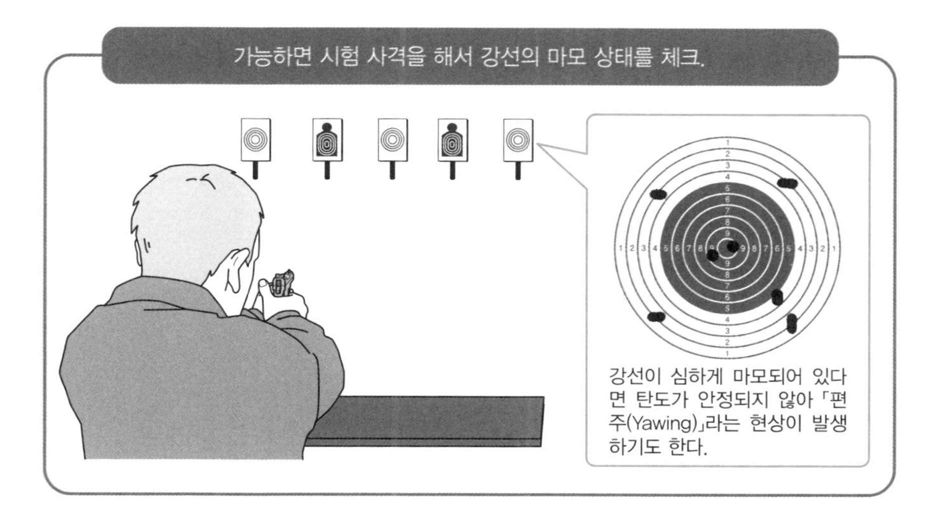

원 포인트 잡학

편주 현상을 일으킨 탄환으로 인해 생긴 구멍은 열쇠 구멍처럼 홀쭉해서 「키홀(Keyhole)」이라고 한다.

No.005

권총은 자유롭게 휴대할 수 없다?

귀찮은 소지 요청을 클리어하고 권총을 손에 넣었다고 하더라도, 그것을 자유롭게 들고 다니는 것까지는 허락되지 않는 경우가 많다. 일반적으로 소지허가증과 휴대허가증은 따로 발급되기 때문이다.

●권총의 「소지」와 「휴대」는 다른 것

대표적인 총기 대국으로는 미국을 들 수 있다. 이 나라는 헌법에서 「총기를 소지하는 권리」를 보장하고 있어서, 총기 규제 법안이 나올 때마다 「헌법에 위배된다」라며 반대 운동이 일어난다.

하지만 그런 미국에서도 모든 총기 규범이 무제한/무원칙이라는 말은 아니다. 특히 들고 다니거나 몰래 소지하는 것이 간단한 "권총"에 대해서는 당국이 항상 신경을 곤두세우고 있다. 미국이라 할지라도 누구든지 권총을 소지할 수 있는 것은 아니라서, 반드시 당국에 신고해야만 한다.

신청을 하고 나면 「선량한 시민이며 범죄 이력이 없다」, 「정신질환 등을 앓고 있지 않다」 등의 사실을 확인한 이후에야 비로소 총기 소지 허가를 받을 수 있게 된다. 지역에 따라 신청하고 나서 허가증이 나올 때까지 며칠에서 길게는 몇 주 정도의 시간이 걸리는데, 이 기간에 신청자의 경력이나 사상 등을 두루 조사하게 된다. 또한 이 기간은 신청자가 감정적인 이유로 총을 소지하려고 했을 경우, 일정 시간을 줌으로써 머리를 식히고 냉정함을 되찾을 기회를 준다는 의미도 있다.

다행히 허가가 나온다고 해도 권총을 자유롭게 가지고 돌아다녀도 된다는 말은 아니다. 일반적으로 자택 등의 정해진 장소에서 보관하게 되어 있으며, 호신용 등의 명목으로 몸에 지니기 위해서는 「휴대허가」를 신청해야 한다.

어떤 상태를 "휴대"라고 불러야 할지 그 기준도 다양하지만, 「핸드백 속 등에 넣는다」, 「홀스터(Holster)에 수납하고 벨트 등에 장착한다」라고 하는 것은 휴대하고 있다고 불러도 지장이 없다. 그중에서도 "바로 사용할 수 있는 상태이며 한눈에 보아도 가지고 있다는 사실을 알 수 없는 상태"로 휴대하는 것을 「컨실드 캐리(Concealed carry)」라고 한다. 이 휴대 방법을 당국에 인정받기 위해서는 일단 "직업적인 이유"와 같이 일단은 명분이 필요하다. 그냥 단순히 "세상이 뒤숭숭하니 자기방어를 해야겠다." 등의 이유로는 허가받기가 쉽지 않을 것이다.

권총의 소지와 휴대

권총을 소지하려면……

· 범죄 이력이 없다(선량한 시민이다).

· 정신 질환을 앓고 있거나, 마약 의존/중독자가 아니다.

· 일반적으로 요청하고 나서 심사가 끝날 때까지 수일이 걸린다.

권총의 소지

구입한 총을 자택 등의 보관 장소에 둘 것.

사격장 등으로 운반할 때는 가방에 넣거나 자동차의 트렁크에 수납하는 것처럼「즉시 사용할 수 없는」상태여야 한다.

권총의 휴대

구입한 총을 홀스터 등에 넣어서 가지고 돌아다니는 것.

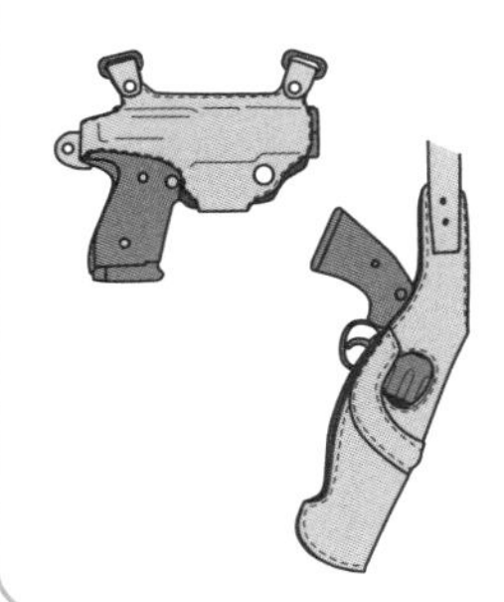

미국 같은 나라에서도 권총의「휴대」에 관해서는 신중하게 심사하는 일이 많다.「들고 다니다가 바로 쏠 수 있는」상태는 범죄자들에게도 상당히 유리한 상태이기 때문이다.

※ 어렵게 심사를 거쳐「소지허가증」이 발급되었다고 하더라도「휴대허가증」까지는 발급되지 않는 케이스도 많다.

원 포인트 잡학

컨실드 캐리란「안전장치를 해제하면 발포 할 수 있는 상태의 총을 홀스터 등에 넣어서 휴대한다」는 말을 가리킨다. 이것을 금지한 주는 많다.

No.006

권총의 안전장치는 어떠한 것이 있는가?

「권총은 안전장치를 풀지 않으면 쏠 수 없다」는 것이 일반적이지만, 안전장치의 타입은 총의 모델마다 다양하다. 가지고 있는 총의 안전장치가 어떤 종류인지를 파악해두지 않으면 급할 때 곤란해질지도 모른다.

●안전장치의 종류와 역할

안전장치라고 해도 어떤 원리로「총을 안전한 상태가 된 것인가」에 따라 그 종류가 다양하게 분류된다. "안전"하게 만드는 방법이 달라지면 장치에 장착된 위치나 조작 방법도 달라진다.

외견으로 판단하기 쉬워서 많은 권총에 채용되는 것이「매뉴얼 세이프티(Manual safety)」라고 불리는 안전장치다. 대표적으로「콜트 거버먼트(Colt Government)」와 같은 "방아쇠를 잠그는" 타입과「베레타 M92(Beretta M92)」등의 "방아쇠를 빡빡하게" 만드는 타입이 있다. 기본적으로 오른쪽 검지로 조작하기 때문에 총의 왼쪽 면, 손잡이 근처에 있는 경우가 많다.

매뉴얼 세이프티는 안전장치의 ON/OFF를 그 이름처럼 수동으로 조작하는 것이 특징이지만, 특별한 조작을 하지 않고 자동으로 해제하는 안전장치도 있다. 손가락을 방아쇠에 걸면 해제되는「트리거 세이프티(Trigger Safety)」나, 손잡이를 쥐면 해제되는「그립 세이프티(Grip Safety)」등이 그렇다. 방아쇠나 손잡이를 만지지 않았을 때는 자동으로 안전장치가 걸린 상태가 되므로, 깜빡해서 안전장치를 거는 것을 잊을 일도 없다.

자동권총(Auto Pistol)은 탄창을 뽑아도 종종 약실에 탄이 남아있을 때가 있지만,「탄창멈치(Magazine Safety)」기능이 있는 권총은 탄창을 넣지 않으면 방아쇠를 당길 수 없게 되어 있다.

또한 자동권총은 총을 쓰지 않을 때는 격철을 사격전에 안전한 상태로 되돌려야 하지만, 이때 격철이 움직이지 않도록 손가락으로 누른 상태로 방아쇠를 당겨서 그대로 천천히 격철을 되돌릴 필요가 있다. 격철을 당긴 상태라면 손가락이 미끄러져서 격철이 작동되어 총을 격발시키는 일도 많았기 때문이다. 이처럼 격철을 당기면 격발 사고가 발생할 원인이 될 수도 있었다. 이러한 사고를 막기 위해 일부 모델에는 기계적으로 격철을 원 위치시키는「디코킹 레버(Decocking Lever)」를 탑재한 제품도 등장하고 있다(일반 리볼버에 디코킹 기능을 가진 모델은 없다).

총의 안전장치

매뉴얼 세이프티

권총에 장착된 안전장치의 표준.
엄지손가락으로 조작하기 때문에 「썸 세이프티(Thumb Safety)」라고도.

방아쇠를 물리적으로 잠그는 타입.

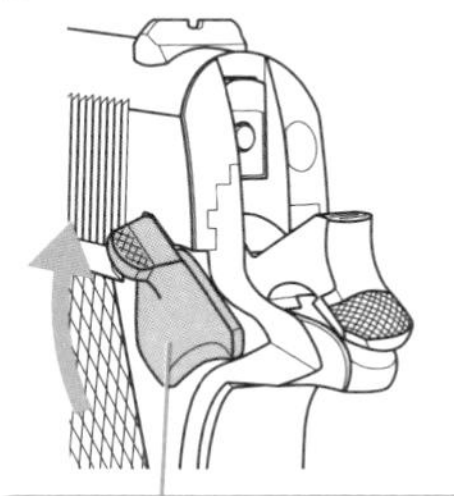

레버를 움직이면, 방아쇠를 당길 수 없게 된다.

격철과의 연동을 차단하는 타입.

격철이 안전위치에 디코킹되는 것도 있다.

레버를 움직이면 방아쇠가 뻑뻑하게 된다.

그 외에도 다양한 타입의 세이프티가 존재한다.

트리거 세이프티

손가락을 방아쇠에 걸지 않으면 방아쇠를 당길 수 없다.

그립 세이프티

손잡이를 쥐지 않으면 방아쇠를 당길 수 없다.

탄창 멈치

탄창을 넣지 않으면 안전장치가 해제되지 않는다.

디코킹 레버(디코커)

레버 등을 조작하면 격철이 떨어진다.

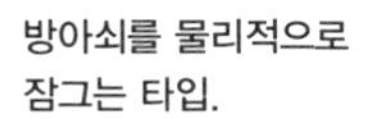

개발 콘셉트에 따라 복수의 안전장치를 조합하는 것도 많다.

원 포인트 잡학

「디코킹(Decocking)」이란 「코킹(Cock, 격철이나 레버를 조작해서 총을 발사 가능한 상태로 만드는 것)」된 총을 원래 상태로 되돌리는 것을 말한다.

No.007

총을 쏠 때 안경은 필요한가?

「정조준 사격」이라는 말처럼, 총탄을 표적에 맞추기 위해서는 "잘 보고" 조준할 필요가 있다. 시력이 나쁜 사람은 안경이나 콘택트렌즈 등의 시력을 교정할 도구가 필요해지지만, 그것과는 별개로 「안경과 사격」에는 깊은 관계가 있다.

●사방으로 튀는 섬광, 뿜어져 나오는 화약 찌꺼기

사격할 때 사수의 눈을 보호하는 장비를 「아이웨어(Eyewear)」라고 한다. 총을 쏘면 장약(화약)이 연소하면서 발생하는 섬광 때문에 눈이 부시거나 타고 남은 찌꺼기가 주위에 튀면서 눈에 들어가기도 한다. 또한 격렬한 총격전 중에는 가까이에 퍼부어진 적의 탄환이 바리케이드를 부수면서 납이 섞인 파편이 무차별적으로 날아오며, 자신이나 아군의 총에서 튀어나온 빈 탄피가 떨어지는 일도 많다.

한순간의 빈틈이 생사를 가르는 건파이트에서 의도치 않게 눈을 감게 되는 위험은 조금이라도 배제해둘 필요가 있다. 총을 쏠 때는 사격용 「슈팅 글라스(Shooting Glass)」를 장착해두어야 하지만, 뛰어오르거나 날려가는 등 거칠게 움직여야 하는 일도 많기 때문에 흘러내리기 쉬운 안경 타입보다 고무벨트로 머리를 고정하는 「슈팅 고글(Shooting Goggles)」 쪽이 안정적이다.

고글 타입은 안경에 있는 "옆의 빈틈"도 없기 때문에 모래 먼지가 많은 장소에서도 문제없다. 슈팅 글라스나 슈팅 고글은 내충격성이 뛰어날 뿐만 아니라, 사용하는 환경에 맞춰서 밝기나 명암이 다른 것을 선택할 수 있도록 그레이나 오렌지 등 다양한 색상도 준비되어 있다.

콘택트렌즈는 「눈 보호구」가 될 수 없다. 콘택트렌즈는 맨눈에 가까운 감각으로 시력을 교정(강화)할 수 있는 편리한 아이템이지만, 보관이나 취급을 대충 했다가는 파손되기 십상이기 때문이다. 맨눈이나 안경이라면 눈에 모래나 먼지가 조금 들어가더라도 수통의 물로 씻어낼 수 있지만, 콘택트렌즈는 일단 눈에서 떼어낼 필요가 있다. 이때 손이 지저분하거나 벗겨낸 콘택트렌즈를 놓아둘 장소가 지저분하다면 다시 쓸 수 없는 상태가 되어버리기도 쉽다. 미군에서는 이라크 전쟁에 파병 간 병사 중에 콘택트렌즈 사용자가 적지 않았기 때문에, 1회용 타입 렌즈를 사용하거나 고글과 같이 병용하는 등의 방법을 고안했다고 한다.

아이웨어

건파이트에는 다양한 위협에서 눈을 보호할 필요가 있다.

단…

선글라스나 일반 안경은 강도가 충분치 않으므로 NG!

기본은 사격용으로 만들어진 「슈팅 글라스」를 준비해야 한다.

게다가…

「슈팅 고글」은 옆의 틈을 가려주므로 화약 찌꺼기나 모래 먼지까지 막아준다.

렌즈 색상의 특징

그레이	주위의 색조는 그대로 유지하고 밝기만을 떨어뜨린다.
오렌지	밝기를 떨어뜨려 명암을 높여준다.
옐로	주위를 밝게 해주며 명암을 높여준다. 흐린 날이나 밤에 적합하다.

원 포인트 잡학

슈팅 글라스의 대부분은 안경을 쓴 위에도 착용할 수 있도록 디자인되어 있다.

No.008

귀마개 없이 총을 계속 쏘면…?

「소리」가 귀에 주는 데미지는 무시할 수 없다. 커다란 소리를 계속 들으면서 생활하다 보면 난청이 된다는 사실은 잘 알려졌는데, 총성에도 같은 효과가 나타나기 때문이다. 게다가 총성은 「충격음」이기도 하기 때문에 일반 소음보다 성가시다.

●청력의 보호

총성에 의한 데미지로부터 귀를 보호하려면 귀마개를 할 수밖에 없다. 하지만 눈가리개를 하고 싸우는 것이 어려운 것처럼, 귀마개를 해서 소리를 차단해버리면 귀를 통한 정보 입수가 곤란하게 된다. 적의 발소리나 장비가 부딪치는 소리로 접근을 파악하거나, 탄창을 떨어뜨리는 소리로 탄이 고갈되었음을 탐지하는 것 등등 주위의 다양한 상황을 인식하기 어렵게 되고 만다.

애당초 전투 중에는 발포음 따위에 신경 쓸 겨를이 없으며, 훈련을 하다 보면 자연스레 총성에 익숙해지기 때문에 문제가 되지 않는다고 생각하는 사람도 적지 않지만, 그것은 "심리적으로 총성을 무시할 수 있게 된 상태"일 뿐, 그 데미지는 귀에 확실히 누적된다. 그리고 90db 이상의 소리에 계속 노출되면 난청이 될 가능성이 높아진다.

전철이 지나갈 때의 소리가 100db(다리 밑에서 체크 시). 제트 엔진의 굉음이 약 120db. 이에 반해 총성의 크기는 약 140db나 된다(.22구경탄. 소총탄이나 매그넘이라면 165db 전후 쯤 된다). 물론 총성은 한순간에 사라지는 성질을 가진 소리이지만, 순간적인 대용량의 소리는 충격파가 되어 듣는 사람의 귀를 덮친다. 이러한 경우 90db 이하의 소리라도 청각 장애를 일으킨다는 사실이 증명되었다. 이것은 「음향성 외상」이라고 하는 장애로 귀 안쪽의 청각 세포가 사멸하면서 일어난다. 처음에는 높은 음역이 들리지 않게 되지만, 이 음역은 일상회화와 무관계하므로 자각 증상이 없다. 하지만 시간이 지나면서 증상은 서서히 진행되어 일상생활에 필요한 음역이 들리지 않게 된다.

훈련으로 귀를 단련시키는 것은 어렵고 한 번 저하된 청력을 회복시키기도 어렵다. 그래서 사격장 같은 곳에서는 「보호구(Ear Protection)」를 장착하는 것이 일반적이며, "총성만 차단하고 회화는 들리는" 첨단 제품도 개발되고 있다. 일상적으로 폭발음에 휘말리는 사람의 경우, 휴대하기 쉬운 귀마개=이어플러그(Earplugs)를 이용한다. 고무나 스펀지 제품이 쓸 만하지만, 없으면 담배 필터나 휴지조각을 채워 넣기만 해도 그럭저럭 효과를 볼 수 있다.

여러 가지 귀마개

나이가 들어 난청이 생기는 것을 막고 싶다면… 사격 시에는 귀마개를 잊지 말도록.

◀ 사격 훈련이나 슈팅매치(사격 경기)에서는 헤드폰형 보호구가 주류.

하지만 병사, 경찰관, 암흑가의 인물들은 부피가 큰 헤드폰형 보호구를 휴대하고 다닐 수 없으므로…

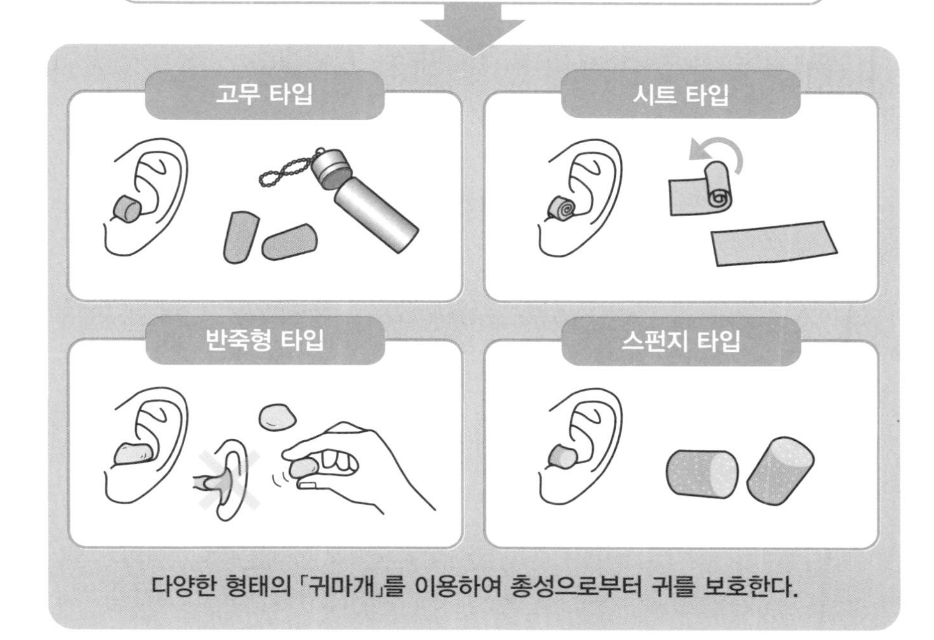

다양한 형태의 「귀마개」를 이용하여 총성으로부터 귀를 보호한다.

원 포인트 잡학

권총의 빈 약협을 귀에 넣는 것은 좋지 않다. 총성은 충격파이기 때문에 금속 부분을 통해서 고막이나 귓속의 공기에 직접적으로 충격이 전달되기 때문이다.

No.009

총을 쏠 때 적합한 복장은?

과녁을 쏘는 것뿐이라면 총과 탄약만 있으면 충분하지만, 달리거나 뛰어다니는 총격전을 하는 거라면 나름대로 복장을 갖출 필요가 있다. 총격전이 「서로의 기술을 주고받는」 것이라면, 복장 하나만으로도 승패가 판가름 나는 경우도 있기 때문이다.

●건파이트에 적합한 복장

수영 선수가 물의 저항이 적은 수영복을 입거나 단거리 주자가 마찰력이 큰 신발을 신듯, 총격전에도 알맞은 스타일의 복장으로 임함으로써, 집중력을 높이고 실수를 줄이며 결과적으로는 승패의 행방을 유리하게 끌어올 수 있다.

총을 다룰 때 바람직한 것은 「움직이기 쉬운 복장」과 「노출이 적은 복장」이다. 기본적으로는 「긴 소매와 긴 바지」라고 할 수 있지만, 소맷자락이 건벨트에 달아놓은 장비에 걸리는 것이 싫어서 반소매를 선호하는 사람도 있다. 이러한 경우에도 옷의 가슴께에 옷깃이 있는 옷을 입는 케이스가 많다. 이것은 도탄으로 인한 파편이나 빈 약협 등이 가슴께에서 옷 속으로 들어오는 것을 막기 위함이다.

머리에는 모자, 눈은 슈팅 글라스, 발은 익숙한 스니커나 택티컬 부츠(Tactical Boots) 등등으로 보호하고, 중요할 때 집중력이 풀리지 않도록 신경 쓴다. 가죽이나 화학 섬유로 만들어진 장갑은 슈팅 글러브(Shooting Glove)라고 하는데, 격렬하게 움직이는 **자동권총**의 슬라이드에 손가락이 끼거나 과열된 **리볼버** 권총의 총신이나 실린더 때문에 화상을 입을 위험을 막아준다.

장갑을 쓰고 총을 쏘면 손바닥에 받는 충격을 다소 완화할 수 있다고 한다. 하지만 동시에 「손가락에 전해지는 미묘한 감각」마저 차단해버린다. 그 때문에 정밀 사격을 할 때는 오히려 방해가 된다는 인식도 뿌리가 깊어서 집게손가락의 끝 부분만 잘라버리는 경우도 있다. 또한 익숙하지 않은 경우에는 손이 미끄러지는 일도 있기 때문에 차라리 「장갑 같은 건 필요 없다」고 말하는 사람도 적지 않다. 이러한 점은 무엇을 우선시하는가에 따라 호불호가 갈라지므로 각자의 감각이나 기호에 따라 판단해도 된다고 생각한다.

물론 이러한 생각은 흔히 「교과서대로」라고들 하는 일반적인 스타일로, 유리한 복장이라는 것은 사람마다 제각각 천차만별이라고 할 수 있을 정도로 다르다. 예를 들어 어떤 복장이라도 사격 시의 집중력을 높이고 최고의 움직임을 발휘하는데 도움이 된다고 한다면, 그것이 그 사수에게는 최고의 스타일인 것이다.

오늘의 코디네이트는……

교과서대로의 정석이라면…

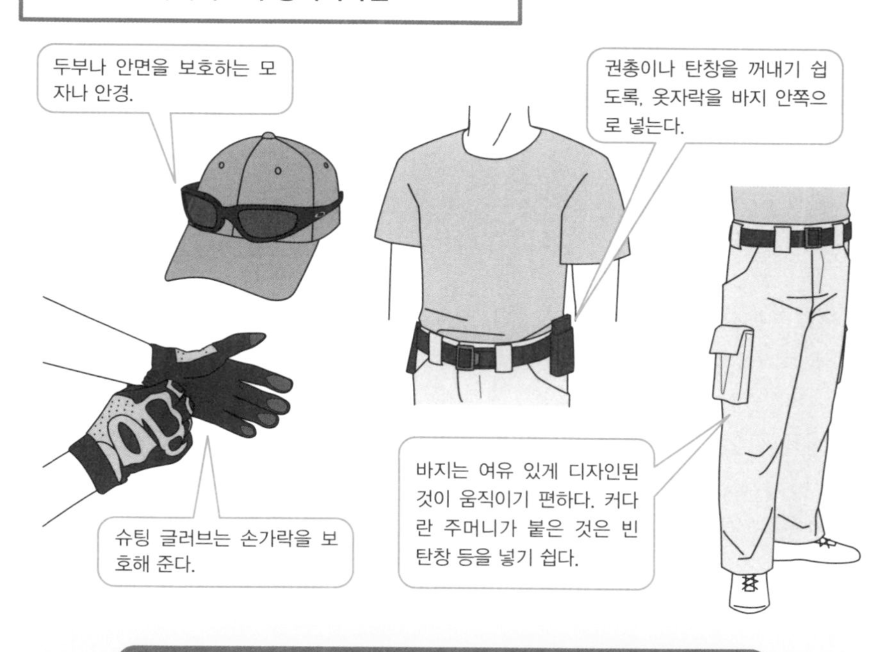

권총을 소지하려면……

아무리 기발하게 보이는 복장이라고 하더라도 여기서 중요한 것은 「그 스타일을 한 상태에서의 난전」에 익숙한지의 여부이다.

원 포인트 잡학

기발한 복장은 그것을 목격했을 때 발생하는 「한순간의 망설임」을 끌어내는 데 유효하다는 견해도 있다. 숙련된 사람끼리의 총격전에서는 찰나의 빈틈이 승패를 좌우하는 경우도 있기 때문이다.

No.010

총격전에 맞는 숄더 홀스터란?

홀스터(Holster)란 총을 휴대하기 위한 케이스이다. 숄더 홀스터(Shoulder Holster)는 어깨 밑에 권총을 매달은 디자인으로 되어 있다 이것은 겉옷을 걸쳐 입음으로써 총의 존재를 눈치 채기 어렵게 하는 반면, 사용할 때는 꺼내기 어렵다는 단점이 있다.

●은닉성 + 즉응성

마을의 경찰관처럼 「총을 가지고 있는 사실을 과시하는」 것에 의미가 있는 직업이라면 모르지만, 대부분은 「총을 가지고 있다는 사실을 숨기면서도 여차하면 재빠르게 꺼내 쏘고 싶다」고 생각한다. 꺼내서 쏘는 속도만을 생각하면 허리에 다는 「힙 홀스터(Hip Holster)」야말로 최적이라고 할 수 있지만, 이 타입의 홀스터는 총을 가지고 있다는 사실을 주위에서 눈치 채기 쉽다.

그래서 은닉성이 뛰어난 「숄더 홀스터」가 필요하게 되지만, 모든 물건에는 장점이 있으면 단점도 있듯, 숄더 홀스터는 재빠르게 꺼내서 쏘는 것이 어렵다는 단점이 있다.

숄더 홀스터의 은닉성을 유지한 채 재빠르게 꺼내 쏠 수 있는 홀스터는 만들 수 없는 것일까? 그런 것을 생각한 디자이너들은 이윽고 「프런트 브레이크(Front Break)」, 「섬 브레이크(Thumb Break)」라는 타입의 홀스터를 만들어냈다.

프런트 브레이크라고 불리는 숄더 홀스터는 그 이름대로 홀스터의 앞부분이 활짝 열린 디자인으로 이루어져 있다. 갈라진 부분에서 강한 탄성으로 권총이 떨어지지 않도록 유지하면서, 사용할 때는 손잡이를 쥐어서 잘라낸 부분에서 총을 뽑아내는 것이다. 홀스터 안에 총을 세워서 수납하기 때문에 매그넘 권총과 같이 총신이 비교적 긴 모델에 적합하도록 만들어진 것이 많다.

섬 브레이크라고 하는 타입은 권총을 수평방향으로 수납하여 튼튼한 버튼 등으로 고정하는 것으로, 그 이름은 물림쇠를 '엄지로 벗겨서' 총을 빼내는 모습에서 유래되었다. 첫 탄의 명중률을 높이는 **콕&록**(Cock&Lock : 격철을 당긴 상태에서 안전장치를 거는 것)이 가능한 권총을 사용할 때는, 물림쇠 부분을 '콕(Cock)된 격철'에 끼워 넣음으로써 안전성을 향상시킬 수 있다.

건파이트에 적합한 홀스터

총이 떨어지지 않도록 단단히 고정되면서
재빠르게 꺼낼 수 있는 홀스터를 추천.

「프런트 브레이크」타입 숄더 홀스터.

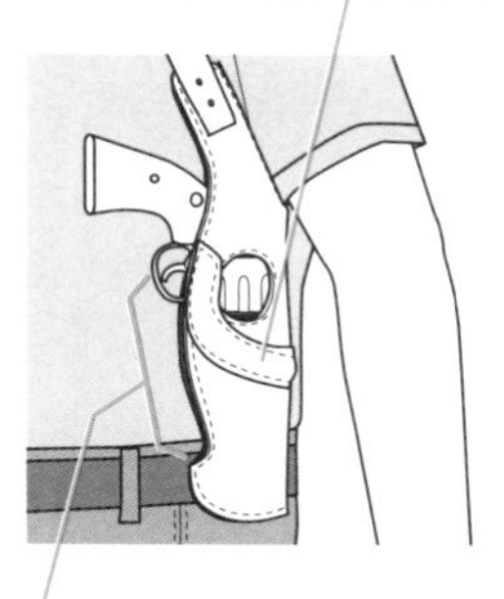

「썸브레이크」타입 숄더 홀스터.

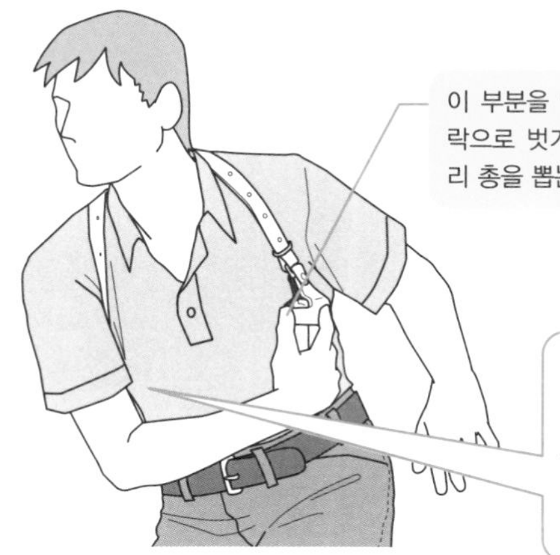

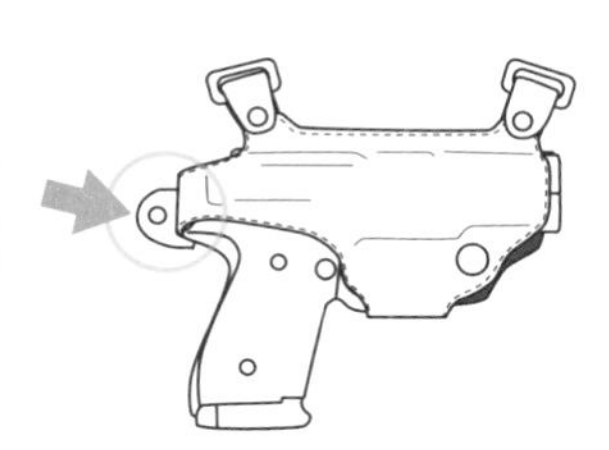

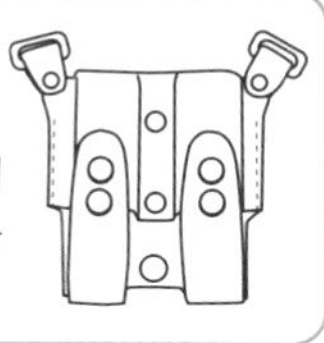

원 포인트 잡학

여성이 스커트를 입을 경우, 디자인에 따라서는 건벨트를 쓸 수 없으므로 숄더 홀스터가 편리하다. 바스트라인의 굴곡으로 홀스터의 존재를 숨길 수 있다는 이점도 있기 때문이다.

No.011

총을 매달 때 전용 벨트가 필요할까?

옛날 서부개척시대의 총잡이들은 벨트와 홀스터가 일체화된 「건벨트」를 사용하여 권총을 몸에 지니고 있었다. 현대에는 벨트와 홀스터는 따로 분리되어 취향이나 목적에 따라 조합할 수 있게 되었다.

●폭이 넓고 튼튼한 것이 이상적

현대의 건벨트는 서부개척시대처럼 올인원(All-in-One) 타입인 것이 아니라 필요한 장비를 직접 응용한 벨트에 장착하는 형식으로 만들어진다.

홀스터나 탄창 주머니(Magazine Pouch) 등의 장비에는 처음부터 「벨트 루프(Belt Loop)」가 달려 있어서 휴대 전화나 디지털 카메라의 파우치처럼 벨트에 달아놓을 수 있다. 홀스터 등의 루프(벨트가 지나가기 위한 고리)는 조금 크게 만들어져 있으므로 기본적으로 어떤 벨트에도 장착할 수 있다. 일부러 전용 벨트를 준비하지 않더라도 지금까지 사용해왔던 슈트나 청바지의 벨트에 사용할 수 있다는 것이다.

하지만 총을 넣어두는 홀스터나, 탄을 가득 채워 넣은 탄창 등은 상당히 무겁다. 벨트가 가늘다면 장비가 허리 언저리에 고정되지 않아서 흔들거리기 때문에 상당한 피로감을 느끼게 된다.

이상적인 것은 역시 폭이 넓고 두꺼운 전용 벨트를 준비하는 것이다. 이러한 벨트는 「헤비 듀티 벨트(Heavy Duty Belt)」, 「택티컬 벨트(Tactical Belt)」 등의 명칭으로 제품화되어 있으며 홀스터 등을 취급하는 업자가 다양한 종류의 제품을 판매하고 있다.

입고 있는 바지의 디자인(벨트 루프가 폭이 좁은 벨트밖에 맞지 않는 것과 같은)에 따라 폭이 넓은 벨트를 쓸 수 없는 가능성도 크지만, 이런 경우에는 「벨트 루프(belt loop)」라고 부르는 작은 밴드를 사용하면 된다.

이것은 일반 벨트와 폭이 넓은 벨트를 함께 고정시킬 수 있는 벨트로, 허리둘레에서 걸리적거려서 불편하긴 하지만 필요 없어졌을 때 벨트 체로 장비를 벗겨낼 수 있다는 이점도 있다. 특히 무선기나 수갑과 같은 "총격전과는 관계없는 장비"도 함께 휴대해야만 하는 경찰관 같은 경우에는 유용하게 쓰이기도 한다.

현대의 건벨트

총을 허리 부분에 달고 다니면서 휴대하고 싶다면
우선 탄탄하게 고정할 수 있는 「벨트」를 골라보자.

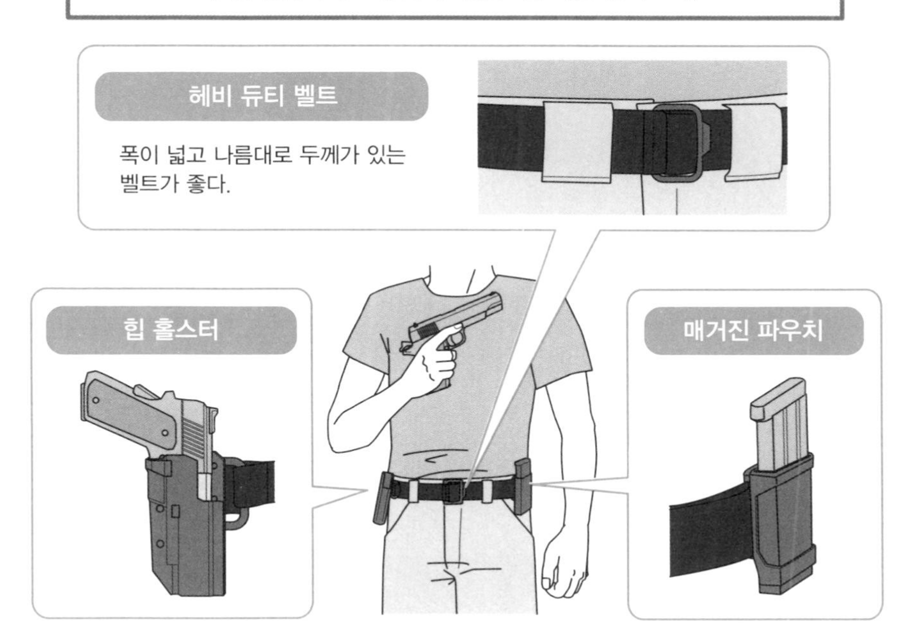

폭이 넓은 벨트를 착용하면 홀스터나 파우치 등의 장비품을 단단히 고정해둘 수 있게 된다.

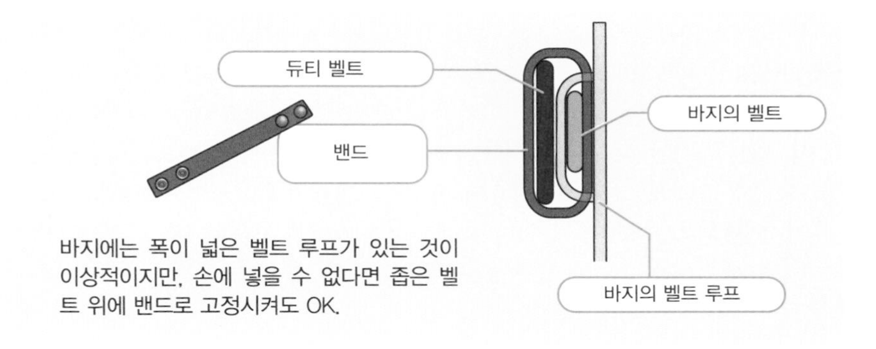

바지에는 폭이 넓은 벨트 루프가 있는 것이 이상적이지만, 손에 넣을 수 없다면 좁은 벨트 위에 밴드로 고정시켜도 OK.

원 포인트 잡학

「콜트 거버먼트(Colt Government)」의 표준 모델은 전용탄을 7+1발 장전할 수 있으며, 홀스터에 넣으면 약 1.3kg이 된다. 가득 장전된 예비 탄창은 1개에 약 250g이다.

No.012

쌍권총은 얼마나 유리한가?

픽션 세계의 건파이트에서 단골로 다루어지는 스타일로 「쌍권총」이라는 것이 있다. 이러한 포지션을 하는 이유를 생각해보면 몇 가지 이점과 동시에 문제점도 떠오른다.

●원래는 「재장전이 어려운 총」으로 장시간 싸우기 위한 스타일

오른손과 왼손에 총을 1정씩 들고 싸우는 「쌍권총」 스타일은 다양한 픽션에서 소재로 자주 채용된다. 이것은 화면에 비칠 때 폼이 난다는 이유도 크지만 "이론으로 생각해본" 경우에도 존재의의를 충분히 찾을 수 있다.

우선 쌍권총은 「양쪽에 있는 적을 동시에 대처할 수 있다」는 이점이 있다. 총이 1정일 경우, 오른쪽의 적을 노리고 쏘고 있을 때 새로운 적이 왼쪽에서 나타난다면 총이나 몸이 향하는 방향을 바꾸지 않으면 대처할 수 없다.

이때 양쪽에 1정씩 권총을 들고 있으면 좌우 동시에 탄환을 쏘아 대처할 수 있게 된다. 물론 조준장치와 같은 것을 쓸 수는 없기 때문에 감에 의지해야 하지만, 애초에 숙련자처럼 재빨리 조준할 때는 "반복훈련으로 몸이 기억한 감각", 다시 말해 처음부터 조준장치에 의존할 필요가 없기 때문에 그다지 문제가 되지는 않는다.

또한 「쌍권총으로 좌우의 적을 동시에 쏠 경우, 처음부터 맞는 것을 상정하지 않는다」라고 단정하는 견해를 보이는 사람도 많다. 엄폐 및 은폐 사격에는 「무차별로 적에게 탄환을 퍼부어서 침착하게 조준할 수 없게 만든다」는 테크닉이 있어서, 쌍권총 중 1정을 다수의 적을 향해 견제용으로 사용하고자 한다면 정확하게 조준할 필요는 없다는 말이다.

양쪽의 적을 고집하지 않고 정면에 있는 하나의 목표에 탄환을 집중하면 단순히 「화력이 2배」가 되는 것처럼 느껴진다. 탄수 15발의 권총을 2정 가지고 있으면 상대가 같은 총으로 15발 쏘는 사이에 탄환을 30발이나 퍼부을 수 있다. 하지만 이러한 방법은 「그만큼 유리해지지는 않는다」는 견해가 주류를 이루고 있다. 왜냐하면 권총을 한 손으로 사용하려면 그만큼 높은 기량이 필요하기 때문이다. 특히 주로 사용하지 않는 팔로 사격할 경우에는 명중률이 확 떨어지기 때문에, 이러한 상태에서 쌍권총을 사용한다는 것은 그야말로 「뱁새가 황새 따라가다 가랑이 찢어지는」 상태가 될 수밖에 없는 것이다.

쌍권총의 의미란

쌍권총의 원래 형태

주로 사용하는 팔의 사각지대에서 적이 나타나면 다른 팔에 든 총으로 견제.

옛날의 총은 탄환이 떨어졌을 때 재장전 하는데 시간과 수고가 들었기 때문에 이러한 스타일이 생겨났다.

여차하면…

2정의 권총을 같은 표적에게 퍼붓는다.

장점

- 같은 시간에 2배의 탄환을 퍼부을 수 있다.
- 모습이나 소리가 화려해지므로 주위에 쉽게 임팩트를 줄 수 있다.

단점

- 2정을 동시에 사격하는 것은 높은 기량이 요구된다.
- 탄약 소비도 2배가 된다.

원 포인트 잡학

빈 탄피가 기세 좋게 배출되는 자동권총의 경우, 권총의 각도 등을 조절해서 「배출 방향을 조절」하지 않으면 뜨겁게 달궈진 탄피에 화상을 입을 가능성이 있다.

No.013

총탄을 맞았을 때 인체는 어떤 영향을 받을까?

총격을 받은 인체의 표현은 영상이나 만화에서 보는 것과 사실 사이에 다른 점이 많다. 이것은 만드는 측의 조사가 부족한 것도 있지만, 보는 측의 지식 부족에 대해 제작 측이 알기 쉬운 과장이나 기호를 더한 경우도 있기 때문에 구별하기는 쉽지 않다.

●화살이나 파칭코 구슬에 맞았을 때와는 다르다

일본에서는 총격을 받은 인체를 마주할 기회가 거의 없다. 영상이나 만화의 표현은 곧잘 거짓부렁이라며 평가받곤 하지만, 진짜를 취재해서 리얼하게 만들어도 실제로는 어떤지 모르는 관객이나 독자에게는 전해지지 않고 결국「박력 부족」,「거짓말 같다」라며 평가받는 케이스도 있으니 어려운 문제라 할 수 있다.

총격을 당한 부분을 관찰하면 사입구(탄환이 들어간 구멍)는 탄환의 직경에 가까운 사이즈라는 사실을 알 수 있다. 상당히 근접해서 쏘았을 경우에는 좀 다르겠지만, 기본적으로 겉보기에는 그다지 엉망진창으로 되지는 않는다. 탄환은 체내에서 확장되거나 회전하기도 하며 뼈 등에 맞고 파괴되는 경우도 있기 때문에 사출구(탄환이 나온 구멍)는 들어간 곳보다 커진다. 단, 탄환이 인체에 충분한 에너지를 전달하지 않은 채로 몸을 빠져나왔을 경우, 사출구는 그렇게 커지지는 않는다.

이마를 관통해서「피윳」하며 피가 뿜어져 나오는 모습은 연출이 다소 과한 것이기는 하지만, 탄환이 관통하지 않았을 경우 두개골 내부에서 높은 압력이 발생했다고 가정한다면 꼭 말이 안 되는 현상인 것은 아니다. 탄속이 초속 760m 이상이 되면 충격파가 갈 곳을 잃어버리므로 머리가 수박처럼 산산조각 나버린다. 단, 소총탄이 아니면 이러한 탄속은 나오지 않는 데다 목표에 상당히 접근한 상태에서 명중해야 한다는 전제가 붙는다.

총구에서 튀어나온 탄환은 고열이기 때문에 총격을 당했을 경우「뜨거운 부젓가락으로 찔린 것 같다」라고 표현하기도 한다. 탄환의 운동 에너지는 인체를 파괴하기에는 충분하고도 남음이 있지만, 인간 사이즈의 물체를 이동시키기에는 부족하기 짝이 없기 때문에 총격을 당한 인간이 뒤로 튕겨 날아가지는 않는다.

하지만 식칼에 손이 베였을 때「움찔」하게 되듯이 총격을 당했다는 사실을 깨달은 인간이 강한 경직 등으로 반사적으로 공중제비를 돌 듯 고꾸라지는 것은 있을 수 있는 일이다. 단, 총격으로 급소를 당해서 순간적으로 의식을 잃은 인간의 경우는 그렇지 않으며,「실이 끊어진 꼭두각시 인형」처럼 무릎부터 풀썩 주저앉으며 쓰러지게 된다.

총탄에 맞으면

총탄은 자신이 가진 운동 에너지로 인체를 엉망진창으로 만들며 파괴해버린다.

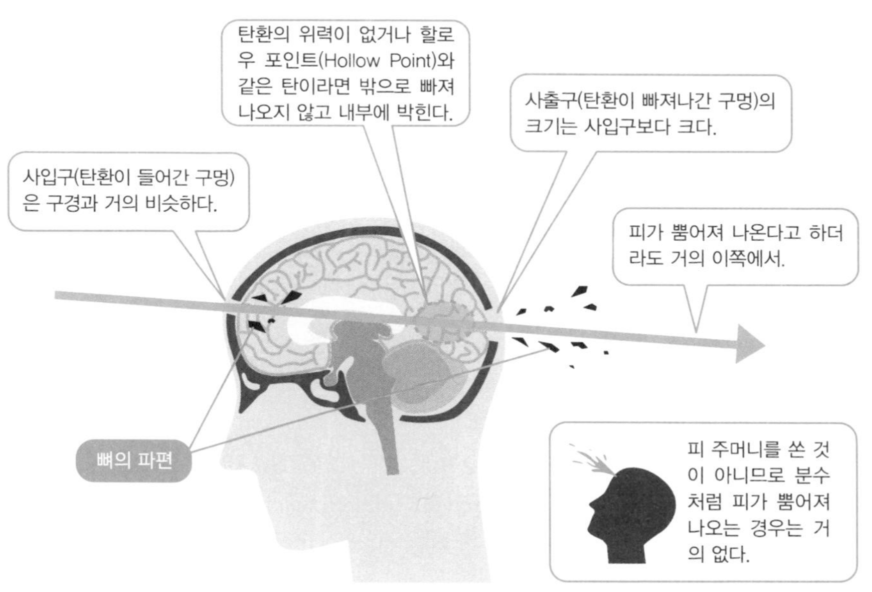

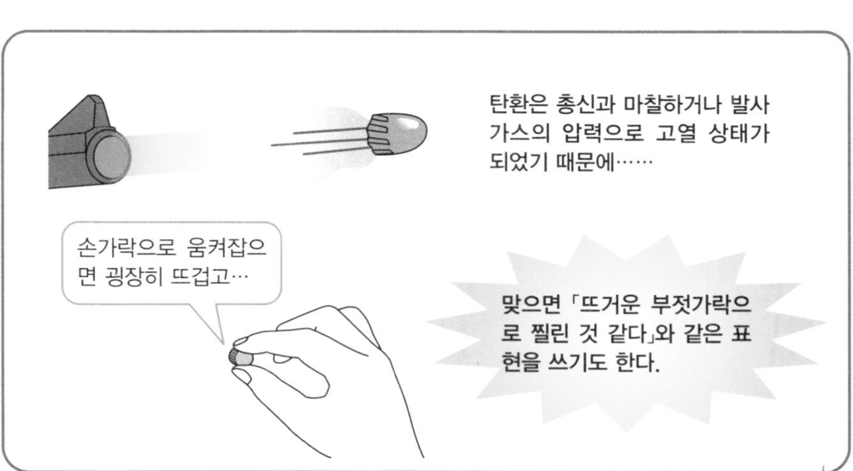

원 포인트 잡학

총기 대국인 미국 영화의 표현이야말로 정답이냐고 묻는다면 그렇지는 않다. 일본의 시대극이 시청자를 배려해서 「칼로 벤 상처를 일부러 수수하게 묘사」했듯이, 물 건너에도 나름대로 사정이 있기 때문이다.

No.014

인체에 주는 데미지는 관통탄이 더 적다?

위력이 높은 탄환은 몸에 바람구멍을 만들면서 관통하고, 위력이 낮은 탄환은 체내에 남는다. 이 원리는 틀리지 않지만, 인체를 탄환이 관통하지 않는다는 것은 「탄환의 에너지를 인체의 파괴에 다 써버렸다=받는 데미지가 크다」라고도 생각해볼 수 있다.

●총격을 받았을 때는 바람구멍이……

탄환이 관통해버리는 것은 「에너지가 남아돌았기 때문」에 관통된 인체가 그만큼 큰 충격을 받는다는 사실은 어렵지 않게 상상할 수 있다. 하지만 탄환이 빠져나왔다는 것은, 만약 탄환의 파괴 에너지가 100이 있다고 했을 때 「100의 파괴력을 전부 써버리기 전에 몸을 지나 빠져나오고 말았다－에너지가 효율적으로 사용된 증거」라고 생각해볼 수도 있다.

총에 맞은 상처를 「총상(銃傷)」이라고 하며 특히 탄환이 관통한 상처를 「관통총상(貫通銃傷)」이라는 표현으로 구별한다. 탄환의 표면이 금속으로 코팅된 **풀 메탈 재킷(FMJ, Full Metal Jacket) 탄**과 같이 잘 변형되지 않는 탄환은 관통총상이 되기 쉽다. 급소나 주요 혈관만 빗겨나가기만 한다면 후유증 같은 것이 남을 위험은 적다고 할 수 있다.

탄환이 관통하지 않은 상처는 「맹관총상(盲貫銃傷, Blind-piped shot wound)」이라고 부른다. 탄환이 체내에 머물러있기 때문에 적출 수술할 필요가 있으며 그대로 내버려둔다면 납에서 나오는 독이 체내에 들어가면서 감염증을 일으킬 위험이 있다. **할로우 포인트(HP, Hollow Point) 탄**으로 대표되는 "명중과 동시에 변형하는 탄환"에 맞으면 이런 부상이 나오기 쉬우며 총상 중에서도 특히 심각한 피해를 입힌다.

탄환이 관통하든 관통하지 않든 체내에 침입해버리면 체내조직을 갈아버리면서 사멸시킨다. 탄환의 궤적은 「영구공동(永久空洞)」이라고 부르는 구멍이 되어 남는 데다 잉여 에너지가 있으면 그곳에서 미세한 방사형 상처가 주위에 물결치듯 퍼져나간다. 이 상처는 「순간공동(瞬間空洞)」이라고 부르는데 말 그대로 순식간에 수축이 된다. 살갗이나 근육은 이 수축을 견딜 수 있지만, 뼈나 일부 장기(특히 간장이나 비장, 뇌 등)는 영구히 파괴되고 만다.

위력이 작은 권총탄으로는 순간공동의 발생에 의한 인체의 손상이 나타나기 어렵다는 것이 전문가의 정설이지만, 소총탄의 순간공동은 혈관조차 파괴하여 혈류를 막히게 만든다. 그로 인해 괴사한 세포는 세균의 배양지가 되며, 결국은 각종 감염증의 원인이 된다.

총상의 종류

상처에는 「관통총상」과 「맹관총상」이 있다.

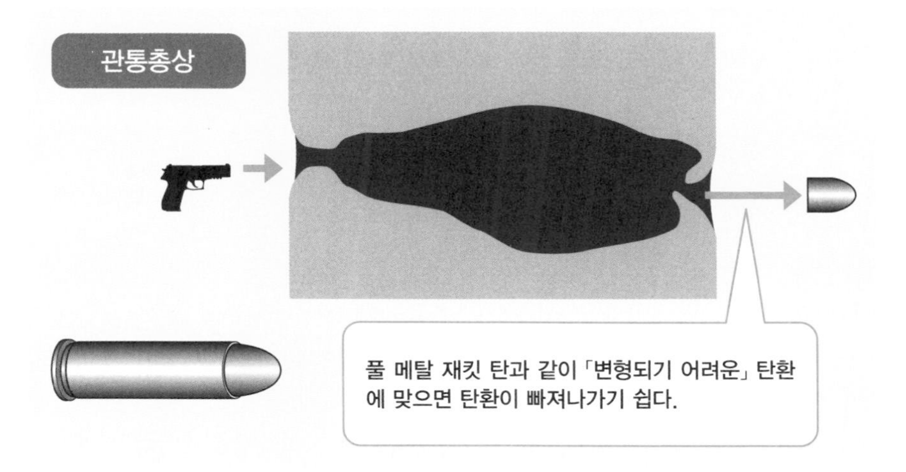

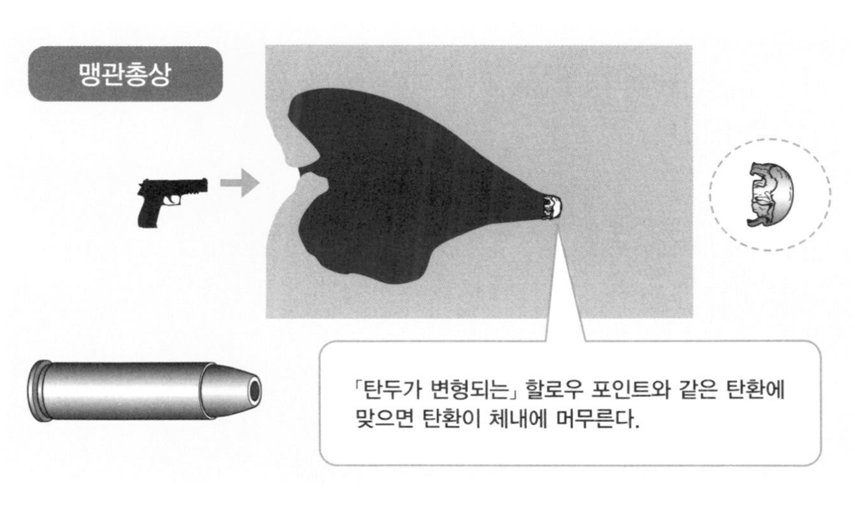

인체가 받는 데미지나 후유증이 남을 위험성은 「맹관총상」 쪽이 크다.

원 포인트 잡학

권총탄에 의한 순간공동의 데미지는 그리 크지 않다.

No.015

탄환을 맞아도 급소를 빗나가면 즉사하지 않는다?

총격전을 그린 창작물에서는 주인공이나 적이 손이나 발에 총탄을 맞으면서 「이런 것은 그저 스친 상처」에 불과하다며 평소와 다름없는 모습으로 돌아다니곤 한다. 급소만 무사하다면 불굴의 정신력이나 단련된 인체로 위기를 벗어날 수 있는 것일까?

●과다출혈로도 사람은 죽는다

「등장인물이 총에 맞아도 멀쩡히 움직인다」라고 하는 표현이 나오는 것은 픽션이기에 의도적으로 총격의 위력을 축소했기 때문이라고 생각한다면 그것은 틀리지 않았다. 하지만 동시에 인간의 몸은 제법 튼튼하다는 관점도 틀린 것은 아니다.

인간은 급소가 파괴되지 않는 한, 그 자리에서 무력화되는 일은 없다. 이 경우 "급소"란 뇌나 심장이 아니라 좀 더 정확한 부분—「뇌간(腦幹)」을 말한다. 뇌는 데미지를 받은 부위가 담당하고 있었던 기능(예를 들어 언어 능력이나 감정 등)은 쓸 수 없게 되지만 무사한 부분의 기능은 유지되며 심장의 혈액 펌프 기능이 파괴되어도 「그때까지 비축해두었던 혈중산소」가 다할 때까지는 생각하거나 움직일 수 있다. 특히 아드레날린의 과잉 분비나 마약 등으로 흥분 상태가 되면 움직임이 전혀 쇠약해지지 않는 경우도 있다.

하지만 뇌간이 파괴되면 스위치를 꺼버린 것처럼 무조건적으로 생명활동이 정지된다. 경찰이 인질을 붙잡은 범인을 쏠 경우, 뇌간이 있는 「눈 사이와 코를 잇는 점(미간)」을 조준한다. 뇌간이야말로 진정한 의미로서의 인체의 급소인 것이다.

동체부분에 탄을 맞추면 어떻게 될까? 체내를 지나가는 탄환은 부드러운 방향으로 향하는 경향이 있으므로 탄력이 있는 근육을 피하면서 심장을 상처 입히면서 나아간다. 위나 간장은 출혈이 특히 심해지지만, 복부의 대동맥(창자의 안쪽, 등뼈 주변)에 구멍이 뚫리면 몇 분 안에 생명을 잃는다. 동맥에서 나오는 피는 선혈이므로 쉽게 알 수 있다(거무스름한 피는 정맥에서 나오는 피). 장에 상처를 입으면 내부의 변이 배 안으로 흘러넘치면서 감염증을 일으킬 위험이 있다.

손발에 맞아도 출혈사하기 전까지 기합으로 움직일 수 있다는 것은 잘못된 생각이다. **할로우 포인트(Hollow Point) 탄**과 같이 체내에서 확장 또는 변형되는 탄의 경우, 착탄 시의 쇼크로 의식이 끊어지고 마는 케이스가 있다. 체력이나 기력이 불충분한 상태라면 쇼크사 해버릴 수 있다고 해도 과언은 아니다.

튼튼한 것인가 연약한 것인가……

인간은 「뇌관」이나 「연수」가 파괴되지 않는 한 그 자리에서 생명활동이 정지되지는 않는다.

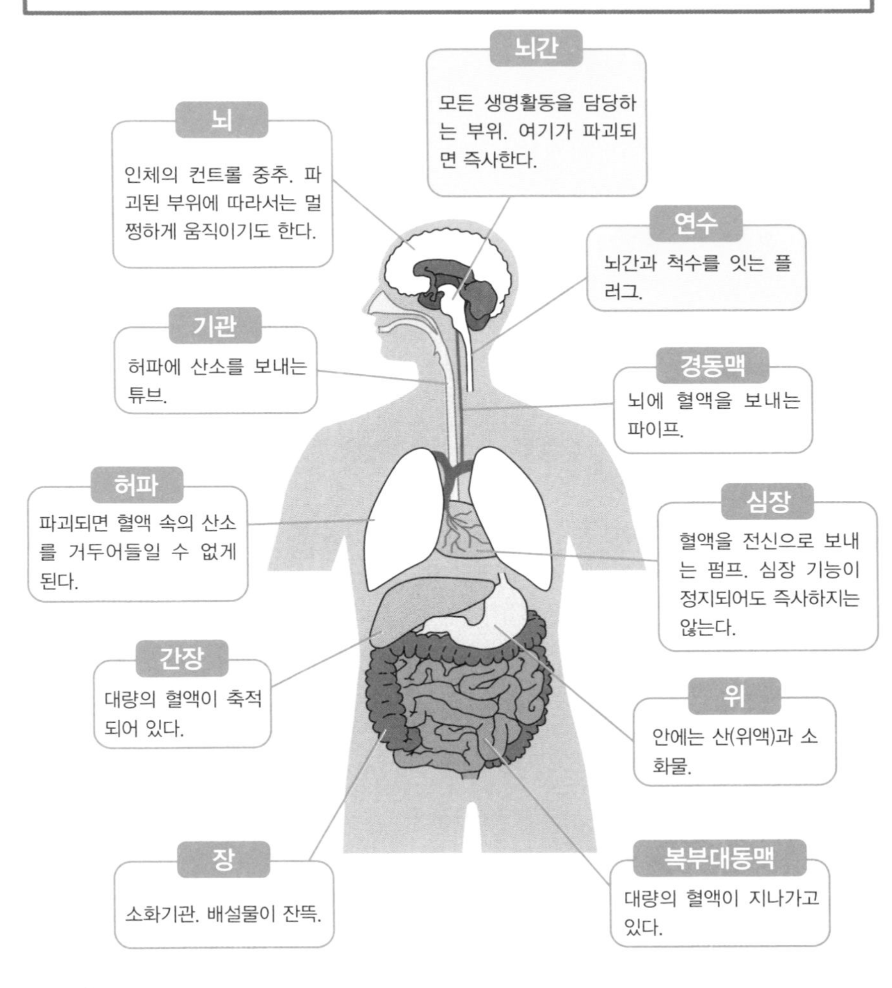

하지만 중요장기가 아닌 「손」이나 「발」에 총격당해도 착탄 충격에 따라 "쇼크사"하는 케이스가 있다.

원 포인트 잡학

「뇌간」의 크기는 개인차가 있지만, 대체로 크기는 엄지손가락 정도이다.

No.016

유탄으로 치명상을 입는 경우도 있을까?

유탄이란 전장과 같이 탄환이 전후좌우로 어지럽게 날아다니는 상황에서 쓰이는 단어다. 요컨대 「자신을 노린 탄환이 아닌 것」이라고 할 수 있다. 달리 생각하면 「사격한 인간이 의도하지 않은 장소로 날아단 탄환」도 유탄이라고 할 수 있겠다.

● 유탄은 온갖 방향에서 날아온다 .

전장에서는 적을 조준하여 방아쇠를 당기는 것보다 적이 있을 것 같은 곳 근처에 적당히 쏘는 쪽이 죄악감을 덜 느끼게 된다. 생각하기에 따라서는 상대를 명중시키기 위해 심혈을 기울여 조준한 탄환보다 그렇지 않은 탄환 쪽이 전장에는 몇 배는 많이 어지럽게 날아다닌다고도 생각할 수 있는 것이다.

다만 어떤 것이라도 탄환은 탄환. 살의가 있든 없든 위험하다는 점에는 변함이 없다. 유탄을 대할 때 「노린 것은 아니므로 급소에 맞을 확률은 적다」라며 낙관적으로 억측할 때가 있지만, 급소 이외라도 탄환을 맞으면 출혈 과다로 사망할 가능성이 있어서 급소만 맞지 않는다고 참고 계속 싸울 수 있는 것도 아니다.

또한 유탄인가 아닌가와 탄환의 위력과는 전혀 관계가 없기 때문에 맞으면 훌륭하게 치명상을 입을 가능성도 있다. 당하는 처지에서 생각하면 생각지도 못한 방향에서 날아오므로, 완전히 허를 찔리는 형태가 되기에 엄폐물 뒤에 몸을 숨겨도 방어할 도리가 없다. 그렇기에 픽션에 등장할 법한 숙련된 총잡이는 의기양양한 표정으로 「유탄은 살의를 느낄 수 없으므로 무섭다」는 대사를 읊기도 하는 것이다.

위협사격으로 허공을 향해 쏜 탄환이 떨어질 때, 그 탄환에 살상력이 남아있을까? 탄환은 사거리에 근접한 높이까지 상승한 후, 이번에는 중력에 이끌려 낙하한다. 탄환은 가볍고 떨어질 때 공기의 저항에 영향을 받기 때문에 낙하 속도는 빠르지 않다. 하지만 피부를 관통하는데 필요한 속도(초속 45~60m 정도)는 충분히 넘기 때문에 맞으면 나름대로 위험하다는 점은 틀림없다. 위에서 탄환이 떨어지는 위치는 필연적으로 두부에 집중되기 때문에 경우에 따라서는 치명상을 입거나 사망할 수도 있는 위험도 생각해둘 필요가 있는 것이다.

유탄으로 치명상을 입는 일은 있는가

쏜 인간이 의도하지 않은 곳으로 날아가는 것이「유탄」.

「유탄이 급소에 맞을 가능성은 그리 크지 않다」

NO

어디에 맞건 위험. 운이 나쁘면 과다 출혈로 사망.

「유탄은 위력이 낮은 비실비실한 탄」

유탄인지의 여부와 위력의 크기는 관계 없다.

불시에 예상 밖의 방향에서 날아오는 만큼 피하거나 막을 방도가 없다.

유탄이야말로 전장에서 가장 위험한 것이란 견해도 존재한다.

바로 위로 발사한 탄은…

일정 높이까지 상승한 후 중력에 끌려「떨어」진다. 나름대로 위력은 있지만, 더 이상 유탄이라고는 할 수 없다.

원 포인트 잡학

전장 이외의 곳에서도 유탄의 위험은 있다. 도심지에서의 폭동이나 게릴라전에 휘말렸을 경우에는 치안부대나 민병 세력의 사선에 들어가지 않도록 세심한 주의를 기울일 필요가 있다.

No.017

발포한 총이나 빈 약협은 어떤 상태인가?

총을 쏜 뒤의 총기나 빈 약협(탄피)은 단적으로 표현하면 「매우 뜨겁다」. 스포이트로 물 한 방울을 떨어뜨리면 금방 증발해버릴 정도로 온도가 높기 때문에, 실수로 맨살이 닿고 만다면 가벼운 화상 정도는 각오해야 할 것이다.

● 치이이이이익……

발포 후의 총신이나 약실은 마찰이나 장약의 연소로 가열 상태이므로 경솔하게 만졌다가는 아픈 기억을 가지게 될 것이다. 어느 정도 탄환을 쏜 뒤 총신에 물 한 바가지를 들이부으면 시원한 소리를 내며 수증기가 피어오른다.

총신이 슬라이드로 덮여 있는 디자인이 많은 **자동권총**와 달리 총신이 노출돼있는 **리볼버**에는 총신에서 아지랑이가 피어오를 정도다. 이 때문에 일부 모델에는「벤틸레이티드 립(Ventilated Rib)」라고 하는 총신냉각용 부품이 붙어 있어서 아지랑이의 일그러짐으로 인해 적이 잘 보이지 않게 되는 현상을 방지해준다.

총신이 길고 두꺼운 데다 총열 덮개(Handguard)로 덮여 있는 **돌격소총** 등은 총신이 가열될 때까지 어느 정도 여유가 있기는 하지만, 역시 탄창 한 개분—약 20~30발을 완전 자동으로 사격한 뒤에는 기관부의 주위가 상당히 과열되어 있어 취급에 주의해야 하는 경우가 있다.

완전 자동 사격이 전제인 **기관총**이나 **기관단총**은 총신이나 기관부의 방열문제에서 절대로 자유로울 수 없는 물건이다. 대구경 기관총의 경우 총신을 교환하는 기능이 표준으로 장비된 것이 대부분이고, 옛날에는 화상을 입지 않도록 내열 글러브를 이용해서 총신을 교환했다(나중에 총신을 직접 만지지 않아도 되도록 손잡이가 생기면서 내열 글러브는 필요 없게 되었다). 기관단총은 일반적으로 총신교환기능이 없기 때문에 예전에는 기관부의 냉각효과가 큰 오픈 볼트 방식으로 되어있는 것이 많았다.

기관부에서 튀어나오는 다 써버린 약협(다시 말해 빈 약협)도 뜨거워서 함부로 만질 수 있는 것이 아니다. 약협 속에는 탄환을 가속시키는「장약」이 격렬하게 타오른 뒤이므로 당연하다면 당연하겠지만, 배출된 빈 약협이 자신이나 동료의 얼굴이나 눈에 맞아서 다치거나 활짝 벌어진 셔츠의 가슴께로 뛰어들어 화상을 입는 사례도 드물지 않다.

쏜 뒤의 총이나 빈 약협의 상태

「총을 쏜다」면 총신은 빠른 기세로 과열.

탄환이 내부를 관통할 때의 마찰열에 의해 총신 온도가 올라가는 속도에 가속도가 붙는다!

그리고 약협(Cartridge Case)도…

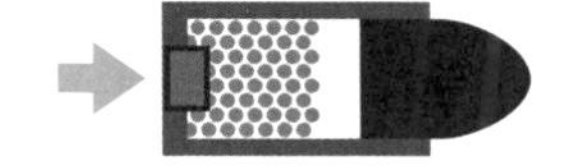

격철이 뇌관을 두드린다.

뇌관의 폭약이 장약을 태우고 그 압력으로 탄두가 날아간다.

빈 약협이란 「내부에서 장약을 막 불태운 약협」을 가리키는데 굉장히 뜨겁다.

다시 말해 사격 직후의 총신이나 약협은 맨손으로 만지는 것이 꺼려질 정도로 뜨거운 상태인 것.

원 포인트 잡학

사용이 끝난 약협은 고온이나 화약 찌꺼기의 영향으로 변색되어버리므로, 다시 이용할 때는 전용 기계로 깨끗하게 세척한다.

No.018

빈 약협은 어느 방향으로 튀어나가는가?

총의 탄약은 「약협」이라고 하는 통에 장약(화약)을 채워 넣고 그 위에 「탄」을 뚜껑처럼 덮어서 만들어진다. 탄환이 목표를 향해 발사된 뒤에는 텅 비어버린 약협만이 손안에 남게 된다.

● 기본적으로 「우측 후방」으로 날아간다

총을 쏜 뒤의 약협을 「빈 약협」이라고 한다. **리볼버** 권총은 빈 약협이 그대로 탄창(실린더)에 남지만, **자동권총**이나 **돌격소총** 등은 1발마다 자동으로 빈 약협이 총 밖으로 튀어나오게 된다.

약협이나 빈 약협을 내보내는 것을 「배출(Ejecting)」이라고 한다. 권총뿐만 아니라, 소총이나 **샷건** 등의 대형 총기를 포함한 자동 배출식 총은 기본적으로 "우측 후방"으로 빈 약협이 튀어나가도록 되어 있다.

하지만 오래전에 설계된 총 중에는 우측 후방 이외의 방향으로 배출되는 모델도 존재한다. 제2차 세계대전에서 활약한 「루거 P08(Luger P08)」은 빈 약협이 총의 바로 위로 튀어나가서 머리 위를 뛰어넘으며, 루팡 3세가 애용하는 총으로 유명한 「발터 P38(Walther P38)」은 빈 약협이 좌측으로 배출된다.

자신이 쏜 총의 배출 방향을 파악해두는 것은 중요하다. 엄폐물이 적은 야외라면 괜찮지만, 실내 전투에서는 배출된 빈 약협이 벽 등에 맞아 다시 되돌아올 위험성이 있기 때문이다. 튀어서 되돌아온 빈 약협이 자신이나 동료에게 맞으면 장소에 따라서는 화상을 입을 가능성도 있으며, 확률은 높지 않지만 약실 내부로 돌아오면서 재밍(Jamming)의 원인이 되는 케이스도 상상해볼 수 있다.

배출 방향은 모델마다 정해져있으므로 어느 정도의 지식이 있으면 틀릴 일은 없다(탄피 배출구는 밖에서 볼 때 일목요연하게 알 수 있으므로, 만에 하나 모르는 모델이라고 하더라도 어느 정도는 짐작해볼 수 있다). 단, 일부 총기는 부품을 교환하여 배출 방향을 변경할 수 있는 기능이 있으므로 주의할 필요가 있다.

부품의 정밀도가 높아지거나 잘 정비된 총은 항상 같은 각도와 거리로 빈 약협이 튀어나온다. 픽션에서는 이것이 「배후의 적에게 기습당했을 때, 항복하는 척하면서 배출된 약협으로 눈을 공격한다」와 같은 액션에 응용하는 경우도 있다는 점이 재미있다.

빈 약협의 배출 방향

빈 약협의 배출 방향은 총의 모델에 따라 달라진다.

우측으로 배출되는 권총(기본)

- 「콜트 거버먼트」
- 「베레타 M92」
- 「H&K USP」

…등, 대부분의 모델이 이 패턴.

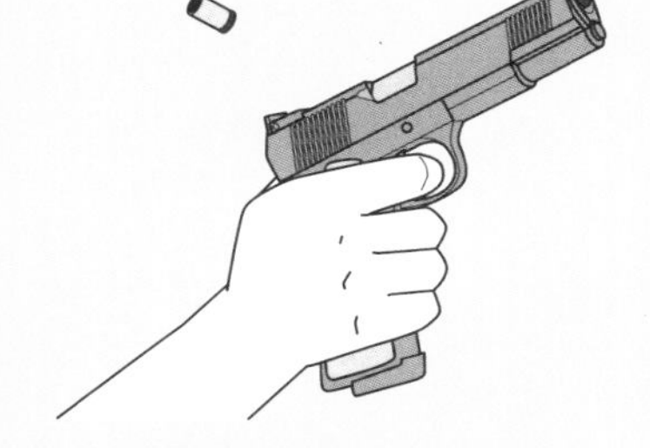

좌측으로 배출되는 권총

- 「발터 P38」
- 「발터 P5」

위쪽으로 배출되는 권총

- 「루거 P08」
- 「마우저 권총」

소총이나 샷건과 같은 「장총」도 대부분이 오른쪽으로 배출되지만…

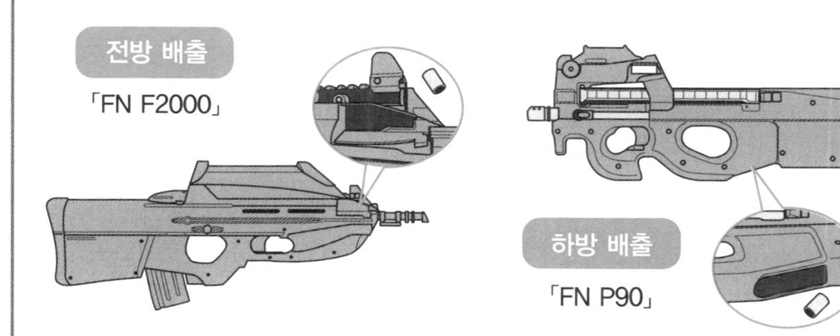

전방이나 하방으로 배출되는 모델도 개발되어 일정 이상의 평가를 얻었다.

원 포인트 잡학

최초의 약협(탄피)은 현재와 달리 기름종이로 제작되었다. 현재는 일부 특수한 경우를 제외하고는 황동으로 제작되고 있으나, 세계적으로 구리의 산출량이 비교적 적은 관계로 일부 국가의 경우 철제 탄피가 사용되고 있기도 하다.

영화나 TV의 총격전

드라마나 연애 영화와 달리 총격전은 상상하기 어려운 비일상적 사건이다. 물론 자연재해물이나 미스터리 영화도 일상은 아니지만, 이것들은 조우할 가능성이 아예 '제로'라고는 단언할 수 없는 것들이다. 하지만 이 총격전에 관해서는 미국 같은 나라에서 사는 것이 아닌 이상 목격할 일은 거의 없을 것이다.

총기류에 정통하지 않은 사람이라도 총에서 「화약의 폭발(정확히는 장약의 연소)」이 발생하면서 탄환이 발사된다는 사실은 상상할 수 있다. 다만 여기서 신경 쓰이는 점이라면 총성의 표현일 것이다.

총성은 다양한 소리의 성분이 뒤섞여서 인간의 귀에 닿기 때문에, 정확히 녹음하는 것은 어렵다(오케스트라의 연주음을 CD에 녹음하는 순간 "경박"한 소리가 되는 현상과 마찬가지다). 옛날 경찰관 드라마 같은 것에서 곧잘 쓰이곤 했던 「빵야」하는 소리나, 도탄의 「피잉」하는 소리는 기계적으로 합성한 소리이다. 최근에는 기술이 진보하면서 「총성의 효과음에는 실제 총의 사격음을 사용!」이라는 방침을 지키는 작품도 늘었지만, 그것을 재생하는 기계의 성능 또한 성능이 일정 이상이 되지 않는다면 역시 비슷하면서도 어딘가 다른 소리가 되어버리는 것이 유감일 따름이다.

총의 겉모습도 주의해야 한다. 해외 작품이라면 다들 진짜 총을 사용하는 것 아니냐고 묻는다면 꼭 그런 것은 아니라는 대답을 드리고 싶다. 총이 "위험물"이라는 것은 어느 나라를 가더라도 변하지 않으며 촬영 중에 관리하는 것도 큰일이기 때문이다. 또한 외국이라고 모든 사람이 총에 정통한 것도 아니라서 만에 하나 사고라도 터지게 되면 그 자리에서 촬영이 중지될 것도 눈에 불을 보듯 뻔한 일일 것이다.

영화 등에서 사용되는 총은 「스테이지 건(Stage Gun)」이나 「프롭 건(Prop Gun)」등등의 명칭으로 불리며 진짜 총과 구별된다. 실탄을 쓸 수 없도록 공포탄 전용으로 개조하거나, 여러 가지 총의 부품을 그러모아 가공의 총을 만드는 것이다. 이렇게 만든 "소품으로써 만들어진 총"은 미술계나 도구계가 일을 하다가 짬을 내어 만드는 일이 많았지만, 촬영규모가 크거나 총기 묘사에 힘을 실어야 하는 작품에서는 전문 코디네이트 회사가 담당하는 일도 있다. 발터 사와 같이 총기 메이커와 제휴, 주인공에게 해당 메이커의 총을 사용하게 하는 일도 드물지 않다.

발포 신을 제외한 장면이나 엑스트라용 총은 싸고 품질이 좋은 일본 또는 홍콩제 모델건을 쓰는 일도 많다. 총이 클로즈업되지 않는 장면이나 총을 던지거나 떨어뜨리는 장면 등에서는 실제 총을 고무로 본떠서 만든 「러버 건(Rubber Gun)」을 사용하기도 한다.

공포탄용 화약은 화려한 총구 섬광(Muzzle Flash)을 낼 수 있도록 성분이 조정되어 있다. 모델건은 그것이 안되기 때문에 초라한 화약을 사용할 수밖에 없지만, 현재에는 CG라고 하는 마법으로 얼버무릴 수 있다. 착탄 시의 불꽃은 딱총으로 파칭코 구슬을 날리거나 착탄 장소에 소량의 불꽃을 채워 넣어서 폭발시키거나 하는 방식을 사용했지만, 이것도 지금은 CG의 독무대가 되었다. 단, 옛 소련처럼 총이나 탄환의 가격이 아주 저렴한 데다 안전관리도 느슨했던 곳에는 진짜 총을 사용해서 촬영했던 영화도 많았으며, 그 결과 실탄이 실제로 어지러이 날아다니는 영상을 담아 박력 넘치는(…) 영상을 연출하는 경우도 있었다고 한다.

제 2 장

준비 편

—총과 탄약의 선택—

No.019

어떤 총을 고르는 게 좋을까?

총에는 각자 속한 카테고리(권총, 소총, 샷건 등의 커다란 분류)라고 하는 것이 있다. 기본적으로 목적에 맞는 카테고리의 총을 골라야 하지만, 보다 세세하게 모델을 선택하고자 한다면….

●신뢰성 〉 그 외의 요소

총기 판매점에서 총 1정을 고른다면 어떤 모델로 골라야 할까? 보디가드나 경비용 등등의 겉보기의 인상이 중요한 용도일 경우, 기능성과는 관련이 없는「전체적인 디자인 라인」이 결정적인 요소가 되기도 하지만, 보통은 역시 기능성을 비교 검토하게 될 것이다.

「공작 정밀도」는 명중률이나 고장의 빈도에 영향을 주며,「어떤 탄약을 사용할 수 있을까」라고 하는 점은 위력이나 탄환의 보충과 관계가 있다. 그 총을 사용하며 오랫동안 여기저기 돌아다녀야만 한다면「중량」이 가벼운 쪽이 좋다. 선택한 총을 오랫동안 동반자로서 사용하고 싶다면「정비하기 쉽다(정비성)」는 점도 무시할 수 없고「조작성」에 비례하여 인체공학적인 디자인이 도입되었는지도 고려해야 한다.

어느 요소를 중시했다고 하더라도 다른 요소와 균형을 맞춰야 하는 점도 있기 때문에 필요한 요소를 모두 만족할 수는 없다. 게임의 무기 리스트의 최상단에서 쉽게 볼 수 있는 "최강의 총"은 현실에는 존재하지 않는 것이다. 하지만 총에 목숨을 맡겨야 하는 입장의 인간에서는 절대로 무시할 수 없는 요소가 있다. 공작정밀도나 중량 등의 다른 조건과 타협했다고 하더라도 이것만큼은 양보해서는 안 되는 불변의 요소가 있다는 것이다.

그 요소란「방아쇠를 당기면 확실히 탄환이 발사되는가?」라고 하는 점. 요컨대「신뢰성」이라고 부르는 것이다. 역전의 강자는 구식 총을 선호한다는 설정이 많은 것도, 신기술을 채용한 뉴 모델에는 "신뢰성에 의문이 남는다"는 점이 적지 않기 때문이다.

생사를 가르는 그 한순간에 총이 불발을 일으키거나 작동 불량에 빠지는 일은 있어서는 안 된다. 그러한 확률이 완전히 0에 수렴할 수는 없지만, 실전에서 사용되고 계속 개량을 거듭하여 기능이나 신뢰성이 증명된 것을「전투증명(Battle proof)이 된 총」이라고 부른다.

총의 선택

어떤 총을 고르는 게 좋을까?

「공작 정밀도는 나쁘지 않은가?」
「어떤 탄약을 사용할 수 있을까?」
「중량은 알맞은가?」
「정비에 수고가 들지는 않는가?」
「디자인에 인체공학이 반영되어 있는가?」

…하지만 어느 요소든 서로 영향을 주고받으므로
모든 것을 만족하기란 어렵다.

단 한 가지. 무시해서는 안 되는 「절대적인 요소」가 있다.

그것은

「방아쇠를 당겼을 때 확실히
탄환이 발사되는가?」

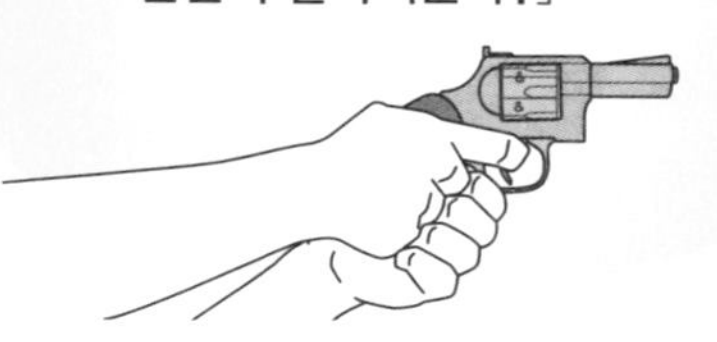

소위 말해
「신뢰성」
이라고
부르는 것.

오랜 세월에 걸쳐 신뢰성이 증명된 것을 「전투증명이 된 총」이라고 한다.

원 포인트 잡학

사이토 타카오의 인기 만화에 등장하는 스나이퍼 「고르고 13」은, 당초 「M16A1」을 개조한 커스텀 총을 사용하고 있었지만, 개량형인 「M16A2」 모델로 교체하기까지 약 10년의 세월이 걸렸다.

No.020

전문가가 사용하는 총은?

전문가는 달성하고 싶은 일의 내용이나, 그 도구를 사용하는 환경에 따라 다른 판단 기준으로 도구를 준비한다.「장인은 도구를 가리지 않는다」는 말이 있지만, 진정한 프로일수록 일에 사용할 도구는 (가능한 한) 신중히 선택하는 법이다.

●일의 내용이나 사용 환경에 따라 총을 고른다

전문가는 모름지기 "목적에 맞는 도구를 선택"하는 것이 기본이다. 요리사에게 공예용 칼을 쥐어줘 봐야 식재의 낭비만 발생할 뿐이고, 나무 공예 장인에게 요리용 칼을 건네줘도 괴롭히는 것밖에 안 된다.

총을 다루는 프로도 마찬가지다. 원거리저격을 **권총**으로 수행한다는 것은 말이 안 되고, 적의 얼굴이 보이는 정도의 거리에서 난장판이 벌어질 것이 뻔히 보이는데도 **볼트액션 소총**밖에 준비하지 않는다는 것도 생각이 짧다고 할 수 있을 것이다.

프로 중에서는「다재다능(All-round)한 총」을 애용하여 계속 사용하는 사람도 있고 임무를 수행할 때마다 총을 번갈아가며 사용하는 사람도 있다. 이것은 사람에 따라서 판단이 달라질 수밖에 없는 문제이기도 하기 때문에 어느 쪽이 옳고 어느 쪽이 잘못되었다고 말할 수는 없다.

억지로 대답을 내고자 한다면 둘 다 옳다고 할 수 있다. 프로의 자세로서 중요한 것은 예상할 수 있는 상황이나 주어진 임무에 따른 성능을 가진 총을 파악하여 임기응변으로 대응할 수 있도록 대비하는 것이기 때문이다.

동시에 "예상할 수 있는 사용 환경에 맞춰서 총을 선택"한다는 사고방식도 있다. 총이라고 하는 도구에 요구할 수 있는 최소한의 기능은「방아쇠를 당겼을 때 탄환이 확실하게 나간다」는 것이다. 사막이나 밀림, 한랭지 등 총의 작동에 지장이 발생할 것 같은 환경은 많다. 임무에 투입되기 전에 그러한 상태를 예상할 수 있다면 온갖 환경에 대응한 모델을 선택해둠으로써「예상 밖」의 사고를 회피할 수 있다. 흔히 말해「군용 총기」로서 채용된 모델은 이러한 환경적응 스펙이 높은 것이 많다.

궁극적으로는「방아쇠를 당기면 탄환이 나가고, 조준한 곳에 맞는」총이야말로 전문가에게 필요한 도구라는 견해도 있다. 하지만 얼핏 맥 빠질 정도로 뻔하게 보이는 이런 사고방식이야말로 실은 가장 진실을 꿰뚫고 있는 것일지도 모른다.

프로의 도구

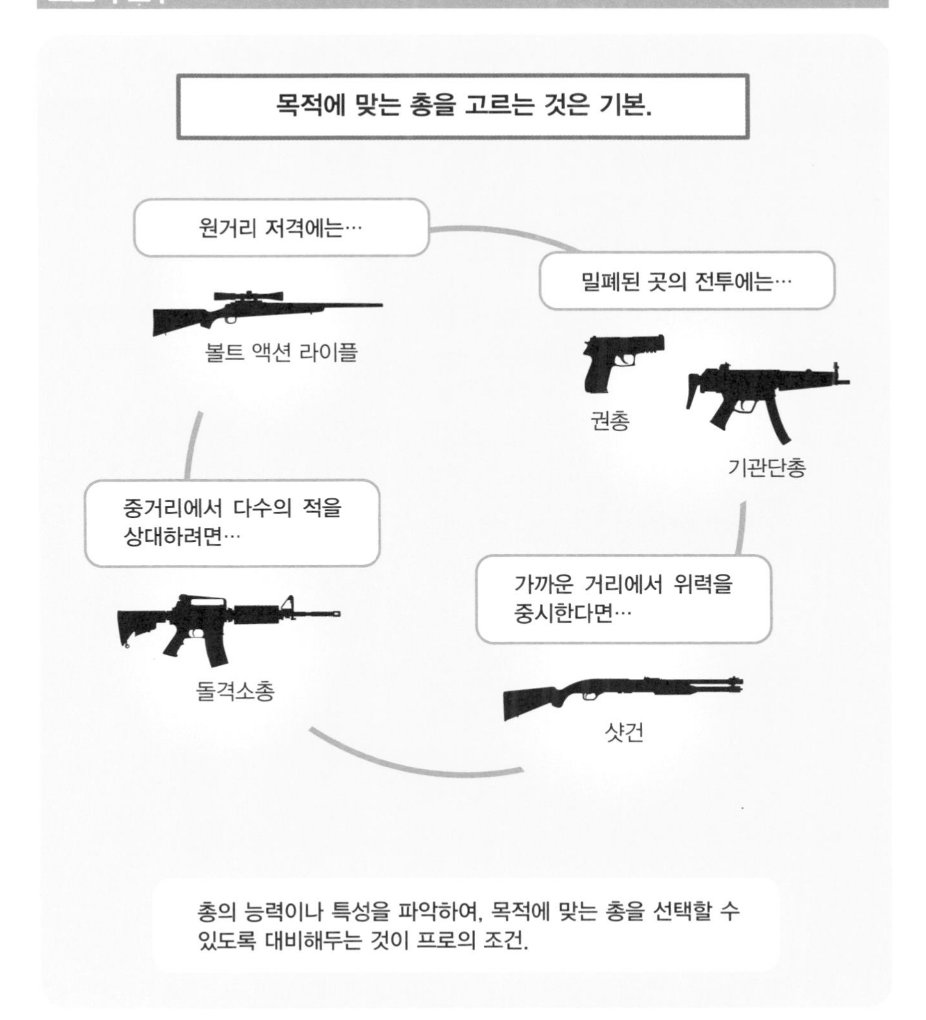

사용 환경에 맞춘 선택도 중요.

사막이나 한랭지 등의 특수한 환경에 대응한 모델이라면, 작동 불량과 같은 「예측하지 못한 사태」가 발생할 확률을 줄일 수 있다.

원 포인트 잡학

"목적에 맞는 총을 선택"한다고 전제한 데 더해서 「자주 사용해서 익숙하니까」, 「응용하기 쉬우니까」 같은 이유로 원거리 저격에 돌격소총을 사용하거나, 밀폐된 장소에서 샷건을 사용하는 사람도 있다.

No.021

캐릭터 성격에 맞는 총기 선택이란?

총을 다루는 캐릭터에는 다양한 타입이 있다. 돌격 바보. 수수하지만 착실하면서 견실한 인물. 향락적인 성격을 가진 녀석… 등등이 말이다. 총을 하나의 소품으로서 고려하고 싶다면 소유자의 성격에 따라 모델을 골라주어야 할 것이다.

●어째서 그 총을 가지고 있는가

전투가 시작되면 제일 먼저 적진 한가운데로 뛰어드는 타입의 캐릭터가 있다. 그러한 인물이라면 제대로 날뛰기 위해 완전 자동 사격이나 점사(Burst)가 가능한 모델 중에서 조금이라도 장탄수가 많은 총을 고를 것이다. 탄창을 교환할 때 빈틈이 생기지 않도록 대용량 탄창이 존재하는 총이라면 더욱 좋아할 것이다.

성격이 견실한 캐릭터라면 신뢰성이 높은 총을 고를 것이다. 탄약이나 예비부품 등등을 입수하기 쉽다는 점이 중요시하며, 이러한 요소는 전투를 계속할 수 있게 해주는 전투 지속 능력에 영향을 준다. 구식 총은「전투 증명이 끝난」것이므로 세계의 많은 전장에서 입수하기가 쉽기 때문에 이러한 조건에 적합하다.

성격이 향락적인 캐릭터라면 발매 된지 얼마 되지 않은 신형 모델, 금이나 은으로 도금하거나 **인그레이브**(Engrave, No.093 참조) 같은 것을 넣은 한정 모델, 혹은 지금까지 없었던 신기술을 도입한 시작형 총기와 같은 것을 선호하는 경향이 있다. 일반적으로 알려지지 않은 총은 인상이나 기능의 양면에서 상대의 의표를 찌를 가능성이 있으므로 정신적 우위를 점한다는 점에서는 색다른 총도 무시할 수 없을 것이다.

또한 개발된 나라나 메이커에 따른「총의 성격」도 있어서 그것을 그대로 캐릭터의 기호에 맞출 수도 있다. 독창적인 아이디어와 높은 공작정밀도를 자랑하는 독일의 H&K 제품, 어쨌든 견고한 구소련의 군용 총기, 실전 경험으로 보강되어 군더더기 없는 설계를 자랑하는 이스라엘제 총기, 대량생산과 대량소비를 전제로 만든 미국 제품, 고성능(?)이지만 비싼 데다 초점이 좀 많이 어긋나있는 일본제….

이러한 특징들은 일부 편견이나 아집이 섞여 있기도 하지만, 대체로 "공통으로 인식"하고 있기 때문에 캐릭터가 그 총을 사용할 이유와 매치하여 생각하면 설득력이 높아질 것이다.

캐릭터의 성격과 총의 선택

「인물의 성격」과 「총의 성격」을 매칭시키는 것이 중요.

저돌맹진스러운 인물이라면…

완전 자동이나 점사를 할 수 있으며 장탄수가 많은 모델.

견실한 타입이라면…

고장이 적고 소모품의 조달이 간단한 총. 구식 모델이라도 전투증명이 끝난 점을 중시.

하지만 이런 이론을 억지로 무너뜨리고 성격을 붙이는 방법도 있다.

예를 들면…

실은 「위력」과 「휴대성」의 밸런스를 치밀하게 계산하여 대담하면서도 의표를 찌르는 행동을 선호하는 고참병… 등.

다소의 무리한 설정도 연출에 따라서는 그럴싸하게 보이는 것도 가능하고 성공하면 「캐릭터를 상징하는 아이템」이 된다.

원 포인트 잡학

일본의 모델건 시장에서는 「뭐라고 하는 작품의 누군가가 사용하는 총!」이라는 캐치프레이즈를 내걸고 제휴 제품을 대대적으로 파는 케이스도 늘어나고 있다.

No.022

여성이 총을 들었을 때의 핸디캡은?

여성이 총을 들고 총격전을 벌이는 도식은 「비주얼적인 화사함」과 「임팩트」를 모두 만족시킬 수 있지만, 여성이기에 생기는 핸디캡도 존재한다. 리얼리티를 의식하고자 한다면 아무래도 몇 가지 요소를 고려해두는 것이 좋다.

●손의 크기와 악력은 절대 조건

가장 먼저 대두하는 문제는 「총을 계속 들 수 있는가?」라는 점이다. 당연하지만 여성의 손은 남성보다도 작아서 성인 남성을 기준으로 설계된 총의 손잡이를 단단히 파지하는 것이 어렵다. 총의 손잡이는 엄지손가락과 집게손가락으로 그려지는 「V자」에 뒷면을 끼우고, 손바닥과 남은 손가락으로 전체를 감싸 쥐도록 설계되어 있기 때문에 손이 작다면 무슨 짓을 해도 고정시키기가 어려워진다.

또한 총을 고정시키기 위해서는 "일정 수준의 악력"도 필요하다. 쥐는 힘이 약하면 총을 고정하는 것도 느슨해지고, 사격할 때 손바닥에서 움직여버린다. 이 경우 모처럼 맞춘 조준이 어긋나면서 한 발을 쏠 때마다 목표를 다시 조준해야 하는 상황에 직면하게 된다.

하지만 총이라고 하는 무기는 사용자의 근력과 위력(=살상능력)이 무관계한 것이 가장 큰 특징으로, 방아쇠를 당기면 탄환이 날아가서 상대에게 큰—경우에 따라서는 치명상에 가까운 데미지를 줄 수 있다. 게다가 나이프나 곤봉과 달리 떨어진 장소에 있는 상대에게도 유효하다.

다시 말해 여성이나 노인에게도 「남성과 같은 선상」에서 싸울 수 있게 해주는 것이 총이라고 하는 무기이므로, 악력이 부족하다면 반동이 작은 소구경 총을 고르면 될 일이다. 그것이 대구경 총에 비해 "미약"하다고 부를 수 있는 모델이라고 하더라도 발사되는 것이 모델건에 흔히 사용되는 플라스틱 BB탄이 아니라 「장약(화약)의 힘으로 가속되는 총탄」인 이상, 맞으면 무사할 수는 없는 것이다.

여성이 총을 사용하기 위해서는 다양한 불안요소가 있다. 그러나 그러한 불리한 요소를 잊는 행동부터 "여성이 총을 다루기 위한 멘탈 트레이닝"은 시작된다. 총을 손에 넣었을 때 「이제는 미력한 존재가 아니다」라며 자기최면을 거는 것으로 총을 다루는데 자신을 가지고 사소한 실수를 저지르지 않도록 심리상태를 가다듬는 것이다.

여자 주제에 총을 다룰 수 있을 것이라고 생각하는가?

소구경 총(=반동이 비교적 약하다)이나, 플라스틱으로 프레임이 만들어진 총(경량)이라면 이러한 핸디캡은 상당 부분 해소할 수 있다.

극복해야 할 정신적인 측면

- 자신은 남성보다 약하다는 점을 잊는다.
- 상대를 쓰러뜨린다(총으로 맞힌다)는 기백을 갖는다.

총이란 「노리고 맞춘다면 적을 쓰러뜨릴 수 있는」 무기이므로, 위력의 격차는 관계없다. 「표적을 노리고 방아쇠를 당기는」 기술을 손에 넣어서 그것을 숙연하게 실행한다면 목적은 달성할 수 있게 된다.

원 포인트 잡학

소총을 사용한 의탁사격(依託射擊:총을 전용기구나 흙 부대 등으로 지지하면서 쏘는 사격법)을 통해서도 여성의 신체적 핸디캡을 상당 부분 해소할 수 있다.

No.023

「격철을 당긴다」라는 말은 무슨 뜻인가?

「격철을 당긴다」라는 말은 예로부터 "전투상태에 들어간다"는 의미로 사용되었다. 이것은 오래전 권총이 격철을 울리지 않으면 탄환을 쏠 수 없었다는 사실에서 유래되었다.

●격철이 없으면 총은 쏠 수 없다.

탄환은 약협 내부의 장약(화약)이 급격하게 연소되면서 발생하는 압력에 의해 튀어나온다. 장약에 점화하는 기폭장치가 「뇌관(雷管)」인데 점화에 필요한 충격을 주는 역할을 맡는 것이 「격철(擊鐵)」이라는 부품이다.

격철을 사용해서 뇌관을 두드리는 방식을 「해머식」이라고 한다. 격철은 방아쇠와 연동하고 있으며 방아쇠를 당김으로써 압축된 스프링의 힘이 해방되어 뇌관을 두드리는 구조로 되어 있다. 그 때문에 권총을 수중에서 발사하면 물의 저항으로 격철의 기세가 꺾여서 불발이 나는 원인이 되기도 한다.

외견상 격철이 없는 권총도 존재한다. 뇌관을 두드리는 것이 격철이 아니라 내장된 격침, 스트라이커를 사용하기 때문에 「스트라이커식」이라고도 부른다. 중요한 부분이 내부에 있기 때문에 쉽게 더러워지지 않고 옷 같은 것에 걸릴 염려도 없다. 또한 픽션에서는 「눈앞에 권총을 들이댔을 때, 격철을 눌러둠으로써 총을 쏘지 못하게 하는 고도의 테크닉」도 있기는 하지만, 스트라이커식 총기라면 그럴 걱정은 필요 없다.

하지만 스트라이커식 총기는 취급시(특히 안전 부분)에 조금 익숙해질 필요가 있다. 해머식 총은 격철이 당겨져 있는지를 보면 「그 총이 바로 쏠 수 있는 상태」인지 확인할 수 있지만, 스트라이커식이라면 겉으로만 봐서는 그것을 알 수 없기 때문이다. 또한 외부의 격철이 노출되어 있다면 손가락으로 원 위치시키거나 디코킹 레버를 사용해서 안전한 상태로 만들 수 있지만, 내장식이라면 그러한 수단을 취할 수도 없다. 물론 스트라이커식 총에도 상응하는 안전장치는 마련되어 있지만, 조금이라도 빠른 스피드를 추구한다면, 아무래도 **콕&록**(격철을 세운 채 안전장치를 걸어둔 상태)인 채로 홀스터에 수납하고 싶다는 생각이 들 것이다. 하지만 이 방법은 여러 대비책을 세워둬도 오발의 가능성이 항상 따라다니기에 불안감을 느끼는 사람도 있을 것이다.

「해머식」과 「스트라이커식」

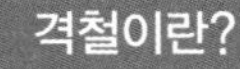

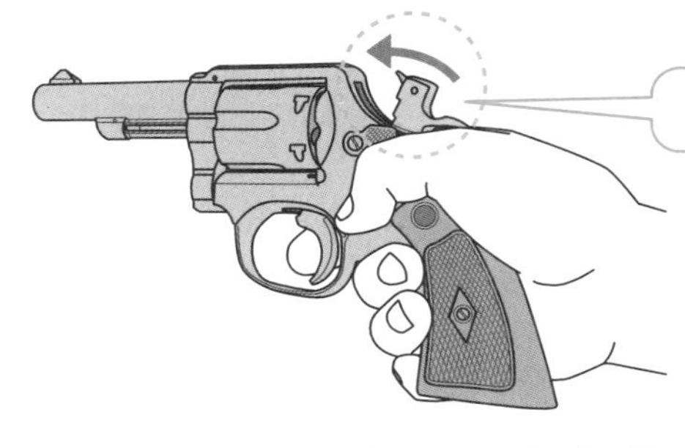

권총의 이 부분을 말한다.

격철이 카트리지의 뒷면(뇌관)을 두드림으로써 탄환이 튀어나온다.

격철이 없는 권총은 내부의 「스트라이커」라고 하는 부분으로 탄약을 격발시킨다.

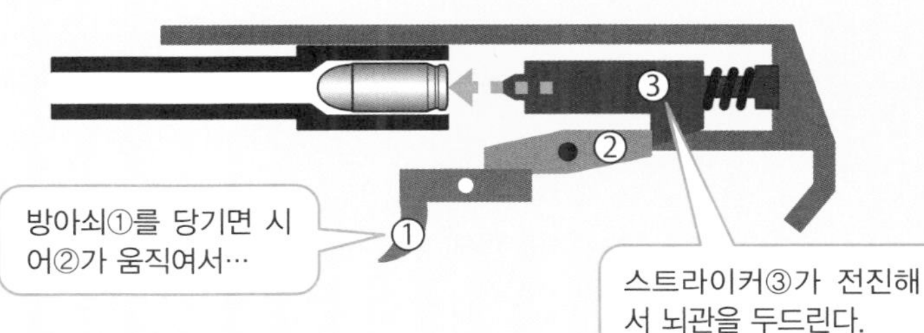

방아쇠①를 당기면 시어②가 움직여서…

스트라이커③가 전진해서 뇌관을 두드린다.

이런 모델도…

「격철이 없는」 것처럼 보이지만, 손가락을 거는 부분(스퍼)을 삭제했을 뿐이다.

이러한 타입의 격철은 「디혼드」나 「논스퍼」라고 불린다.

원 포인트 잡학

만화 『파인애플 아미』에는 등장인물 중 한 명이 「더 이상 이 총으로 사람을 죽이지 않겠다」라는 의사표시로서 애인에게 자신의 총의 격철을 넘겨주는 장면이 있다.

No.024

백업 건은 정말로 필요한가?

총을 어떠한 이유로 쓸 수 없게 되었을 때 신세지게 되는 이른바「예비용 총」을 백업 건이라고 부른다. 주무장보다 소형에 낮은 위력을 가진 모델을 이용하는 것이 일반적이며 마지막 수단으로서 숨겨두는 사람도 많다.

●솔직하게 말하면 되도록 마련해두는 것이 좋다

백업 건을 마련하기 위해서는 나름대로 돈이 든다. 총의 대금은 물론이고 탄약 값도 무시할 수 없다. 홀스터나 파우치 등도 포함해서 몸에 지니는 장비의 중량은 늘어나고 총이 2정이라면 정비하는 시간도 배 이상으로 늘어난다.

「주무장의 예비탄창을 잔뜩 가지고 다니면서 탄약이 떨어지지 않게 하는 것이 효율적이지 않을까?」라고 생각할 수도 있겠지만, 현장에서 총격전을 벌이는 입장에서 봤을 때「백업 건의 중요성은 아무리 강조해도 부족함이 없다」는 견해를 가진 사람이 더 많다.

주무장을 쓸 수 없게 되는 상황이라는 것이 무조건 탄약 부족으로 인해 찾아온다고 단언할 수는 없다. 오히려 부품이 파손됐거나 총구가 막히는 것과 같은 트러블이 발생하면서 쓸 수 없게 되는 케이스가 더 많을 정도다. 또한 포로나 그에 가까운 상태가 되었을 때, 메인 무기를 빼앗기더라도 백업 건의 존재를 들키지 않는다면 단숨에 역전할 기회를 노릴 수 있을지도 모른다(물론 상대가 프로이며 "백업 건의 중요성"을 숙지하고 있다면 그럴 가능성은 한없이 줄어들겠지만).

백업 건은 옷 안쪽 등에 숨겨두는 일이 많으므로 되도록 소형 모델을 이용하는 것이 좋다. 주무장과 같은 탄약을 쓸 수 있다면 탄약을 융통할 수 있어 가장 이상적이지만, 백업 건의 구경에 맞춰서 주무장의 위력을 낮춘다는 것은 본말전도. 그러므로 이러한 점은 총을 사용하는 인간의 성격이나 상정된 상황 등에 따라 모델을 골라야 할 것이다.

또한「데린저(Derringer)」와 같이 "아주 작으면서 장탄수가 극단적으로 적은 총"을 백업 건으로 사용하는 케이스도 많다. 이 경우, 백업 건을 사용해서 전투를 계속하는 것보다는 기습을 당해서 그대로 생사가 결정될 만한 상황에서 사용하는 것이 좋다. 그러므로「언제 백업 건을 사용할 것인가」를 잘 판단하는 것이 중요하다고 할 수 있다.

백업 건은 필요한 것인가

백업 건=소위 말하는 「예비용 총」을 말함.

주무장의 탄약이 떨어지거나 트러블이 발생했을 때를 위한 보험.

주무장보다 한 단계 아래의 총을 사용하는 경우가 많다.

하지만…

- 총을 1정 더 준비하는 데는 돈이 많이 든다.
- 경비나 수리에 드는 수고가 2배로 늘어난다.
- 탄약을 2종류 준비하여 가지고 다녀야 할 필요가 있을 수도.

그래도 백업 건은 가지고 다니는 것이 좋다.

- 주무장이 트러블을 일으켰을 때 당황하지 않아도 된다.
- 주무장이 부서지거나 빼앗겼을 때도 전투를 계속할 수 있다.

목숨과 비교하면 「수고」나 「돈」은 저렴한 것.

원 포인트 잡학

돌격소총을 장비하는 병사가 가지고 있는 권총 등은 전문적으로는 「사이드 암(Side Arm)」이라고 부르지만, 이것도 백업 건의 한 종류라고 생각해도 된다.

No.025

「권총탄」과 「소총탄」은 어디가 다른가?

「대구경=높은 위력」이라는 인식은 이미지로 본다면 틀린 말은 아니다. 하지만 구경 9mm의 권총탄은 구경 7.62mm의 소총탄보다 위력이 약하고 사거리도 짧은 것이 현실이다. 탄약을 논할 때 '카테고리'라고 하는 것도 빼놓을 수 없는 요소라는 것은 이 때문이다.

● 탄약의 카테고리

총의 탄약은 「어떤 종류의 총을 쏠 것인가?」에 따라 카테고리가 달라진다. 그중에서도 기본적이면서도 중요한 두 가지가 **권총**에 사용되는 「권총탄」과 소총에 사용되는 「소총탄」의 구별이다.

권총탄은 탄약의 카테고리 중에서도 위력이 가장 작은 종류이다. 구경은 9mm와 .45구경(11.43mm)의 2종류가 주류지만, 뒤뜰에서 가볍게 쏠 수 있는 소형 사이즈인 .22구경탄이나 **리볼버**용인 .357 매그넘탄 등도 인기 있는 권총탄이라고 할 수 있다.

유럽은 9mm가, 미국은 .45구경이 인기 있다고 하지만, 현재는 미국에도 9mm 구경의 권총탄이 많이 유입되어 정세가 바뀌고 있다. **기관단총**의 대부분은 이 권총탄을 사용하지만, 작동을 확실히 하기 위해 장약(화약)의 양을 더욱 늘린 「강장탄(強装弾- Overpressure Ammunition)」이 주로 이용된다.

소총탄은 구경만 보자면 7.62mm, 5.56mm로 작지만, 장약의 양이나 종류가 권총탄과는 다르기 때문에 위력은 비교할 수 없을 정도로 강력하다. 게다가 탄속이 빠르므로 권총탄이라면 뚫을 수 없는 엄폐물이나 방탄조끼라도 소총탄 앞에서는 무력한 경우가 많다.

풀사이즈의 소총탄은 **볼트액션 소총**용이며, 이를 짧게 줄인 「단소탄(短小弾)」이라고 불리는 것은 **전투소총**이나 **돌격소총** 등에 사용된다. 단소탄은 완전 자동 사격 시에 반동을 줄여 총을 컨트롤하기 쉽도록 고안된 것으로, 소형화된 덕분에 휴대할 수 있는 탄약의 수가 많아졌다는 점도 유리하다. 또한 무장차량이나 헬리콥터에 탑재된 「M2 브라우닝(M2 Browning)」 등으로 대표되는 기관총은 「기관총탄」이라고 하는 카테고리의 탄약(12.7mm 클래스가 일반적)을 사용하지만, 위력이 현격히 차이 나기 때문에 대물 저격총과 같은 특수한 총기의 탄약으로도 이용된다.

탄약을 카테고리 별로 분류하면

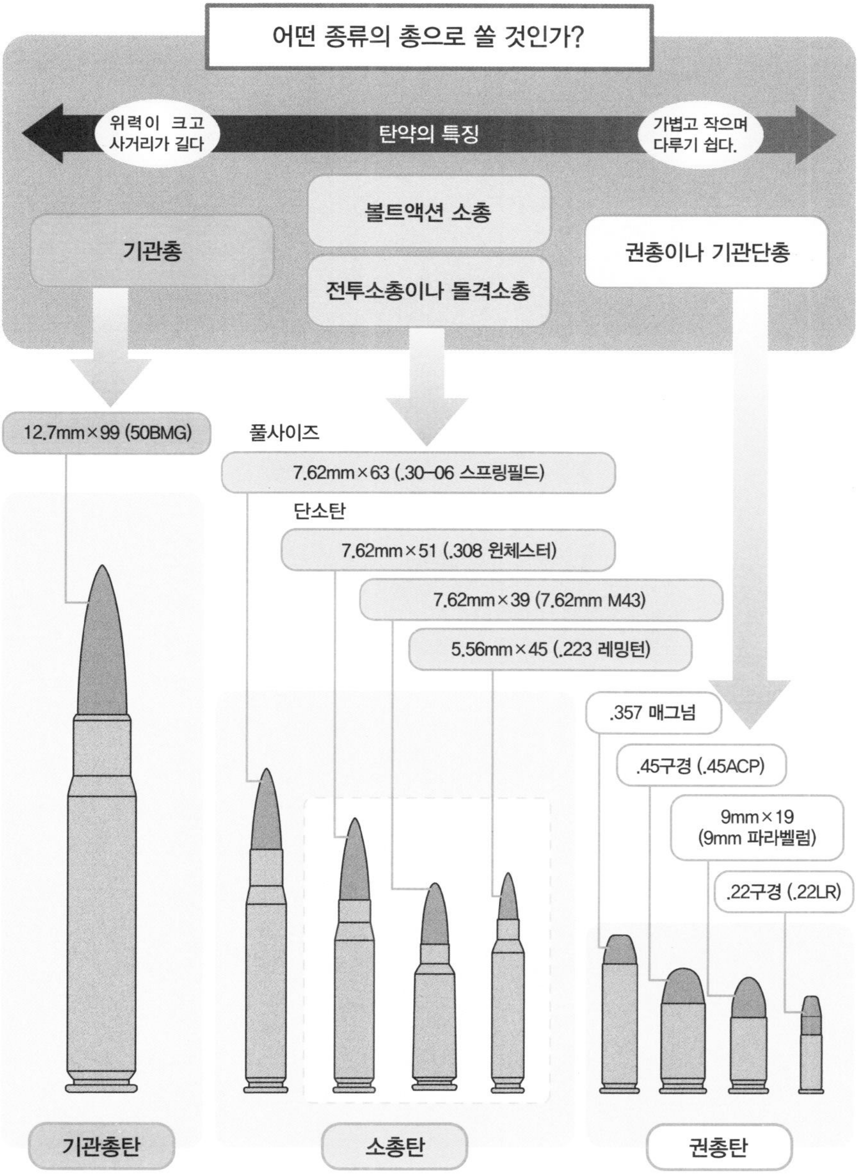

어떤 종류의 총으로 쏠 것인가?

위력이 크고 사거리가 길다 ← 탄약의 특징 → 가볍고 작으며 다루기 쉽다.

기관총

볼트액션 소총

전투소총이나 돌격소총

권총이나 기관단총

12.7mm×99 (50BMG)

풀사이즈

7.62mm×63 (.30-06 스프링필드)

단소탄

7.62mm×51 (.308 윈체스터)

7.62mm×39 (7.62mm M43)

5.56mm×45 (.223 레밍턴)

.357 매그넘

.45구경 (.45ACP)

9mm×19 (9mm 파라벨럼)

.22구경 (.22LR)

기관총탄

소총탄

권총탄

원 포인트 잡학

소총보다 짧은 총신에서 발사되는 권총탄은 대부분이 「땅딸막한」 탄두 형태로 되어 있다. 이것은 강선에 의한 회전이 적고 탄속도 느리기 때문으로, 만약 탄두가 홀쭉하다면 편주현상이 발생하면서 똑바로 날아가지 않게 된다.

No.026

탄약의 명칭에는 어떤 법칙이 있을까?

탄환을 구별하기 위한 이름은 나라나 메이커에 따라 천차만별. 다양한 기호나 상품명으로 불리고 있어서 정리하기가 쉽지 않다. 기본적으로는 제각각 개별적으로 외우는 수밖에 없지만, 그 안에도 어느 정도 규칙이 존재한다.

●구경+형상&기능

탄약의 명칭으로서 어느 정도의 보편성을 가지고 널리 통하는 것이 「구경에 따라 구별하는」 방법이다. 이것은 주로 군용탄에 이용되고 있는 방법으로, 두 차례의 세계대전 이후 같은 사상을 가진 나라가 국경을 왕래하며 ○○조약기구군 등과 같은 이름으로 서로 협력하게 되면서 퍼지기 시작했다.

권총탄이라면 「9mm×19」, 소총탄이라면 「7.62mm×51」, 「7.62mm×63」과 같이 구경에 약협 사이즈를 함께 기록함으로써 같은 구경이라도 크기가 다른 약협을 쉽게 구별할 수 있게 된 것이 특징이다.

약협은 「탄두의 형상」에 따라서도 달라지는 성질을 가지고 있다. 선단이 둥근 탄과 선단이 뾰족한 탄은, 날아가는 궤도나 명중 시에 찌부러지는 상태 등이 다르다. 그것을 구별하기 위해 탄두 형태를 나타내는 단어나 기호가 명칭에 첨가된 것도 많다. 「라운드 노우즈(RN;Round Nose)」, 「플랫 노우즈(FN;Flat Nose)」 등이 대표적인 예이다.

탄두부분은 보통 "납덩어리"로 되어 있지만, 필요에 따라서 특별한 처리를 가해서 부가기능을 추가하는 경우도 있다. 가장 보편적인 것이 납으로 된 탄두에 구리 등의 금속으로 피갑을 씌워 탄두의 변형을 막는 「FMJ탄」이다. 그 외에도 텅스텐이나 열화우라늄 등을 탄두의 중심부(탄심:弾芯)에 사용하여 관통력을 상승시키는 「철갑탄(徹甲彈)」이나 탄두에 내장된 폭약이 작렬하는 「고폭탄(高爆彈)」, 발화제를 충전한 「소이탄(燒夷彈)」이나 「예광탄(曳光彈)」 등, 탄약에 주어진 기능이 명칭에 반영된 것은 알기 쉽다. 하지만 외견만으로는 구별이 되지 않는 것이 많아 탄두부에 색깔을 집어넣어서 구별할 수 있도록 하고 있다.

형상과 기능 양쪽이 모두 특징적이기 때문에 구분을 위한 명칭 자체가 유명해진 탄약도 존재한다. 선단이 움푹 들어가서 명중하면 변형해서 찌부러지게 되어 있는 「할로우 포인트 탄(Hollow Point)」이나, 그 아종인 「블랙 탤런(Black Talon)」, 「하이드라 쇼크(Hydra Shock)」 등의 탄이 그것이다.

탄약의 명칭

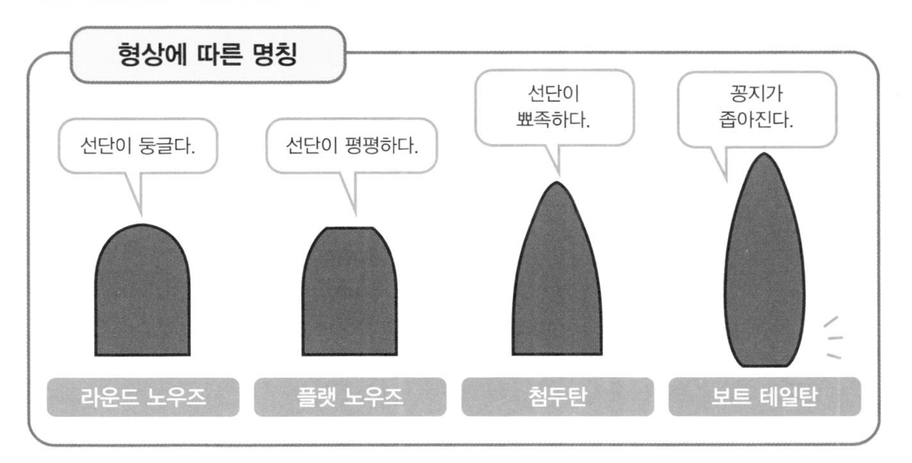

기능에 따른 명칭

철갑탄	탄심이 단단해서 관통력이 높은 탄환.
고폭탄	작약의 폭발력으로 목표를 파괴하는 탄환.
소이탄	내장된 발화제로 착탄한 장소를 태우는 탄환.
예광탄	탄도확인을 쉽게 할 수 있도록 직접 발광하는 탄환.
약장탄/강장탄	장약의 양을 줄이거나 늘린 탄환.
풀 메탈 재킷 탄	탄두가 변형되기 않도록 금속으로 덧씌운 것.
할로우 포인트 탄	탄두가 변형되기 쉽도록 선단이 움푹 들어가게 만든 것.

즉 이 탄환은…

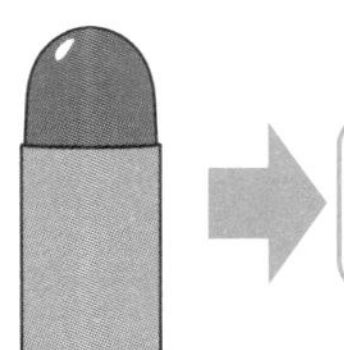

45APC의 라운드 노우즈에
풀 메탈 재킷 탄.

원 포인트 잡학

라운드 노우즈는「원두탄(円頭彈)」, 플랫 노우즈는「평두탄(平頭彈)」이라고도 부른다.

No.027

탄약의 입수 난이도는 중요한가?

총을 고를 때 잊어서는 안 되는 것이 「어떤 탄약을 사용할 것인가」라는 점이다. 구경의 크기나 일반적인 총인지 특수한 총인지 등과 관계없이 그 총을 사용하기 위한 「탄약」이 꾸준히 안정적으로 손에 넣을 수 있는가 하는 것이다.

●총을 계속 사용하기 위해서는……

만약 총을 손에 넣었다고 하더라도 탄약이 없으면 쓸 수 없다. 아무리 뛰어난 성능을 가진 총이라도 「탄약을 보충」할 수 없다면, 소지한 탄약을 전부 사용한 시점에서 단순한 애물단지가 되어버린다.

특히 아군의 서포트를 기대할 수 없으면, 탄약의 보급은 심각한 문제가 된다. 적지에 잠입해서 임무를 수행하는 특수부대의 대원 등은 일부러 적 진영의 총을 선택하는 케이스도 있다고 한다. 이것은 물론 적에게서 탄약을 (강탈하든 훔치든) 확보할 수 있기 때문으로, 서방 진영(소위 말해 미국이나 영국 등 NATO 가맹국)의 특수부대에서는 적지에서 활동할 때 공산권의 주력인 AK 시리즈를 선호했다고 한다.

탄약의 보충을 생각했을 경우, 그 지역에 있는 「일반적인」 타입의 탄약을 사용하는 총을 고르는 것이 이상적이라고 할 수 있다. 자동차를 예를 들어 생각해보면 「아무리 고성능 전기자동차라도 가솔린차밖에 달릴 수 없는 나라에서는 쓸 수 없다」는 것과 같은 이치다. 배터리가 바닥나는 순간 끝. 아무리 해매고 다녀봐야 다시 충전해서 사용할 방법 같은 것은 찾을 수 없을 것이다.

군용 총기류는 처음에 「사용 탄약」을 정한 뒤에 개발한다. 이것은 동맹국이나 진영 내부에서 탄약을 통일할 필요가 있기 때문이다. 역으로 시판되는 총은 시장 상황 및 요구에 맞춰서 동일 모델의 총이라도 다양한 구경(=사용 탄약)의 베리에이션을 만들어 대응하고 있다.

현재에는 AK 시리즈와 같은 「옛 공산권 측의 총」 이 미국이나 유럽 시장에 수출되는 케이스도 늘어나고 있지만, 그때는 오리지널 사양이 아닌 서방 진영의 표준 탄약(NATO 탄)으로 사용탄약을 변경한 버전으로 변경된다. 자유주의 진영의 일반시장에서는 공산권의 탄약을 입수하기가 어렵기에 탄환을 손에 넣을 수 없는 총을 팔아봐야 아무런 의미가 없기 때문이다.

탄약의 보충과 확보

총의 선택에 따라서는 사용 지역에서 입수하기 쉬운 탄약을 사용하는 모델이 이상적이다.

이유

탄약 공급이 불안정하다면 마음 놓고 총을 쓸 수 없기 때문.

예를 들어 중국의 비밀공작원이 유럽에서 활동하려고 했을 경우…

중국제 권총보다도, 유럽에서 일반적인 「9mm 파라벨럼탄」을 사용하는 모델을 선택하는 것이 바람직하다.

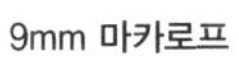

9mm 마카로프　9mm 파라벨럼　7.62mm 토카레프

· 전투임무 등에서 대량의 탄약 소비가 예상될 경우.

· 장기간에 걸쳐 활동할 것으로 예상될 경우.

위와 같은 상황에서는 특히 탄약조달에 신경을 써야 한다.

원 포인트 잡학

「입수하기 쉬운 탄약」에는, 각 지역의 "특색"이나 "기호"도 반영된다. 미국인이 가장 선호하는 .45구경 총기의 경우, 유럽에서는 거의 인기가 없는 데다 탄약을 구하기도 어렵다.

No.028

현재 사용하는 총의 보편적인 구경은?

금속제 약협이나 무연화약이 등장하면서 총은 근대화를 이루었다. 그리고 그 이래 총기설계 부분에서는 탄환을 발사하는데 어느 사이즈가 효율적인가 하는 문제가 중대사처럼 대두되었다. 이윽고 다양한 구경의 총이 생겨나게 되었지만….

● 카테고리마다 수 종류씩 존재한다

구경이란 일반적으로「탄환의 직경」혹은「총신의 내경」을 말한다. 구경 9mm의 총이라면, 직경 9mm의 탄환을 내경 9mm의 총신에서 발사하는 것이다(물론 이것은 극단적으로 단순화한 주장이며, 실제로는 탄환과 총신이 딱 9mm인 것이 아니라 미묘하게 차이가 난다).

제2차 세계대전 이전에는 총의 구경도 시행착오가 한창일 때 그야말로 다양한 사이즈의 구경이 늘어섰지만, 현재 사용되고 있는 총기—이른바 현용 총기의 구경은 대전 이후의 시행착오를 거쳐 수 종류로 정리되었다.

예를 들어『**볼트액션 소총**이나 **돌격소총**의 경우에는「7.62mm」및「5.56mm」의 2종류』로 나누어지는데, 이것은 다른 나라의 군수 및 민수 시장에서도 거의 통일되어 있다(단, 냉전 시대에 있어서의 동서 양쪽 진영의 군대는 의도적으로 이러한 통합을 피하기 위해, 동구권 세력의 돌격소총은 5.56mm가 아니라「5.45mm」로 되어 있다).

권총이나 **기관단총**의 경우는「9mm」,「.38구경」,「.45구경」, **기관총**이라면「12.7mm(.50구경)」,「7.62mm」,「5.56mm」, **샷건**이라면「12번 게이지(12번경)」정도가 일반적인 구경이다.「.45구경」이라고 하는 것은 인치 표시로, .45구경이라면 0.45인치=약 11.43mm쯤 된다(그러므로 정확하게 표기하고자 한다면「.45구경」,「.38구경」. 이런 식으로 "콤마"를 붙인다). .357 매그넘도 인치 구경으로 정확하게는 0.357인치(약 9mm)가 된다.

다른 총이나 약협의 구경 표시가 같은「7.62mm」였다고 하더라도 꼭 서로 호환되는 것은 아니다. 약협의 길이나 형상이 다르게 생겼을 수도 있기 때문이다. 또한 7.62mm 소총탄 중에는 인치 표시로 환산하면 .30구경이 되지만, 국가나 메이커에 따라서는 "1906년에 개발된 .30구경"라는 의미의「.30-06」라고 부르는 케이스도 있기 때문에 제법 까다롭다.

흔히 볼 수 있는 총기 구경 일람

구경의 숫자는 「인치 표시/밀리리터 표시」의 차이나, 각 총기가 속한 카테고리에 따라 그 의미가 달라지므로 단순하게 비교할 수는 없다.

원 포인트 잡학

「9mm」, 「.45구경」이라고 하는 것처럼 다른 단위의 표시가 혼재해 있는 이유는 개발국의 호칭을 답습한 관례적인 것이기 때문이다. 일반적으로 미터법 표기는 유럽에서, 인치 표기는 미국에서 처음 개발된 것이 대부분이다.

No.029

9mm 파라벨럼은 어떤 탄약인가?

권총탄의 대명사격이라 할 수 있는 이 물건은 제1차 및 2차 세계대전의 독일군용 제식 권총을 위해 태어난 탄약이다. 파워, 관통력, 크기 등의 밸런스가 가장 잘 잡힌 탄약이라는 평가를 받고 있으며, 현재 권총탄의 표준규격으로 사용하고 있다.

●크기는 9×19mm

파라벨럼이란「전투에 대비하라(정확하게는 "그대, 평화를 바라거든 전투에 대비하라— Si Vis Pacem, Para Bellum")」라는 의미의 라틴어로, 이 탄약을 개발한 독일 DWM사의 모토에서 유래되었다.

탄두가 작고 약협이 홀쭉해서 권총의 손잡이 안에 탄약을 잔뜩 채워 넣을 수 있는 디자인으로 되어있기 때문에, 일상적으로 총을 휴대하지 않으면 안 되는 직업(경찰관이나 마약 수사관 등)에게 있어서는 정말 고마운 탄약이라고 할 수 있다.

탄약의 사이즈가 소형이라는 것은 "같은 양의 재료로 더욱 많은 탄약을 대량생산할 수 있다"는 말이므로, 대형 탄약인「.45ACP(.45구경)」을 발사하는「콜트 거버먼트(Colt Government)」를 계속 사용해왔던 미군도 현재는 9mm탄을 사용하는「M9(베레타 M92)」으로 제식 권총을 바꾼 상태이다. 9mm 클래스의 탄약은 군용이 아닌 다른 곳에도 꽤나 퍼져있으며, 탄두의 종류(재질이나 형상)이 풍부하기 때문에 경찰용 탄약으로서도 많이 채용되어 있다.

9mm탄과 .45구경탄을 비교했을 경우, 9mm는 .45구경에 비해 질량이 절반이며 탄속이 2배. 에너지는 양자가 거의 같지만 9mm탄은 작기 때문에 관통력이 크고, 역으로 발포시의 반동이 약하다—는 특징이 있다.

하지만 .45구경이 손에 익은 사수에게는 9mm탄은 상대적으로 부족함을 안겨주기 때문에 평가가 갈라지기도 한다. 특히 마약을 복용한 뒤 돌격해오는 용의자를 상대할 때는 "도움이 되지 않는다"는 말까지 듣는 일도 있다.

9mm탄은 민간인의 호신용으로서는 아슬아슬한 사이즈로, 시판되고 있는 탄약이라고 하더라도 탄두의 종류에 따라서는 과잉방어의 죄가 붙을 위험도 각오하지 않으면 안 된다. 미국의 민간시장에서는 9mm 파라벨럼과 같은 규격의 탄을「9mm 루거」라는 명칭으로 판매하고 있다.

파라벨럼(Parabellum)이란?

파라벨럼은 라틴어로 「전투에 대비하라(Si Vis Pacem, Para Bellum=그대, 평화를 바라거든 전투에 대비하라)」라는 의미.

9mm 파라벨럼탄

특징

- 비교적 반동이 작다.
- .45구경에 비해 속도가 빠르다(=관통력이 있다).
- 약협이 홀쭉하다(대용량 탄창으로 사용하기 쉽다).
- 유럽에서 인기 있다.

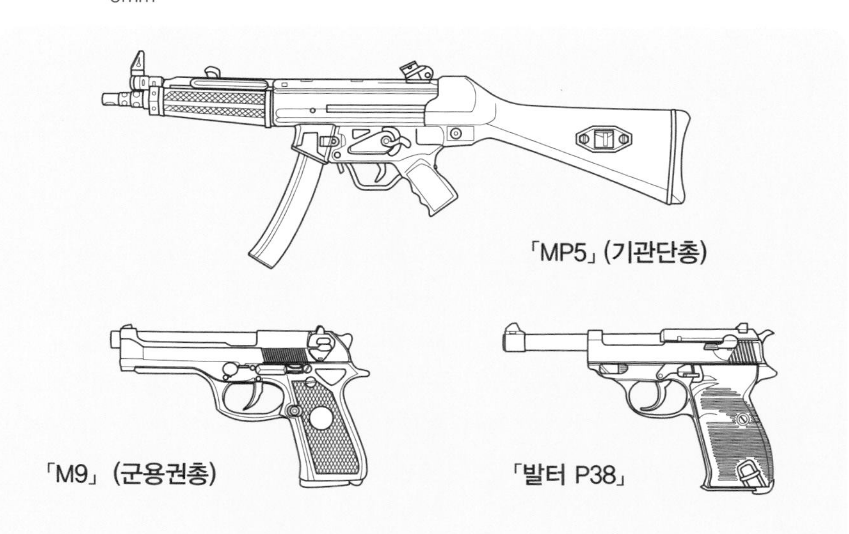

위력과 장탄수의 밸런스가 잘 잡혀 있기 때문에,
군용 총기나 경찰관용 총기의 주류가 되었다.

원 포인트 잡학

제1차 세계대전 당시 독일군이 사용한 「루거 P08」은, 사용탄약의 이름에서 따온 「파라벨럼 피스톨」이라는 별명을 가지고 있다.

No.030

탄약의 선단부는 색이 다르다?

발사 전의 「약협」을 컬러 일러스트로 그렸을 때 어떤 색으로 칠하느냐고 묻는다면 십중팔구 황색(이나 이와 비슷한 색)일 것이다. 현용 총의 금속제 약협은, 대부분 가공하기 쉬운 황동으로 만든 것이기 때문이다.

●약협(케이스)과 탄두의 재질은 다르다

황동으로 이루어진 약협 부분은 황색(금색)으로 OK라 치고, 탄두 부분은 어떤 색이 될 것인가. 탄두—탄약의 선단 부분은 같은 황색이라도 약협 부분과는 다르게 조금 어두운 황색(오렌지색이나 적동색)이 되어 있는 일이 많다.

오렌지색이란 다시 말해 「구리」의 색깔이다. 특히 군용 총기는 납으로 만들어진 탄두의 표면을 구리로 코팅하여 만든 「FMJ탄」 때문에, 코팅 부분을 검은 황색(적동색)으로 표현하는 것이다.

민간용 탄약에는 탄두의 선단만을 코팅하지 않은 「세미 재킷 할로우 포인트 탄(Semi Jacketed Hollow Point, SJHP)」이라고 하는 것도 있으며, 이 경우 드러난 선단의 납 부분은 회색(그레이)으로 표현된다.

같은 민간용 탄약으로 연습용이나 프링킹(사격 놀이)용으로 사용되는 「캐스트 불릿(Cast Bullet)」이라고 하는 탄은, 아무런 코팅도 되지 않았기 때문에 탄두 부위는 납 그대로인 회색이다.

군용 소총에 사용되는 탄약에는 관통력이 큰 「철갑탄(徹甲彈)」이나 빛을 발하여 탄도를 확인할 수 있는 「예광탄(曳光彈)」등과 같은 베리에이션이 상당수 존재한다. 하지만 "군용 총기의 탄환은 풀 메탈 재킷 탄으로만 만든다"는 조약이 있기 때문에 구리 코팅으로 인해 모두 같은 탄환처럼 보이게 된다. 그래서 군용탄은 탄두에 색을 칠함으로써 탄환의 종류를 구별할 수 있게 되어 있다. 예를 들어 「철갑탄」은 탄두 부분을 검게 채색하고, 「예광탄」은 빨간색이나 오렌지 색, 「소이탄(燒夷彈)」은 파란색이나 엷은 청색으로 칠하여 구별한다.

이 색상 구분(컬러 코드)은 각지의 군대에 따라 다른 규칙으로 이루어져 있다. 예를 들어 예광탄의 경우 미군이나 NATO군에서는 빨간색 페인트로 칠하지만, 옛 소련이 중심이 되었던 WTO(Warsaw Treaty Organization, 바르샤바 조약기구)군에서는 녹색으로 착색되고 빨간색은 「소이탄」의 탄두에 칠하여 구분한다.

탄두의 색

탄약의 성능이 좋아지면, 외견만으로는 어떤 탄약인지 판별할 수 없게 된다.

탄두 부분을 페인트로 칠하여 구분한다.

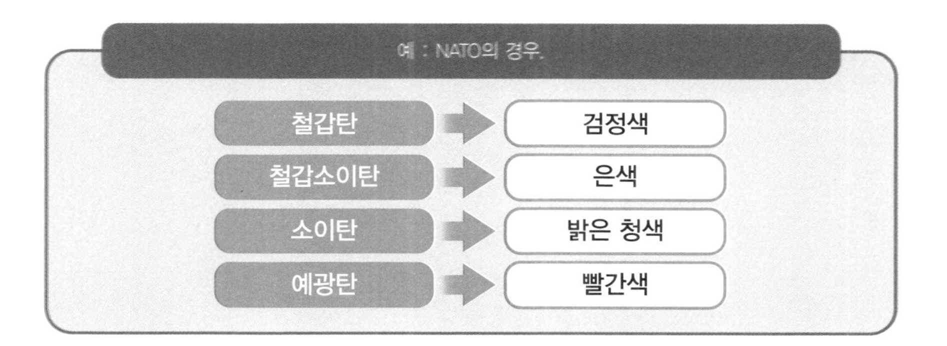

원 포인트 잡학

소련 등의 옛 공산권에서는 총의 탄약에 저렴한 철제 약협을 사용하는 경우도 있었다. 철제 약협은 녹슬지 않도록 도장 처리되었기 때문에 쉽게 구별할 수 있다.

No.031

경찰에서는 어떤 탄약을 선호하는가?

총기를 휴대하는 경찰관이나 경찰 치안 조직의 특수부대(SWAT 등)에서는 「저지력(Stopping Power)」이 높은 탄환을 선호하는 경향이 있다. 저지력이란 인간이나 동물 등의 행동을 정지 또는 억제시키는 힘을 말한다.

●일격필살의 위력을 지녔으며 주위에 폐를 끼치지 않는 탄약이 좋다

경찰관이 총을 쏘아야만 하는 상황이 되면 누구나 「몇 발안에 끝내고 싶다」고 생각한다. 총이 일반적인 나라나 지역에는 상대도 총을 가지고 있을 가능성이 높고, 가능하면 반격당하기 전에 끝내기를 원하게 된다는 것이다. 반대로 총기 규제가 삼엄한 곳이라고 하더라도 시간이 지나면 「경찰관씩이나 됐으면서 총을 뽑아들고도 쓸데없이 애를 먹는다.」며 비난의 대상이 될 것이다.

그래서 경찰관들은 상대를 짧은 시간 안에 행동불능으로 만들 필요를 느끼게 된다. 급소에 명중시키면 간단하지만, 경찰관의 임무는 사람을 죽이는 것이 아닌 범인을 붙잡는 것이기 때문에 치명적인 부분은 피하면서 상대를 무력화시켜야만 한다.

인간을 무력화시키기 위해서는 인체에 커다란 "쇼크"를 주는 것이 효과적이다. 여기서 등장하는 것이 저지력이 높은 「할로우 포인트(Hollow Point) 탄」이다. 이것은 수렵에도 사용되는 탄으로 선단 부분이 움푹 들어가 있는 것이 특징이다. 명중하면 버섯과 같은 모양으로 퍼지기 때문에 직경 9mm였던 탄약의 크기가 10mm나 15mm까지 변형되면서 체내로 파고들어가게 된다. 비유하자면 「바늘로 콕콕 찌르기보다 방망이로 퍽퍽 두들기는 쪽이 훨씬 빨리 상대방을 무력화 시킬 수 있다」는 것과 비슷한 느낌이랄까?

물론 경찰이라고 하더라도 필요하다면 상대를 사살해야만 할 때도 있다 그런 경우에는 손발이 아니라 급소를 노리고 몇 발 박아 넣으면 된다.

할로우 포인트 탄에는 또 하나 법 집행기관에서 사용하기 적합한 이점이 있다. 그것은 어딘가에 명중하면 변형되기 때문에 인체나 벽, 문 등을 관통하기 어렵다는 점이다. 또한 단단한 물건에 맞아도 도탄이 되기 어렵다는 특징이 있어서, 시가지에서 총격전이 발생했을 경우에도, 관통탄 또는 도탄에 선량한 시민들이 다치게 될 가능성이 크게 줄어들게 된다.

경찰관에게 적합한 탄약

경찰관은…

범인을 순간적으로 무력화시켜야만 한다.

위력이 약하다면 범인에게 반격당해 인생이 끝난다.

관계없는 시민을 말려들게 해서는 안 된다.

너무 강력하면 범인을 관통하면서 무고한 시민을 상처 입히고 책임 문제로 번지면서 인생이 끝날 수도 있다.

범인은 확실히 무력화시키면서 주위에 피해를 주지 않는 탄환이 필요하다.

그것이 「할로우 포인트」 탄이다!

9mm×19

.45ACP

.357 매그넘

목표에 탄을 명중시키면 「버섯 모양으로 변형되는」 머쉬루밍 현상.

원 포인트 잡학

대구경 총이라고 꼭 저지력이 높은 것만은 아니다. FMJ 등을 사용했을 경우, 에너지가 인체에 전달되기 전에 관통되어 탄환이 빠져나오면서 그다지 큰 데미지를 주지 못하는 경우도 있기 때문이다.

No.032

「도탄 걱정이 없는 탄환」은?

도탄이란 한자로 「跳彈」이라 쓰며, 단단한 물체에 맞고 튕겨 나온 탄, 또는 그 현상을 말한다. 만에 하나, 무고한 시민들이 교전 도중에 발생한 도탄에 다치는 일이 없도록 경찰에서는 세심한 주의를 기울이고 있다.

● 파쇄성(Frangible) 탄환

경찰 조작 등의 법 집행기관이 사용하는 탄환은 **할로우 포인트 탄**인 경우가 많다. 이것은 범인의 몸을 관통하거나 목표를 빗나간 탄환이 벽이나 건물 등에 맞아서 도탄할 위험을 줄이기 위해서다.

하지만 할로우 포인트 탄이라고 하더라도 "금속 덩어리"인 이상, 단단한 것에 맞으면 튀어서 되돌아온다. 여기서 주목받는 것이 「파쇄성 탄환」이라고 하는 특수탄이다. 이것은 구리나 주석, 아연 등의 금속 분말을 소결(Sintering, 燒結) 가공하여 만든 것으로, 단단한 물질에 맞으면 산산조각이 나면서 흩어진다. 마치 각설탕을 벽을 향해 던지는 것처럼 말이다. 그래서 고도 1만m의 기내에서 여객기 납치범과 싸우게 되더라도 항공기 내부에 구멍을 뚫을 염려가 없는 것이다.

게다가 인체와 같이 부드러운 물질에 쏘면 평범한 탄환과 같이 구멍이 뚫린다. 그리고 "금속 분말을 소결하여" 만든 파쇄성 탄환은 인체를 관통하기 전에 체내에서 산산이 조각나게 된다. 표적만을 살상하고 도탄이나 관통탄 때문에 표적 외의 사람이나 물체에 위해를 가하지 않는 점이 먹힌 것인지, 특히 실내전투에서 사용되는 「대인용 특수탄」으로 인기가 많다.

파쇄성 탄환은 권총탄 뿐만이 아니라, 소총탄이나 샷건용 슬러그탄에도 채용되고 있다. 한때 실내전투에 이용되었던 총기는 **자동권총**이나 **기관단총** 등 「권총탄을 발사하는」 카테고리의 것이 주류였지만, 현재에는 대 테러작전 등의 수요도 있어서인지 **돌격소총**등의 총기로 싸우는 케이스도 많아졌기 때문이다.

납을 탄심으로 사용하는 일반적인 탄환과 비교했을 때, 금속 분말 덩어리인 파쇄성 탄환은 강선에 확실하게 물리는 성질이 적다는 특징이 있다. 이 때문에 탄환이 충분히 회전하지 않아 원거리일 때의 명중 정밀도에 불안이 남는다는 목소리도 적지 않았지만, 현재는 그런 문제를 개선한 신형 버전의 탄환도 개발되고 있다.

맞으면 산산이 부서진다

파쇄성 탄환이란…

탄환이 목적을 관통하거나 빗나갔을 경우에도, 아군이나 제3자가 피해를 받지 않도록 고안된 특제 탄환.

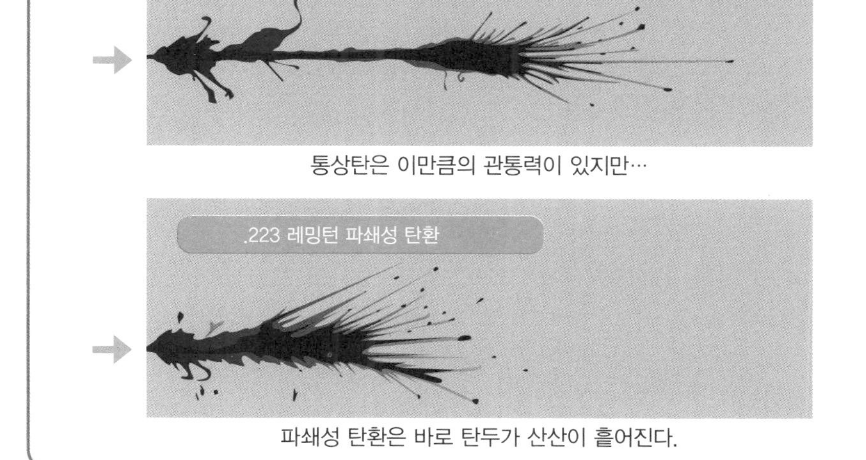

통상탄은 이만큼의 관통력이 있지만…

파쇄성 탄환은 바로 탄두가 산산이 흩어진다.

원 포인트 잡학

파쇄성 탄환은 실외에서는 납에 의해 환경이 오염될 걱정이 없고, 실내에서는 도탄을 신경 쓸 필요가 없기 때문에 사격장 등에서 수요가 높다.

No.033

경찰관 킬러라고 불리는 탄환이란?

「경찰관 킬러(Cop Killer)」라는 이름은 언론에 의해 탄생했다. 실제로 이 탄환에 "경찰관들이 살해당한" 것은 아니다. 하지만 경찰관들이 착용하는 방탄조끼를 관통해버릴 정도인 위력이 과도하게 부각되었고, 결국에는 생산이 중지되는 상황에 내몰리게 된다.

●법 집행기관에 적합한 철갑탄의 일종

「KTW탄」이라는 이름은 개발한 인물들의 앞 문자를 따와서 지졌으며 원래 「경찰 등의 법 집행기관에 적합하게」 개발된 철갑탄의 일종이다. 이 탄환은 황동나 구리의 탄두를 테플론으로 코팅 처리한 것으로, 자동차의 동체를 관통할 수 있는 권총탄을 콘셉트로 개발한 것이다.

탄두를 납이 아닌 황동과 같은 단단한 소재로 만들면, 단단한 표적을 쏘더라도 찌부러지지 않게 된다. 게다가 표면을 미끄러지기 쉬운 테플론으로 가공함으로써 높은 관통력을 발휘할 수 있게 하였다.

KTW탄은 높은 관통력을 증명하면서 그 시도가 의미 있음을 보여주는 것에 성공시켰다. 하지만 동시에 그것은 당시의 경찰관이 착용한 방탄조끼도 무력화시킬 수 있다는 사실을 증명하는 것이기도 했다. KTW탄은 경찰관에게만 판매하고 민간 시장에서 일반적으로 유통되지는 않았지만, 「방탄조끼를 착용한 경찰관조차도 일격 → KTW는 경찰관 킬러」라는 논조로 언론에 보도된 것이 계기가 되면서 KTW탄의 존재는 사회 문제로 대두되고 만다.

이 소동의 영향으로 미국에는 몇 개의 주에서 KTW탄으로 대표되는 테플론 코팅 탄약의 제조와 판매가 금지되었지만, 이미 가지고 있는 탄에 대해서는 따로 검문하지 않았다. 하지만 이윽고 연방법에 의해 정식으로 규제 대상이 되면서, 경찰 등의 공적 기관이나 군을 제외하고 「권총탄의 탄심에 텅스텐 합금, 스틸, 철, 황동, 구리, 열화우라늄 등을 사용해서는 안 된다」는 법이 생기게 된다.

그 결과 KTW탄은 시장에서 완전히 모습을 감춰버렸다. 하지만 장약(화약)이나 프라이머를 제거, 수집용 아이템으로써 소지하는 것까지는 딱히 문제시되지 않았다. 또한 텅스텐이나 스틸을 탄심에 사용하는 것이 금지된 것은 권총탄 뿐으로, 소총용 탄약은 규제 대상이 되지 않았다.

경찰관 킬러

KTW란, 어떤 단어의 약자가 아니라…

이 탄약을 개발한 3명의 이름

· Paul J. Kopsch

· Dan Turcus

· Don Ward

의 앞 문자를 늘어놓은 것.

테플론 가공

황동이나 구리로 된 탄두

그 후, 세 사람은 KTW사를 세우고 이 탄환의 제조와 판매에 착수하게 된다.

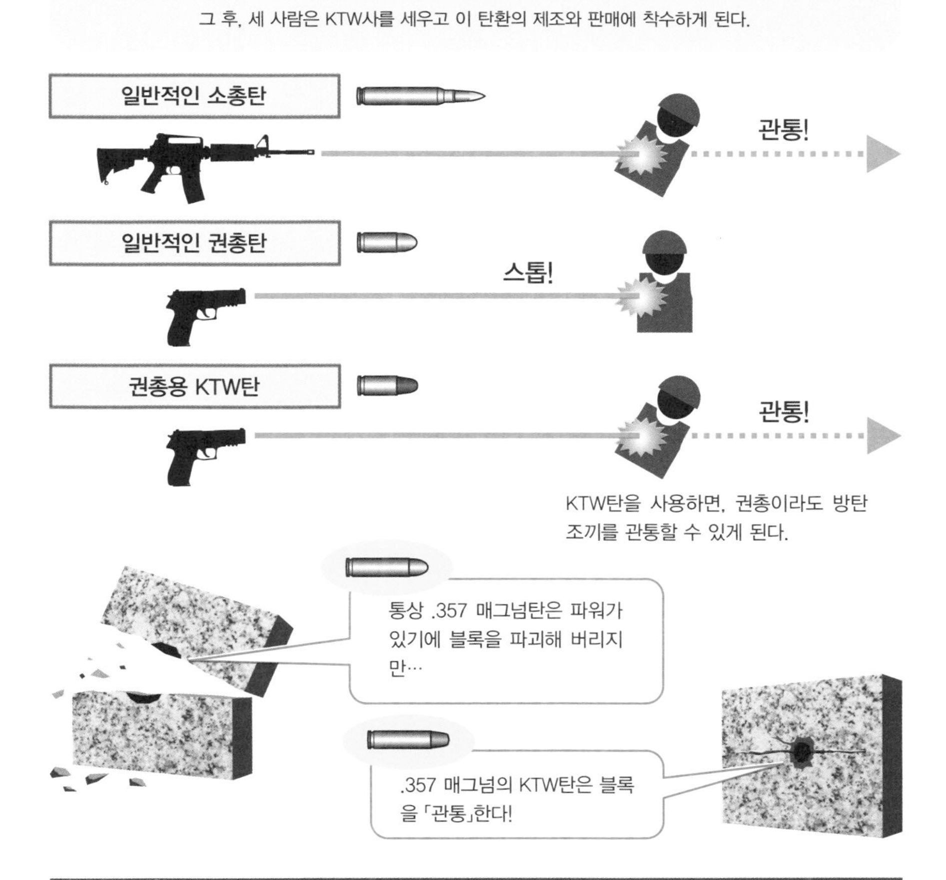

원 포인트 잡학

픽션에서는 「테플론탄」, 「테플론 코팅탄」 등등의 이름으로 등장하는 일이 있으며, 관통력이 높은 특수한 철갑탄으로서 다루어진다.

No.034

「맞아도 죽지 않는 총알」은?

빗발치듯 탄환이 오고가는 상황이지만 「상대를 죽여서는 곤란한」 상황은 나름대로 존재한다. 반격하지 못하도록 무력화해야 하는 상황이나, 실전 형식으로 리얼리티가 넘치는 훈련을 하고 싶은 경우가 바로 그런 예이다.

●위협이나 무력화, 훈련 등에 사용

죽이고 싶지 않은 상대를 총으로 제압하기는 어렵다. 급소를 피해 손이나 발을 노렸다고 하더라도, 맞으면 역시 「죽을」 가능성이 생기기 때문이다. 이러한 경우, 어디를 명중시키더라도 「죽을 것 같지 않은」 탄을 사용하는 쪽이 더 마음이 놓일 수밖에 없다.

스포츠 찬바라(※역자 주 : スポーツチャンバラ, 줄여서 '스포찬'이라고도 부르는 스펀지 검을 이용해서 칼싸움을 즐기는 스포츠의 일종)에서 사용되는 「스펀지 검」에 베인다고 죽는 사람은 없다. 이것은 진짜 검과 달리 부드러운 재질로 만들어져있기 때문에 그러한 것이지만, 그렇다고 스펀지로 총탄을 만드는 것은 아무래도 무리가 있다. 살상력을 논하기 이전에 표적을 향해 날아가지 못하기 때문이다.

그렇다면 목제 탄두라면 어떨까? 나무 재질의 파편을 수지로 굳히거나 부드러운 나무 덩어리를 깎아 만드는 등의 방법을 사용하여 탄환을 제작하는 것은 가능하다. 이렇게 해서 만들어진 「우드 칩(Wood Chip)」이라는 탄환은 실제로 모의탄으로 사용되고 있다. 금속 가루를 굳힌 **파쇄성(Frangible)** 탄과 발상은 같지만, 이쪽은 인체와 같은 부드러운 물질에 명중해도 표면에서 부서진다는 점이 다르다.

물론 발포 시의 가속과 충격을 견뎌야 하므로, 탄환은 일정 이상의 밀도로 단단하게 만들어져 있다. 표면에서 부서진다고 하더라도 맞으면 눈물이 날 정도로 아픈 데다, 눈이나 입에 들어가면 가볍게 끝나지는 않는다. 물론 그래도 납탄에 비하면 하늘과 땅만큼이나 차이가 나기 때문에 「비치사성」 탄환으로 분류된다. 목제 이외에 널리 쓰이는 모의탄으로는 고무나 폴리머제 탄환이 존재한다.

페인트 탄은 물감을 채운 탄환이 총신 내부에서 파열하면서 '물총'이 되지 않도록, 다른 탄환보다 훨씬 낮은 압력으로 발사된다. 이 때문에 사거리는 줄어들었지만 실내 돌입 훈련 등을 할 때는 나름 쓸 만한 편이다.

비치사성 탄환

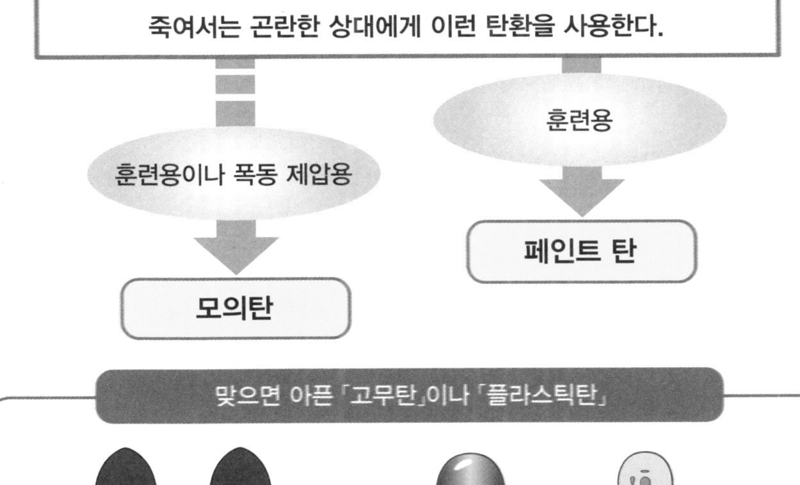

맞으면 아픈「고무탄」이나「플라스틱탄」

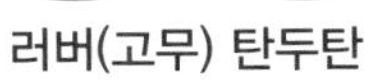

러버(고무) 탄두탄

수지 케이스탄

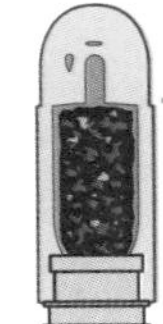

이 라인부터 찢어지면서 선단 부분의 수지가 날아간다.

맞으면 산산이 부서지는「폴리머 탄두」

총을 따로 손보지 않고 그대로 사용할 수 있으며, 사거리나 명중 정밀도도 통상탄과 비교해서 손색이 없다. 상황에 따라서는 통상탄 대신 사용되는 경우도 있다.

원 포인트 잡학

모의탄이라는 말은「화약이 들어가지 않은 관상용 탄환(더미 카트리지)」을 떠오르게 하기 때문에, 현장에서는「트레이닝 탄」,「논리설 불릿(비치사성 탄)」등으로 불리기도 한다.

No.035

페인트 탄은 진짜 총으로는 쓸 수 없을까?

픽션에서 이루어지는 총격전 훈련의 정석이라면 「페인트 탄」을 사용한 모의전을 들 수 있다. 페인트 탄이란 명중하면 파열해서 화려한 색깔의 도료가 들러붙는 특수탄이다. 하지만 옛날에는 진짜 총으로 발사할 수 없었다.

●훈련에는 가축 마킹용인 「페인트 건」을 사용

일본의 편의점의 금전등록기에는 「방범용 컬러 볼」이라는 것이 놓여 있다. 범죄자가 밖으로 도망치려고 했을 때, 등 뒤에 던져 도료를 묻혀, 도망친 범죄자를 쉽게 찾기 위해 사용하는 물건이다. 총에 사용하는 페인트 탄도 이와 같은 발상으로 만들어졌다. 페인트 탄은 멀리 있는 표적에게 도료를 묻히는—마킹하는 것을 목적으로 만들어진 물건이라는 것이다.

「페인트 건」은 도료를 채운 탄환을 발사하는 도구다. 이것은 미국 등의 광대한 토지에서 풀어서 길렀던 소 등의 가축에게 표식을 남기기 위해 이용되었다. 탄산가스나 압축 공기를 사용해서 페인트 볼을 발사하는 페인트 건은, 머지않아 「적 아군으로 나누어 페인트 탄을 쏘며 겨루는 게임」에 사용될 수 있게 개량된다.

경찰이나 군대 등에서도 항상 위험이 따르는 실전훈련 대신에, 이러한 페인트 건을 사용한 훈련을 도입하게 되었다. 하지만 이 훈련은 아무리 해도 무덤덤한 느낌이 될 수밖에 없어서, 감상적인 면에서 「진짜 총격전에 대비한 훈련」과도 같은 감각을 느끼기에는 무리가 있었다.

또한 페인트 건은 진짜 총과 구조 자체가 달랐다. 그 때문에 탄창 교환이나 안전장치를 재빠르게 해제하기 위한 훈련 등은 따로 해야만 했다. 트레이닝에서 최적이라 할 수 있는 것은 반복 동작을 거듭함으로써 「몸으로 익힌다」다는 것이었기 때문에 이 훈련은 그다지 효율적이지는 않았다.

그런 목소리에 메이커 측에서는 새로운 훈련용 페인트 탄인 「FX(시뮤니션 탄약)」이라는 제품으로 답했다. 총신만큼은 FX 사양의 전용품으로 교환할 필요가 있기는 했지만, 자신이 평소에 쓰던 총과 같은 모델을 그대로 페인트 탄 훈련에 사용할 수 있게 된 것이다.

FX는 권총탄뿐만 아니라, 「M16」 등으로 대표되는 돌격소총용의 탄약도 마련되었다. 이전까지는 공포탄으로 분위기만 살리는 것에 그쳤던 훈련을 실전에 가까운 형식으로 수행할 수 있게 된 의미는 매우 컸기에, 이후 많은 나라와 조직에서 채용을 하게 된다.

페인트 건과 페인트 탄

옛날에는 진짜 총으로 페인트 탄을 쓰는 것은 어려웠다.

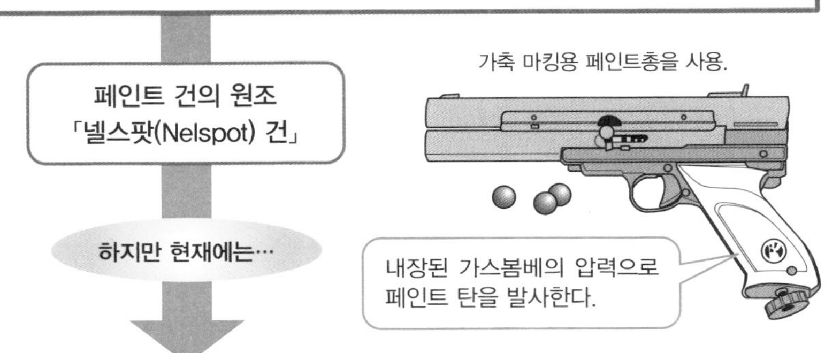

신기축 페인트 탄 「FX」 등장!

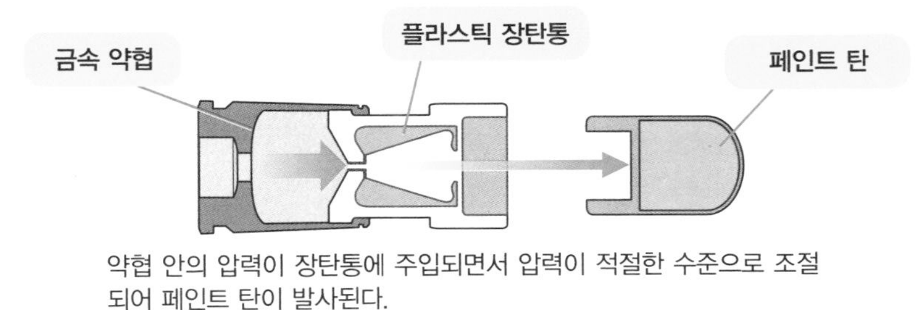

약협 안의 압력이 장탄통에 주입되면서 압력이 적절한 수준으로 조절되어 페인트 탄이 발사된다.

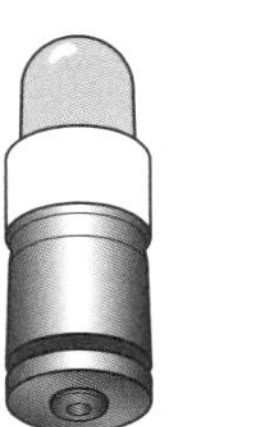

사용 전

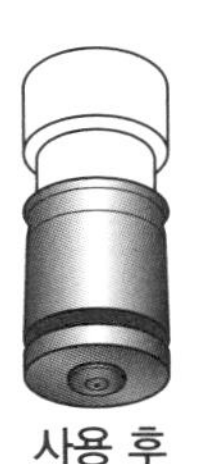

사용 후

RX탄을 사용한 훈련 중은 실탄을 장전한 총과 헷갈리지 않도록, 파란색으로 착색된 것을 사용한다.

원 포인트 잡학

일반적으로 착색 총은 파란색이 페인트 탄을 쏘는 것, 빨간색이 공포탄을 쏘는 것으로 구별하지만, 메이커나 정부의 판단으로 바꿔서 구별하기도 한다.

No.036

샷건은 「인도적인」 총기?

샷건은 「산탄총」이라고 번역되듯이, 수개~수백 개의 납탄이 목표를 벌집으로 만들어버리는 총이다. 총의 인상이 공격적이기는 하지만, 동시에 「상대를 죽이지 않고 무력화하는 탄환」을 여러 가지 선택하여 발사할 수 있다는 특징도 있다.

●살상도 비살상도 마음대로

샷건에서 발사되는 「산탄」은 이름 그대로 넓게 퍼져나가는 탄환으로 날아가는 새를 쏘아 떨어뜨리거나, 한 발로는 쓰러뜨릴 수 없는 커다란 짐승에게 복수의 탄환을 동시에 퍼부어서 넉 아웃시키기 위한 용도로 주로 사용되는 것이다. 그리고 새 사냥용으로 쓰이는 작은 알갱이의 탄은 「버드샷(Bird Shot)」, 사슴 사냥용으로 쓰이는 큰 알갱이의 탄은 「벅샷(Buck Shot)」이라는 명칭으로 구분해서 부른다.

사냥감에 맞춰 다른 타입의 산탄을 구분해 사용하는 것이 샷건의 특징인데, 산탄이나 장약을 넣는 약협 부분—샷셸(Shotshell)의 사이즈가 권총이나 소총용 탄약보다 더 크다는 것 또한 샷건만의 특징으로, 그 사이즈를 살릴 수 있도록 다양한 종류의 특수 탄약이 고안되었다. 그중에는 목표를 죽이지 않고 무력화하는 「비치사성」 탄도 많다.

그 중에서도 유명하고 사용빈도가 높은 것이 고무로 만든 「스턴건(Stun Gun)」이다. "스턴"이란 기절이나 졸도 등의 의미를 가진 단어이며, 이것은 그 이름대로 「목표를 기절시키는」 용도로 사용되는 탄환이다. 원래 철이나 납을 사용하는 벅샷 탄을 고무로 바꾼 물건이며, 발사되는 탄의 수나 고무의 부드러움 정도에 따라 종류가 달라진다.

고무로 만들어졌기 때문에 맞아도 죽지 않는다고 했지만, 그렇다고 눈 같은 곳에 맞아도 멀쩡하다는 말은 아니며, 가까운 거리에서 "인체의 급소"를 노리고 쏘면 심각한 후유증을 유발할 가능성도 있다. 따라서 사용하는 타이밍이나 총구의 방향에는 충분히 주의를 기울이는 것이 좋다.

마찬가지로 스턴 효과가 있는 특수장탄에 「빈백(Bean Bag)탄」이라고 하는 것이 있다. 이 탄환은 "빈백"이라는 이름대로 콩 주머니가 연상되는 모양을 하고 있으며, 그 안에는 모래나 플라스틱 가루가 묵직하게 채워져 있다. 양말 끝에 눅눅한 모래를 채워 넣고 사람을 때리면 상당히 아픈 것처럼, 고속으로 튀어나온 빈백이 명중함과 동시에 눌려 찌부러지면서 목표를 넉 아웃시키는 것이다.

샷건용 비치사성탄

샷건은 비치사성 탄환을 발사하는 데 적합한 총이다.

· 카트리지(샷셸)가 크기 때문에 다양한 것을 담아 쓸 수 있다.
· 상황에 따라서 맞는 탄약을 쉽게 교체할 수 있다.

…등등이 이유.

다양한 「비치사성 탄약」이 개발되고 판매되는 결과를 가져왔다.

고무제 스턴탄

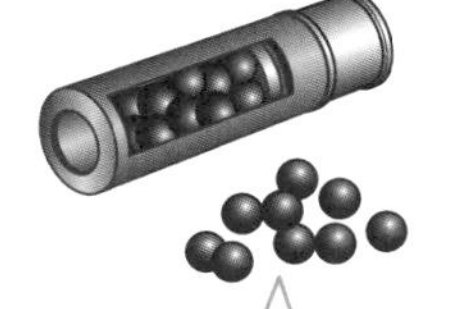

멀티 볼 · 러버탄

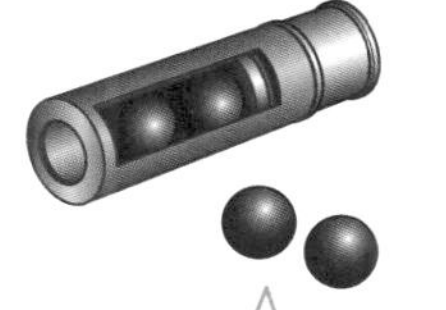

더블 볼 · 러버탄

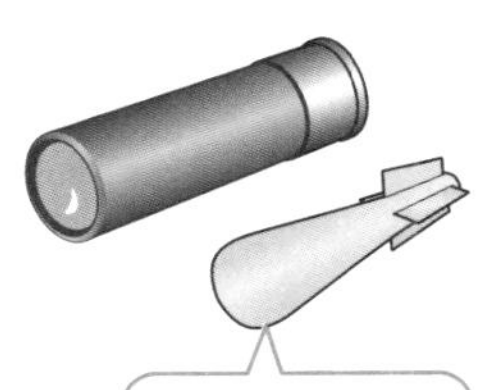

날개 달린 고무탄

빈백탄

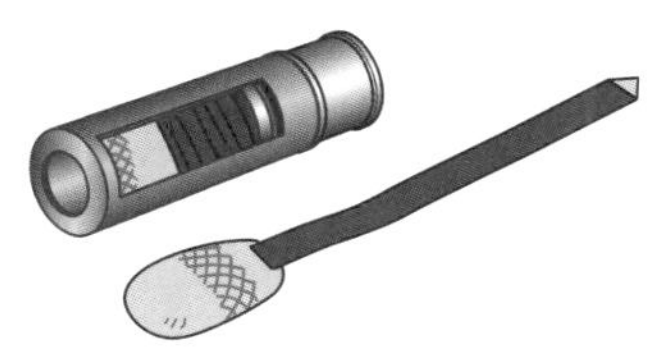

주머니 속에 납이나 플라스틱제 작은 알갱이가 들어있다. 검은 꼬리는 탄도의 안정을 위한 것임.

그 외에도 「나무」나 「수지」를 사용하기도.

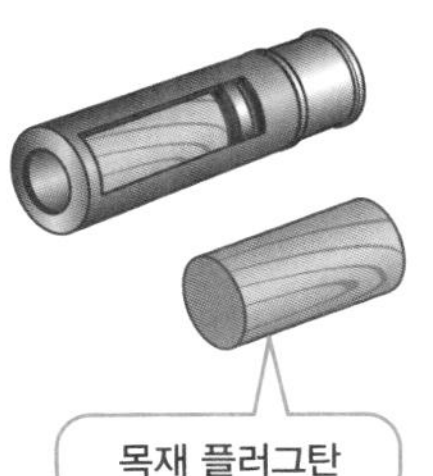

목재 플러그탄

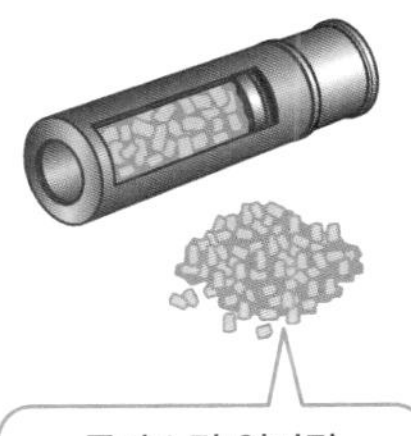

플라스틱 입자탄

원 포인트 잡학

비치사성 탄약을 장전한 샷건은 사상자를 내지 않고 군중을 컨트롤할 수 있기 때문에, 폭동제압용 무기로 자주 이용된다.

No.037

복합탄이란 어떤 탄인가?

탄환 한 발로는 한 명의 적밖에 쓰러뜨릴 수 없다. 다수의 적이 겹친 순간을 노리면 "관통한 탄환이 뒤에 있는 적도 쓰러뜨리는" 상황도 가능할지 모르지만, 그런 우연한 타이밍에 의존해서야 오히려 효율만 나빠질 뿐이다.

●한 번에 두 명의 적을 쓰러뜨리는 탄환

정글은 총격전을 벌이기에 제법 성가신 장소이다. 우거진 나무들의 잎사귀가 시야를 방해하는 데다 차폐물이 될 만한 것도 많다. 또한 나무 그늘 때문에 적을 찾는 것도 조준하는 것도 까다롭고 말이다.

이러한 환경에서 빠지기 쉬운 함정이「쏘다 보면 맞는다」라는 생각으로 완전 자동 사격으로 탄환을 마구 쏴버리는 패턴이다. 물론 이러한 "탄막"은 어느 정도 효과가 있기는 하지만, 그것보다 탄약의 소모가 심하기 때문에 이점을 무시해서는 안 된다.

인간 한 명이 들고 다닐 수 있는 탄약의 양에는 한계가 있다. 싸울 때마다 탄막을 펼친다면 탄환을 아무리 많이 가지고 있어도 부족할 수밖에 없고, 보급을 받을 수 없게 될 가능성을 생각한다면 탄환은 효율적으로 쓰는 것이 좋다.

그래서 고안된 것이 카트리지 한 개에서 복수의 탄환이 튀어나오는 탄약이다. 그 중 유명한 것이 베트남 전쟁 중에 미국군이 생산한「복합탄」이라는 것으로, 정글에 숨어든 적병을 한 명이라도 많이 쓰러뜨리고 싶다는 일념에서 탄생된 물건이다.

복합탄의 형상은 얼핏 보면 보통 탄약과 다를 바가 없어 보이지만, 실제로는 카트리지의 잘록한 부분(넥이라고 부른다)에 2발 째 탄두가 들어있다. 1발 째는 그대로 노린 장소에 날아가지만, 한 발 늦게 총구에서 튀어나오는 2발 째 탄환은「탄저부가 조금 기울어진」모습이기 때문에, 1발 째 탄도에서 살짝 빗겨나간 채 날아간다.

즉, 1발 째는 항상 조준한 대로 날아가지만, 2발 째는 조금 어긋난 곳에 착탄하게 된다. 7.62mm NATO탄을 베이스로 한 복합탄으로 테스트한 결과, 100m 거리에서「1발 째를 중심으로 반경 약 30cm」의 원에 착탄 했다고 한다. 하지만 평범한 탄환보다 탄두 1발의 무게가 가볍기 때문에, 사거리나 위력을 희생해야 한다는 문제가 있었다. 이 콘셉트를 계승할 탄환이 개발되지 않은 것을 보면 실제로는 전과를 그다지 올리지 못했던 것 같다.

1회의 사격으로 복수의 적을 쓰러뜨리려면…

Duplex Bullet
복합탄

원 포인트 잡학

복합탄과 같은 발상은 이전에도 고안되었는데, 1921년에 영국의 윌리엄 W. 그리너라고 하는 발명가가 수렵용 탄환으로 3발 버전의 복합탄을 개발한 일이 있었다(실제로 발매되지는 않았다).

No.038

은폐를 한 상태에서 안전하게 쏠 수 있는 총은?

자신은 엄폐물 뒤에 몸을 숨긴 채로, 적을 일방적으로 노릴 수 있는 총은 만들 수 없는 것일까? 이런 이기적인 바람을 이루기 위해 진지하게 내놓은 대답이 구부러진 총신을 장착한 「곡사총」인 것이다.

●은신처에서 총신만 삐죽

제1차 세계대전의 전장은 구멍을 파서 몸을 숨기고 사격하는 참호전(塹壕戦)이었다. 몸을 내밀면 그 순간 적의 기관총의 먹이가 되어버리기 때문에, 전장은 서로 공격하는데 쩔쩔매기만 하는 교착상태에 빠지고 말았다.

곡사총의 콘셉트는 「이러한 상황에서도 안전하게 사격할 수 있는 총」으로, 이어지는 제2차 세계대전 당시에도 몇 가지 모델이 고안 · 제작되었다. 그 발상은 단순했는데, 소총이나 기관단총의 총신을 구부러진 것으로 교환하고, 총신에 부착한 프리즘을 이용한 잠망경(Periscope)으로 조준을 하는 것이었다. 그런 만큼 정밀한 사격을 기대하긴 어려웠지만, 그럭저럭 일정 범위에 탄환을 집중시킬 수 있었다.

하지만 아이디어는 일반화되지 못했다. 아무래도 구부러진 총신은 정비나 휴대를 하는데 불편한 점이 많았고, 총신을 제작하거나 가공하는데도 많은 비용이 들었기 때문이다. 총신 교환에는 나름대로 수고가 들었기 때문에 빈번히 교환할 수도 없었으며, 그렇다고 해서 곡사총신을 장착한 상태로는 「평범하게 조준해서 쏠 수 없다」는 운용상의 문제도 있었다. 곡사총은 「은신처에 숨어서 쏠 수 있는 총」이라기보다, 「은신처에서만 제대로 쏠 수 있는 총」이었던 것이다.

하지만 의외로 현재에는 "곡사총의 후계자"라고 할 수 있는 총이 등장하고 있다. 「코너 샷(Corner Shot)」라는 것이 바로 그것으로, 엄폐물 뒤에 숨어서 적을 쏜다는 콘셉트는 이전과 동일하다. 하지만 잠망경은 카메라와 액정 모니터의 조합으로 탈바꿈하였으며, 중앙에 설치된 「관절」 부분에서 총 그 자체가 접히고 구부러짐으로써 몸을 숨긴 채 안전하게 사격할 수 있게 되어 있다. 선단 부분에는 자동권총 등을 장착할 수 있고, 관절을 늘려서 소총처럼 사용할 수도 있다. 코너 샷 자체는 총의 「토대」라고 할 수 있는 부분이며, 실내전이나 시가전 등의 상황에 맞춰서 다양한 총기류를 장착하는 모델이 개발되고 있다.

엄폐 · 은폐물 뒤에 숨어서 쏘려면

한때 「총신이 구부러진」 총이 여러모로 시험 제작되었지만…

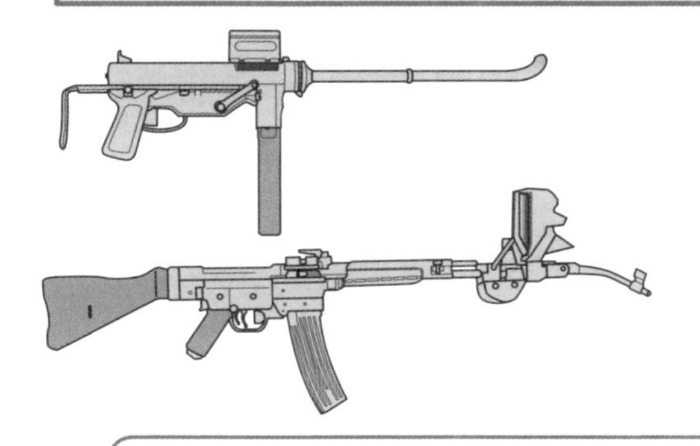

무엇보다 총신이 구부러져 있기 때문에 명중률이나 사거리가 실용적이지는 않았다.

이것이 현대의 곡사총 「코너 샷」이다!

원 포인트 잡학

제2차 세계대전 당시의 독일군은 30도 각도로 총신이 구부러진 곡사총신 J형(Vorsatz Lauf J)을 시작으로, 40도의 V형, 90도의 P형 등의 베리에이션을 개발했다.

No.039

로켓탄을 발사하는 권총은?

로켓탄은 한자로 「분진탄(噴進弾)」이라 번역되기도 하는데, 그 이름처럼 꽁지에서 불을 뿜어 자력으로 앞으로 나아가는 탄환이기 때문이다. 원래는 전투 차량이나 항공기, 함선 등에 탑재된 병기이지만, 이것을 권총에서 발사하려는 아이디어가 있었다.

●자이로젯 피스톨(Gyrojet Pistol)

권총을 사격할 때 극복해야 할 성가신 요소 중 하나로는 「발사할 때의 반동」이 있다. 권총은 전차포나 함포에 탑재되어 있을 법한 반동 흡수 시스템을 포함하기에는 그 사이즈가 너무나도 작기 때문이다.

"그렇다면 발사할 탄환 쪽을 개량해보는 건 어떨까?" 라고 생각한 끝에 나온 것이 바로 「로켓탄」이다. 내장된 연료를 사용해 자력으로 비행하는 로켓탄은, 발사 시의 반동이 총탄이나 포탄에 비해 훨씬 작다. 권총탄 사이즈의 로켓탄을 만들어서 권총 사이즈의 총기로 발사하면 반동이 없는 권총을 만들 수 있을 것이라고 생각했던 것이다.

또 지금까지의 일반적인 탄약은 총에서 발사되고 총구에서 나온 시점에서의 속도가 최고 속도이고, 그 뒤는 공기 저항 등으로 인해 느려지는 것이 일반적이다. 당연히 멀리 있는 표적 노렸을 때는 위력이 불안해질 수밖에 없다. 하지만 로켓탄이라면 총구에서 나온 뒤에도 분사가 계속되는 한 계속 속도가 붙는다. 따라서 사거리가 늘어나고 원거리에서의 위력이 상승할 것이라고 여겨졌다.

내부에 연료를 채워 넣은 로켓탄을 발사하는 「자이로젯 피스톨」은 약협을 사용하지 않으므로, 총을 쏜 뒤에 배출 동작을 할 필요가 없다. 게다가 반동도 적기 때문에 내부 구조를 간단하게 만들 수 있다는 이점도 있었다.

자이로젯은 낮은 반동에 긴 사거리, 구조의 단순화로 생산이 간단해진다는 그야말로 이점만 존재하는 것처럼 보였지만, 오히려 최대의 특징인 「로켓탄」의 특성 때문에 발목을 잡히고 말았다. 로켓 분사에 의한 가속은 최고 속도에 이르기까지의 딜레이가 있으며, 때문에 권총의 전투 거리인 「근거리」에서의 위력이 높지 않았던 것이다. 또한 탄약의 단가가 비쌌기에 그 공급량도 사용자를 만족시킬 정도로 공급되지 않았다. 그 결과 자이로젯 피스톨은 결국 신세대의 권총으로 자리잡는데 실패하고 말았다.

로켓탄을 발사하는 권총은?

화약의 힘으로 「발사되는」 것이 아니라 「직접 로켓을 분사하여 날아가는」 탄환.

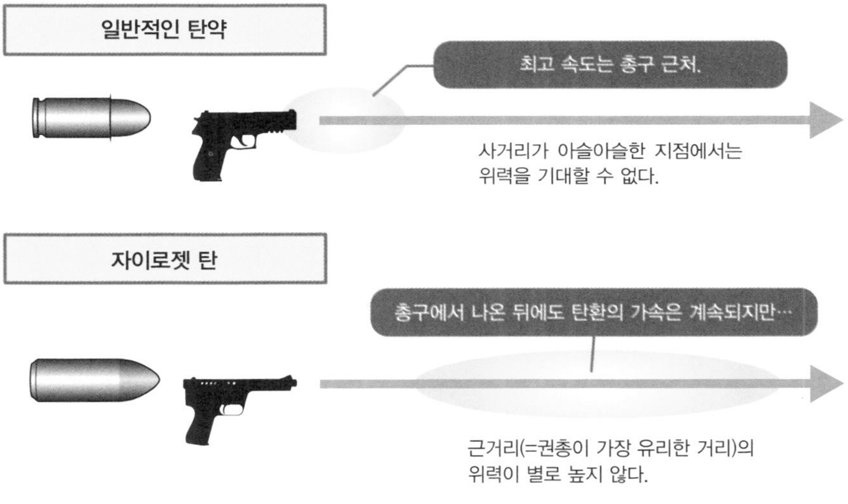

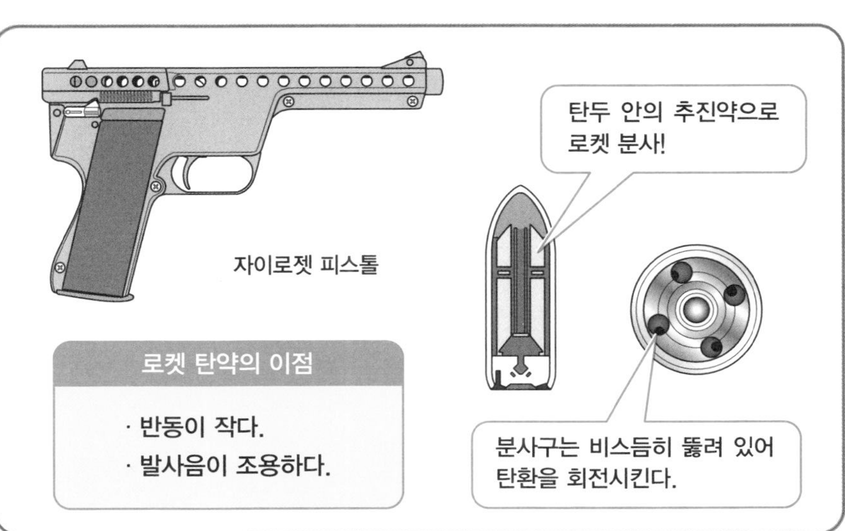

원 포인트 잡학

「자이로젯 피스톨」에는 강선의 유무나 탄약 장전의 방법, 안전장치의 표시가 다른 초기형(마크-1)이 존재한다. 또한 로켓탄에도 9mm, 12mm, 13mm, 20mm의 4종이 있다.

경찰관을 상대로 할 때의 총격전

경찰관은 법치 국가의 수호자이다. 법을 무시하는 무법자는 물론, 의도치 않게 법을 어긴 자에게도 그들은 엄격하게 권력을 행사한다. 그리고 잘 통제된 교통망이 갖춰진 국가에서 이를 유지하는 것 또한 경찰의 업무로, 속도위반이나 신호 무시, 불법 주 · 정차 등을 저질렀을 때에 경찰과 마주치게 되는 것은 당연한 일이다. 그리고 총이나 폭발물 등 허가가 필요한 물건을 숨긴 채 가지고 다니다 경찰과 마주치는 것은 당연히 곤란한 일. 그래서 옛 공산권과 같이 공무원 윤리가 낮은 지역에서는 이런 때에 공공연히 뇌물을 요구하는 일도 있다.

경찰을 상대로 총격전을 시작할 때는 우선 심호흡을 하고 「좋다, 우선 내가 지금 있는 나라는 어디지?」라며 되새겨볼 필요가 있다. 그곳이 일본 같은 국가라면 할 일은 간단하다. 일본의 경찰은 총격전이나 총을 다루는데 익숙지 않을 뿐만 아니라, 다양한 규칙에 얽매여 있으므로 총격전에 돌입할 때 망설이게 된다. 총기 규제가 삼엄한 나라이기도 해서 경찰관들도 「맞기 전에 쏴라」와 같은 사고방식은 강하지 않은 편이다. 그러므로 내로라하는 무법자라면 방심하다가 낭패를 볼 일은 없을 것이다.

스코틀랜드 야드(런던 경찰청)로 대표되는 영국 경찰관 등, 순찰을 하는 경찰관이 권총을 휴대하지 않는 나라라고 안심해서는 안 된다. 그들은 총이라고 하는 무기의 장점과 단점을 잘 숙지하고 있기 때문에 기술적인 면이든 마음가짐이란 측면이든 일본의 경찰관과는 비교할 바가 못 된다. 그들이 총을 가지고 있지 않은 건 어디까지나 「상대를 자극하지 않기 위해서」일 뿐이며, 상대가 주저하지 않고 총을 사용할 것 같으면 곧바로 무장 경찰이 찾아올 것이다.

그리고 이보다 더욱 강하게 나오는 게 미국의 경찰이다. 그들은 독립과 건국 시대부터 "자유와 정의"를 지키는데 총기는 결코 빼먹을 수 없는 것이라고 생각해왔기 때문에 항상 총기를 정비하며 기량을 향상시키는 데 여념이 없다. 주에 따라 다소 차이는 있겠지만 대체적으로 경찰관들은 권총을 항상 휴대하고 다니며, 순찰차에 샷건이나 소총을 싣고 다니는 경우도 드물지 않다. 만약 위협만 할 생각이었다고 해도, 경찰관에게 총을 들이대는 순간 벌집이 되어도 불평할 수가 없다. 정의의 집행자를 자처하는 그들은 「상대가 체포하는데 저항했다」는 명목으로 자기 정당화를 완성시키고, 일반시민이 총을 소지하고 다니는 환경은 그들에게 그런 선택을 하게 만들기 때문이다. 결국 총을 당당히 내보이고 상대를 위협할 수 있는 것은 일본이나 한국 같은 동양권 국가에서나 가능한 일인 것이다.

적으로 돌리면 대단히 귀찮아지는 상대인 것이 개발도상국이나, 종교나 시민 분쟁이 벌어지고 있는 나라에서 근무하는 경찰이다. 그들에게는 자칭 선진국의 경찰관들이라면 그래도 조금이나마 가지고 있는 「명분」이라는 것이 없다. 솔직히 말해 무기와 권력을 가진 야쿠자와 다를 바가 없기에, 경찰관에게 찍히는 순간 바로 줄행랑을 놓던지 먼저 공격해서 해치운 뒤 나라밖으로 탈출을 꾀하는 것 외에는 방법이 없다.

어느 나라의 경찰관 상대라도 장시간 전투하는 것은 금물이다. 그들은 국가 조직의 일원인 데다 수많은 동료가 있다. 바로 무선을 사용해 동료를 불러내 압도적인 상황을 유지하는 것은 기본이라는 것이다. 동료 의식도 강하기 때문에 범인이 「경찰 킬러」이라도 된다면 경찰 조직의 위신을 걸고서라도 끈질기게 추격해올 것이다.

제 3 장

실천 편

—총격전의 노하우—

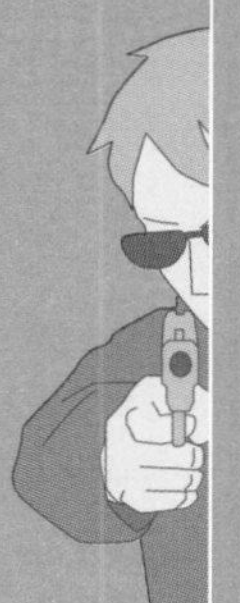

No.040

총탄은 얼마나 멀리 날아갈까?

총탄의 비거리는 일반적으로 생각하는 것보다 훨씬 멀다. 권총 클래스조차 1km 이상은 날아가고, 매그넘탄이라면 2km 가까이까지 도달한다. 하지만 아무리 고르고 13급의 사수라도 권총으로 2km 너머에 있는 표적을 해치우는 것은 쉽지 않다.

●유효 사거리와 위력

총탄의 비거리는 **권총탄**조차도 1km 이상, **소총탄**이라면 4km 이상에 이른다. 하지만 1km 정도의 거리를 날아간 권총탄은 "발사되었을 때 가지고 있었던 에너지"를 다 써버리면서, 뭔가에 맞았다고 하더라도 데미지를 줄 만한 힘은 남아있지 않게 된다. 「최대사거리」라고 불리는 이 거리는 탄환이 발포된 후 지면에 떨어질 때까지의 거리를 나타내는 수치이다. 소프트볼 던지기나 포환던지기의 비거리와 같은 원리지만, 총탄은 맞았을 때 "파괴하거나 상처를 입힌다"는 목적을 달성하지 못한다면 의미가 없다. 날아간 거리가 중요시되는 운동경기와는 얘기가 다른 것이다.

그래서 「총탄」이라고 하는 물체의 비거리를 논할 때에는 「유효사거리」라는 표현을 주로 사용한다. 일정 이상의 살상력을 유지하면서 명중탄을 낼 수 있는 거리 말이다.

유효사거리는 권총이라면 길어도 50m, 5.56mm 구경의 **돌격소총**이라면 200~350m, 7.62mm 클래스의 **전투소총**이나 **자동소총**, **볼트액션 소총** 등이라면 500~1.5km, 12.7mm의 기관총이나 대물 저격총의 경우는 1.5~2km 정도라고 하지만, 사용법에 따라서는 짧아지는 경우도 있다. 예를 들어 돌격소총 「M16」의 유효사거리는 600m라고 말하는 데이터도 있지만, 파워 다운을 생각하지 않아도 되는 거리는 역시 300m 전후라고 하는 사고방식처럼 말이다(이 경우 600m라고 하는 숫자는 「위험 구역」 등으로 표현된다). 또한 경찰과 같이 「만에 하나 발생하는 사고(이를테면 조준이 빗나가서 유탄이 되었다. 범인에게 명중했는데도 미처 무력화시키지 못했다…등)」를 대단히 싫어하는 조직에서는 이 거리가 더욱 짧아져서, M16(M4)과 같은 총기라도 100~200m 정도의 거리를 저격사거리로 상정한 채 운용하고 있다.

다만 여기서 주의할 점이라면, 이러한 각종 사거리는 상정하기 위한 전제 조건에 따라 그 수치가 얼마든지 변한다는 것이다. 같은 5.56mm의 돌격소총이라 해도 개별 모델(총신 길이)이나 장약의 종류에 따라 사거리가 달라지는 경우가 많다.

총탄은 얼마나 멀리 날아갈까?

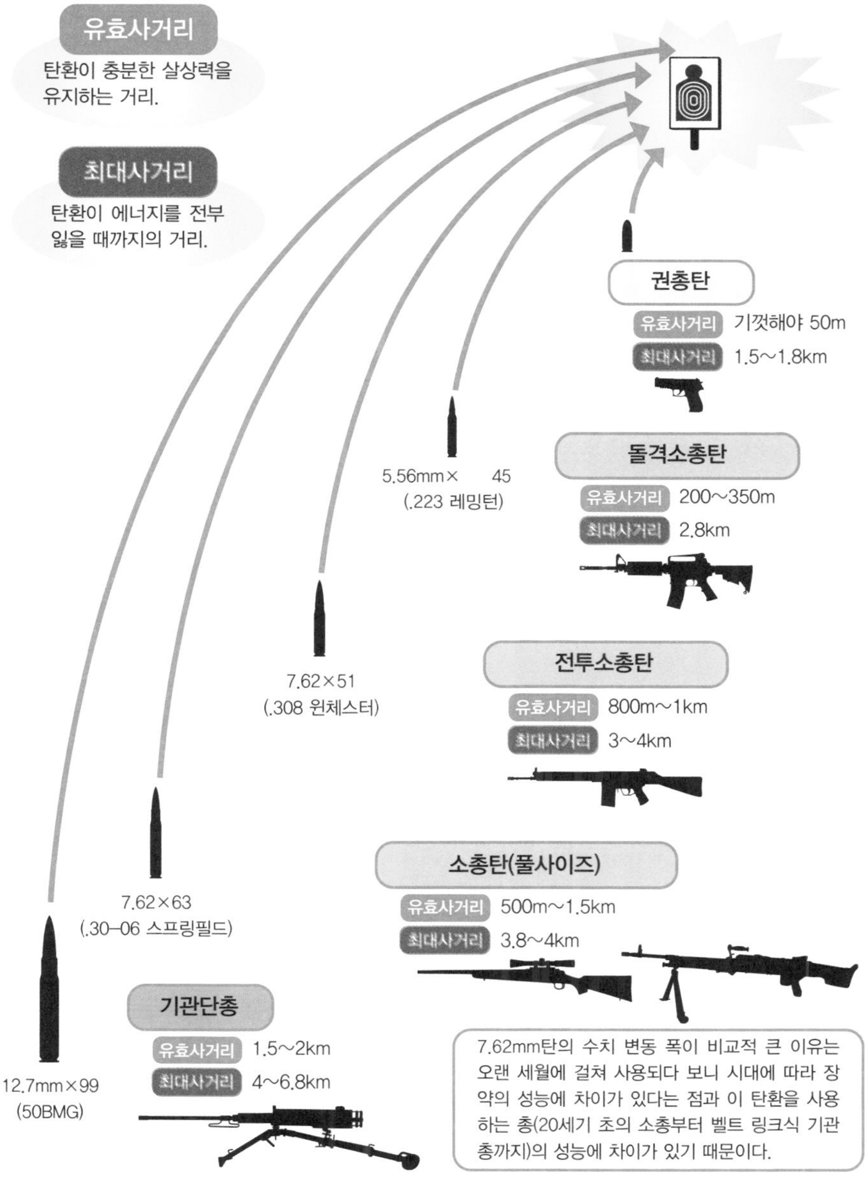

유효사거리
탄환이 충분한 살상력을 유지하는 거리.

최대사거리
탄환이 에너지를 전부 잃을 때까지의 거리.

권총탄
유효사거리 기껏해야 50m
최대사거리 1.5~1.8km

5.56mm× 45
(.223 레밍턴)

돌격소총탄
유효사거리 200~350m
최대사거리 2.8km

7.62×51
(.308 윈체스터)

전투소총탄
유효사거리 800m~1km
최대사거리 3~4km

7.62×63
(.30-06 스프링필드)

소총탄(풀사이즈)
유효사거리 500m~1.5km
최대사거리 3.8~4km

12.7mm×99
(50BMG)

기관단총
유효사거리 1.5~2km
최대사거리 4~6.8km

7.62mm탄의 수치 변동 폭이 비교적 큰 이유는 오랜 세월에 걸쳐 사용되다 보니 시대에 따라 장약의 성능에 차이가 있다는 점과 이 탄환을 사용하는 총(20세기 초의 소총부터 벨트 링크식 기관총까지)의 성능에 차이가 있기 때문이다.

원 포인트 잡학

「원두탄(円頭弾)」보다 「첨두탄(尖頭弾)」 쪽이, 또한 「플랫 테일(Flat Tail)탄」보다 「보드 테일(Boat Tail)탄」 쪽이, 공기저항의 관계상 사거리는 늘어난다.

No.041

차폐물에 몸을 숨기는 요령은?

총격전에서는 차폐물을 찾아서 몸을 숨기는 것이 기본이다. 자신이 총에 맞을 위험이 줄어들면 그만큼 사격에 집중할 수 있기 때문이다. 하지만 「모래 속에 머리만 숨기는 타조」 같은, 그야말로 생각이 짧은 행동을 저지른다면 비참한 결과를 맞이하게 될지도 모른다.

● 바리케이드의 그늘 뒤에서……

사격할 때 몸을 감추는 차폐물, 즉 엄폐 · 은폐물 전반을 「바리케이드」라고 부른다. 자신의 몸을 숨길 수만 있으면 OK이므로, 흔히 볼 수 있는 「계단의 단차」나 「도로의 연석」도 강도만 충분하다면 훌륭한 바리케이드로 사용할 수 있다.

하지만 그저 숨어있기만 해서는 아무것도 바뀌지 않는다. 그 자리에서 도망치는 것이 목적이라면 몰라도, 공격해오는 상대와 싸워서 이기고 싶다면 바리케이드에서 몸을 내밀고 반격해야 할 필요가 있다.

바리케이드 너머로 총을 쏠 때의 철칙은 「바리케이드의 오른쪽으로 몸을 내밀고 사격할 때는 오른손으로, 왼쪽에서 사격할 때는 왼손으로 총을 드는」 것이다. 적이 차폐물의 왼쪽에 있는데도 총을 오른손에 든 채라면, 사격할 때 몸의 대부분이 벽에서 비죽 나와 버리기 때문에, 몸을 숨기는 의미가 없다.

이처럼 상황에 맞춰서 총을 몸의 오른쪽에 들거나 왼쪽에 들거나 하는 테크닉을 「스위칭(Switching)」이라고 한다. 하지만 소총처럼 커다란 총은 바꿔드는데 힘이 들고, 한시라도 총의 손잡이에서 손을 뗄 수 없는 경우도 있다. 그러한 경우, 총을 쥔 손은 그대로 두고 총대만 다른 쪽 어깨로 지지하는 식으로 응용할 수도 있다.

가능한 한 바리케이드에서 몸을 드러내지 않도록 한다…는 정석에 따르고자 한다면, 궁극적으로 할 수 있는 것은 「바리케이드의 그늘에서 총을 든 손만 내밀고 쏘는」 방법일 것이다. 마치 어린아이가 하는 전쟁놀이 같지만, 이것이 상대에게 의외로 잘 통할 수도 있다. 제대로 조준도 하지 않고 날리는 「마구잡이 사격」으로 발사되는 탄환이라고 해도, 날아오는 것은 은구슬이나 BB탄이 아니라 실탄이다. 맞으면 죽거나 크게 다친다. 그런 상황에서 집중력을 유지할 수 있는 사람은 그리 많지 않다. 즉, "상대의 행동을 방해하고 있다"는 의미로 본다면, 그 방법은 훌륭한 「Self 엄호사격」이라고도 생각해볼 수도 있는 것이다.

바리케이드 사격의 테크닉

총격전을 할 때, 상대의 사선에서 몸을 감추는 것은 기본 중의 기본.

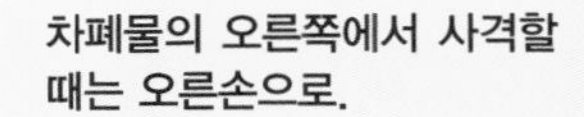

왼쪽에서 사격할 때는 왼손으로 총을 바꿔 든다.

상황에 따라서 총을 좌우로 바꿔드는 테크닉을 「스위칭」이라고 한다.

원 포인트 잡학

자동권총으로 벽의 좌우에 숨어 사격하는 경우, 너무 접근하면 슬라이드가 부딪히거나 빈 약협이 튀어서 되돌아오면서 재밍이 발생하는 원인이 되는 경우도 있다.

No.042

어떤 것을 차폐물로 쓸 수 있을까?

이동이나 탄약의 재장전은, 차폐물 뒤에 숨어서 하는 것이 가장 안전하다. 적이 무의미하게 탄약을 낭비한 것만으로도 이쪽의 생존 확률이 올라가며, 안전이 확보되어 일단 안심할 수 있는 상황이 되면 다음 행동도 유연하게 이어나갈 수 있다.

●차폐물은 내부가 가득 찬 것이 베스트

총격전은 「몸을 숨기면서 수행」하는 것이 기본이다. 자신의 안전을 확보한다면 적을 찾거나 저격하는 등의 동작을 침착하게 수행할 수 있으며, 만에 하나 적의 위치를 놓쳤다고 하더라도 숨어 있다면 저격당해서 치명상을 입을 가능성도 줄어든다.

하지만 그것도 차폐물이 탄환을 충분히 막을 수 있다는 전제가 있어야 가능한 말이다. 차폐물이 몸을 숨길 수 있는 사이즈라고 하더라도 탄환이 관통하는 것을 막을 수 있을 정도로 강도가 높지 않다면, 「벽」으로서는 도움이 되지 않는다. 흙부대(흙을 채운 주머니)나 벽돌, 돌벽, 두꺼운 수목 등은 내용물이 빈틈없이 채워져 있어서 탄환이 관통하는 것을 막아주지만, 얼핏 보기에 튼튼해 보이는 돌이나 나무로 만든 벽처럼 보여도 "실은 속이 비어 있는 합판이나 석고 보드로우 만든" 것이라는 어이없는 케이스도 있기 때문에 주의를 기울이는 것이 좋다.

스틸로 만든 사무용 책상이나 부엌의 가전제품 등은 "안에 무엇이 얼마나 채워져 있는가"에 따라 탄환이 간단히 관통되기도 하고 안에 그대로 박혀버리는 등의 변수가 생기기 때문에 예상하기 어렵다. 컴퓨터나 전자레인지와 같은 가전제품은 탄환이 박히든 관통하든 근처에 있으면 튀어 오르는 파편 때문에 데미지를 받을 가능성이 있다.

총격의 위력은 탄환의 종류나 카테고리에 따라 결정된다. **권총탄**에 비해 **소총탄**은 관통력이 압도적으로 크다. 상대가 소총을 들고 나왔을 경우, 높은 관통력을 고려하여 어디에 숨어야 할 것인지 신중하게 결정해야 한다. **풀 메탈 재킷 탄**이나 철갑탄 등의 관통력이 높은 탄환이라면 가구나 가전제품 정도는 간단히 뚫어버리겠지만, 탄환이 나아가는 방향이 바뀌기 때문에 조준은 크게 빗나간다. **할로우 포인트 탄**으로 대표되는 「명중하면 변형해서 위력을 증폭시키는 탄환」의 경우, 관통하지는 않더라도 착탄 시에 차폐물이나 탄환이 산산조각이 나면서 파편이 날아오므로 방심해서는 안 된다.

샷건의 탄환은 관통력이 떨어지기 때문에, 대부분의 차폐물은 관통할 수 없다. 따라서 이러한 점을 역으로 이용, 「벽에 붙어있는 범인을 쓰러뜨리면서도, 벽 너머에 있는 일반인에게는 위해를 가하지 않는」 방법을 사용할 수도 있다.

가능한 한 바리케이드에 몸을 숨겨라

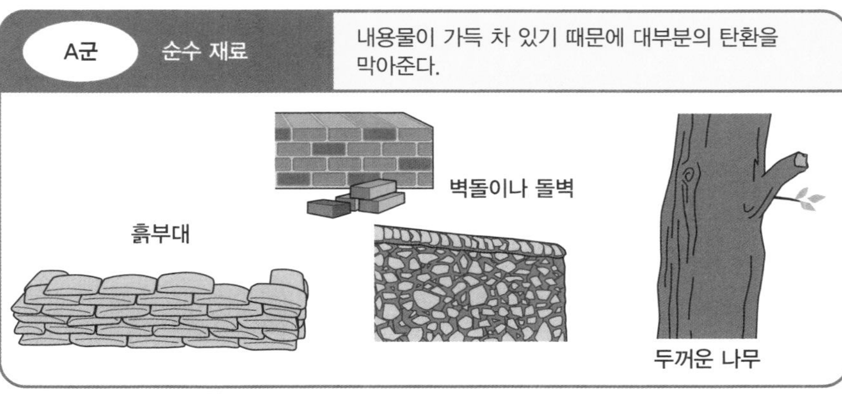

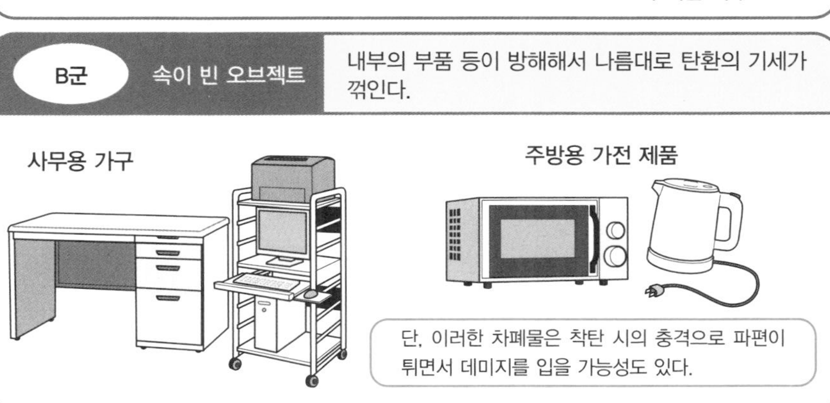

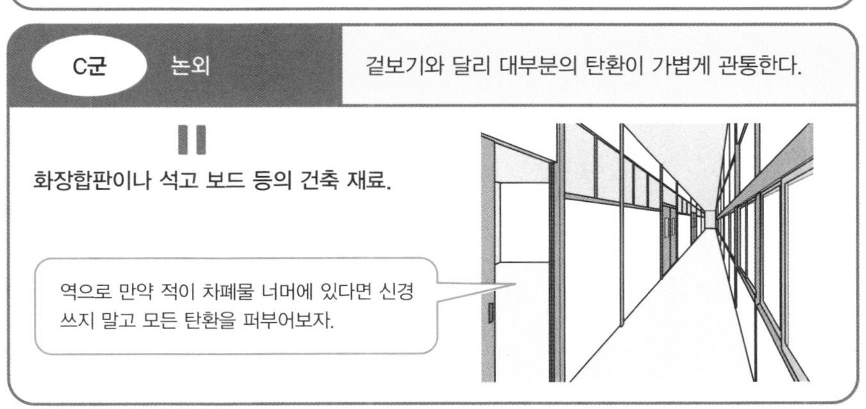

원 포인트 잡학

한창 총격전을 벌이고 있을 때 유리가 있는 곳에 접근하는 것은 좋지 않다. 부서진 파편이 위험할 뿐만 아니라, 바닥에 널려있는 유리 조각 때문에 엎드려서 자세를 낮출 수도 없기 때문이다.

No.043

총격전이 한창인 호텔을 뚫고 나가는 방법은?

주인공이 머무르는 호텔의 방을 적이 습격한다는 상황은 드물지 않다. 역으로 주인공이 중요인물이 머무르는 호텔에 숨어드는 일도 있을 것이다. 이처럼 픽션의 호텔에서는 총격전이 다반사처럼 일어난다.

●일반적인 건물과 호텔의 차이

실내에서 총격전이 벌어졌을 때, 건물 내부의 구조를 얼마나 잘 이용하는가에 따라 승부가 판가름 난다. 자신이 호텔에 머무른다고 가정했을 때, 적이 침입해온다면 어디로 올 것인지, 어떤 것을 차폐물로 쓸 수 있을 것인지, 어디로 탈출할 것인지…. 그런 시뮬레이션을 틈틈이 해둬야 갑작스러운 사태에 빠져도 유연하게 판단할 수 있다. 이를 위해서는 호텔에 들어간 시점에서 사전 조사를 해두는 것이 중요하다.

호텔로 건축된 건물은 그 만듦새나 구조에 독특한 특징이 있다. 우선 복도는 직선이어서 시야가 훤히 트이기 때문에 몸을 숨길만 한 장소가 별로 없다. 마루는 융단이 깔려 있어서 발소리가 들리지 않도록 고안되어 있다. 방으로 통하는 문은 나름대로 튼튼하게 만들어져 있으며, 문은 기본적으로 안쪽으로 향하는 여닫이문을 사용하고 있다. 욕실이나 화장실, 세면대 등은 입구 근처에 집중적으로 배치되어 있다.

그리고 상류 계급을 대상으로 한 리조트가 아니라면 창문은 그리 많지 않다. 「창문에서 침입/저격」해오는 건 실내 인물 습격의 정석이므로, 안에 있는 사람은 커튼을 치거나 창가 근처에 서지 않도록 주의할 필요가 있다.

저격 대책으로서는 주변에 고층 빌딩이 없는 호텔의 고층을 선택하는 방법도 유효하다. 이것은 방에 쉽게 숨어드는 것을 방지한다는 점에서도 효과가 있다. 물론 「옥상에서 로프를 사용해 내려오는」 것과 같은 수단을 사용할 가능성도 있지만, 침입 측의 선택지가 좁아진다는 점은 달라지지 않는다.

정면 현관으로 당당하게 쳐들어오는 방식은 호텔에 머무르고 있는 측에게는 의외로 곤란한 방식이기도 하다. 온갖 탈출 루트가 확보되어 있다면 문제는 없지만, 기습을 당하면 그대로 방에 갇혀버리게 되기 때문이다. 이러한 패턴을 막기 위해서는, 체크인을 할 때 호텔의 직원에게 돈을 쥐어 주면서 방문객이 있다면 미리 연락하도록 부탁해두어야 할 것이다.

인 더 룸

호텔에서의 총격전이 예상될 경우, 공격해오는 측도 공격당하는 측도 「건물 내부의 특성」을 파악해두면 유리해진다.

흔히 볼 수 있는 호텔의 내장사양

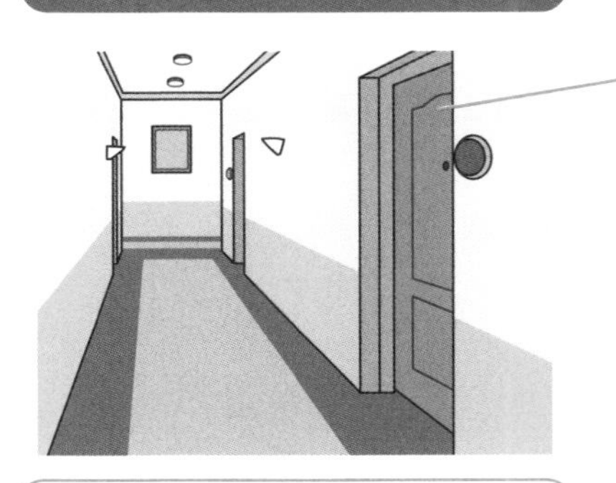

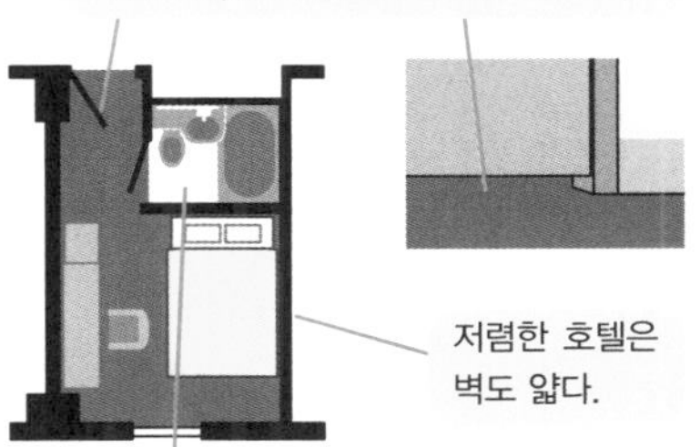

룸 도어는 대부분이 안쪽으로 향하는 여닫이문(문 아래에 틈이 있는 경우도).

저렴한 호텔은 벽도 얇다.

복도는 융단이 깔려 있어 발소리가 잘 들리지 않지만, 몸을 숨길 장소가 없기 때문에 총격전이 발생하면 위험해진다.

룸 도어 근처에 화장실이 배치되어 있는 케이스가 많다.

창 밖

높은 탑이나 고층 빌딩이 보이는 경치라면 「나를 저격해주십시오」라고 말하는 것과 마찬가지라서…

이 정도의 경치가 도주 루트도 확보할 수 있어서 딱 좋다.

원 포인트 잡학

호텔에 쳐들어가는 쪽은, 가능하면 샷건을 추가로 가져가는 것이 좋다. 문의 열쇠나 경첩을 파괴하는데 유용하게 쓰이기 때문이다.

No.044

권총의 올바른 파지법은?

권총에는 「작아서 휴대성이 뛰어나다」는 이점과 「작기 때문에 총을 소총처럼 고정시킬 수 없으며 맞추는 것도 어렵다」는 단점을 동시에 갖고 있다. 권총의 손잡이를 아무런 요령도 없이 잡는다면 표적을 명중시키는 것은 지극히 어려울 수밖에 없다.

●악력에 의지하여 쥐지 말고, 반동을 손목으로만 받지 않는다

권총을 쥐었을 때는 손바닥 전체로 손잡이를 포개듯이 고정시키지 않으면 안 된다. 무거운 것도 1kg 정도밖에 되지 않는 권총의 중량으로는 「발포 시의 반동」을 상쇄할 수 없기에, 권총을 쥔 손바닥을 통해 사수의 팔 전체에 반동을 통하게 할 필요가 있기 때문이다.

기본은 손바닥을 오므렸을 때 생기는 중심선과 「권총의 손잡이 뒤쪽 면」의 라인을 맞춰서, 손가락 끝을 확실히 돌려서 손잡이 전체를 포개는 것. 이러한 파지법은 손이 작은 사람이라면 손가락을 방아쇠에 걸 수 없는 경우도 있는데, 그런 경우에는 손잡이의 위치가 다소 어긋나더라도 감수하는 수밖에 없다(가능하면 손잡이가 작은 모델이나, 방아쇠의 후퇴거리가 적은 싱글 액션 타입 총으로 바꾸는 것이 이상적).

양손으로 잡는 경우는 한 손 쥐기를 한 후에 반대쪽 손을 덧대면 되지만, 그 손을 「안정을 위해 덧대는 것뿐」인지, 「반동을 나누어 받기 위해」 자세를 잡는 것인지에 따라 폼이 달라진다. 이 차이는 사수의 버릇이나 선호도에도 따라 달라지기도 하므로 종합적인 성능은 어느 쪽이 우수하다고는 할 수 없지만, 일반적으로 전투사격에서는 전자인 「위버 스탠스(Weaver Stance)」가, 표적사격에서는 후자인 「이등변 자세(Isosceles Stance)」를 선호하는 경향이 있다.

물론 한손 파지보다 양손 파지 쪽이 탄환을 명중시키기 쉽지만, 엄폐물 뒤에서 사격할 때나 손을 다쳤을 때와 같이 어떠한 사정으로 양손을 쓸 수 없는 일도 많다. 따라서 연습은 양쪽 다 해둘 필요가 있을 것이다.

집게손가락은 "발포하기 직전까지 방아쇠 위에 올리지 않는" 것이 기본이다. 하지만 아군이나 지켜야할 사람이 없거나, 시야가 나빠서 적이 언제 튀어나올지 알 수 없는 정글 행군에서 선두에 설 경우라면 얘기가 달라진다. 방아쇠를 건드리지 않는 것은 어디까지나 실수로 아군에게 총을 쏘는 것을 방지하기 위한 것이니, 총구 끝에 아군이 없다면 손가락을 미리 방아쇠에 걸어두는 경우도 있을 수 있다는 것이다.

올바른 권총의 파지법

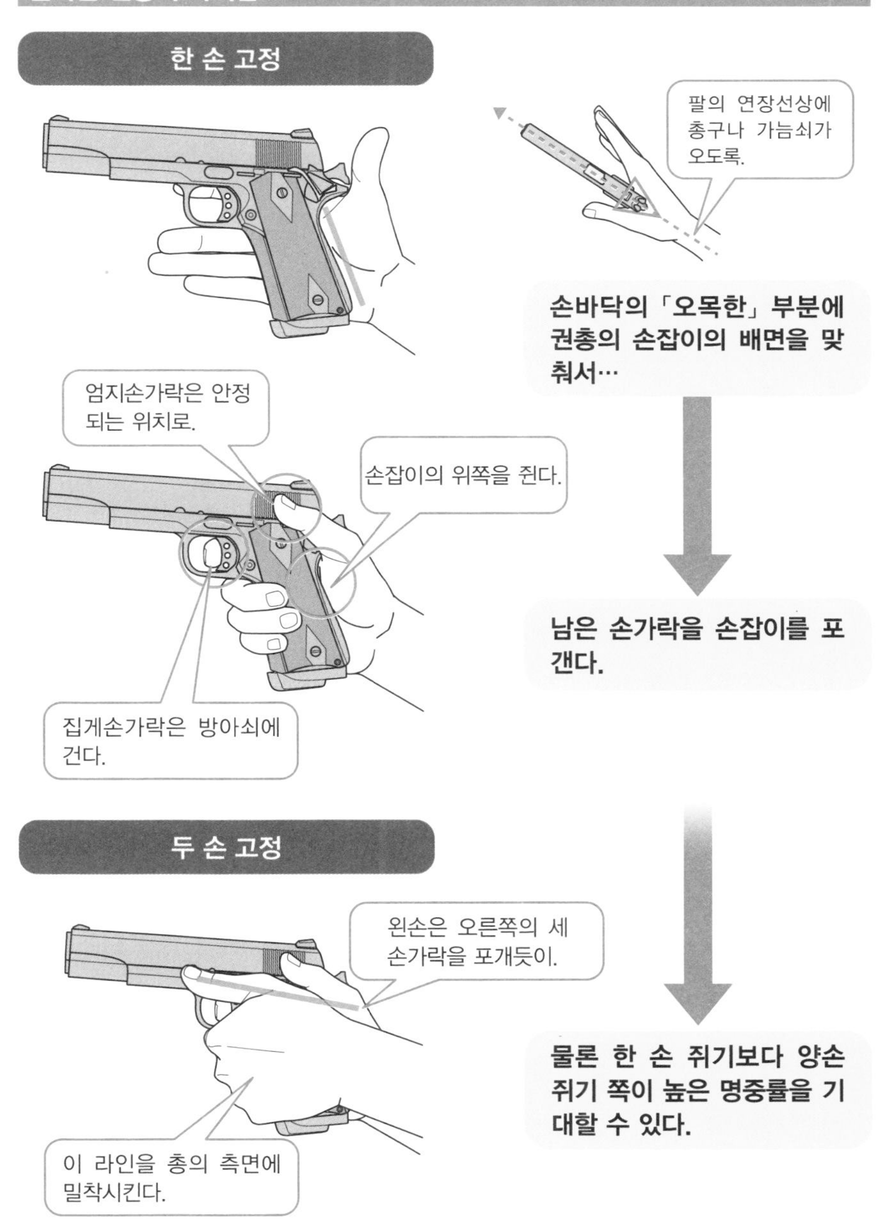

원 포인트 잡학

권총 사격을 할 때 반지와 같은 장식품은 반동이나 충격으로 어긋나면서 방해될 수 있으므로 빼두는 것이 좋다.

No.045

소총은 어떻게 조준하는가?

「손잡이를 손으로 쥐는」 것밖에 할 수 없는 권총과는 달리, 길고 묵직한 소총은 총을 지탱하는 손의 위치와 총대(개머리판)의 포지션을 바꿈으로써 다양한 자세로 조준할 수 있다.

●「3점 지지」나 「지향사격자세」가 기본

수렵에서 주로 사용되는 **볼트액션 소총**의 경우, 조준법의 선택지가 거의 없다. 오른손은 손잡이와 방아쇠에, 왼손은 총대의 전방을 지지하고, 총대 최후방의 개머리판을 오른쪽 어깨에 견착하여 고정한다. 상황에 따라서는 멜빵을 사용하는 경우도 있지만, 이 자세가 볼트액션 소총으로 조준할 때의 표준적이면서도 가장 양호한 자세라고 봐도 된다.

하지만 완전 자동 사격이 가능한 **돌격소총**의 경우, 조준법에 다양한 베리에이션이 존재한다. 오른손으로 손잡이를 쥐는 것은 변경의 여지가 없다고 해도, 왼손의 위치와 총대의 사용법에는 변경의 여지가 많기 때문이다.

돌격소총은 총의 전반부가 「총열 덮개(Handguard)」라는 부품으로 덮여 있는데, 이것은 과열된 총신에서 손을 지켜준다. 왼손의 정위치는 이 총열 덮개 주변이다. 밑에서 지지하는 것 외에도 완전 자동 사격을 할 때 총신이 튀어 오르는 것을 억제하기 위해 "위에서 누르는" 것처럼 조준하는 방법도 있다.

총대는 어깨에 견착하여 안정시키는 것이 일반적이지만, 일부러 어깨에 대지 않고 겨드랑이에 끼는 경우도 있다. 이러한 「지향사격자세」 스타일로는 조준기를 사용할 수 없기 때문에 정확한 조준은 불가능하지만, 반동을 어깨로 받지 않아도 되기 때문에 피로가 적다는 이점이 있다. 픽션에서는 **쌍권총**이 아닌 「쌍 소총」으로 싸우는 등장인물도 적지 않은데, 이러한 경우도 지향사격자세에 가까운 사격 스타일이 되는 경우가 많다(물론 가공세계의 얘기이므로 그 인물이 권총의 2배 이상의 중량을 가진 소총을 계속 들 수 있는 악력과 강한 손목 근력을 가지고 있다면 권총과 같은 조준법이라도 전혀 문제가 되지 않는다).

저격 등을 할 때는 모래주머니 같은 것 위에 총을 올려서 안정시키는 「의탁사격」이라는 기술을 사용하는 경우가 있는데, 이 경우에는 빈 왼손으로 총대를 위에서 눌러 고정시킨 후 사격을 한다.

소총의 조준법

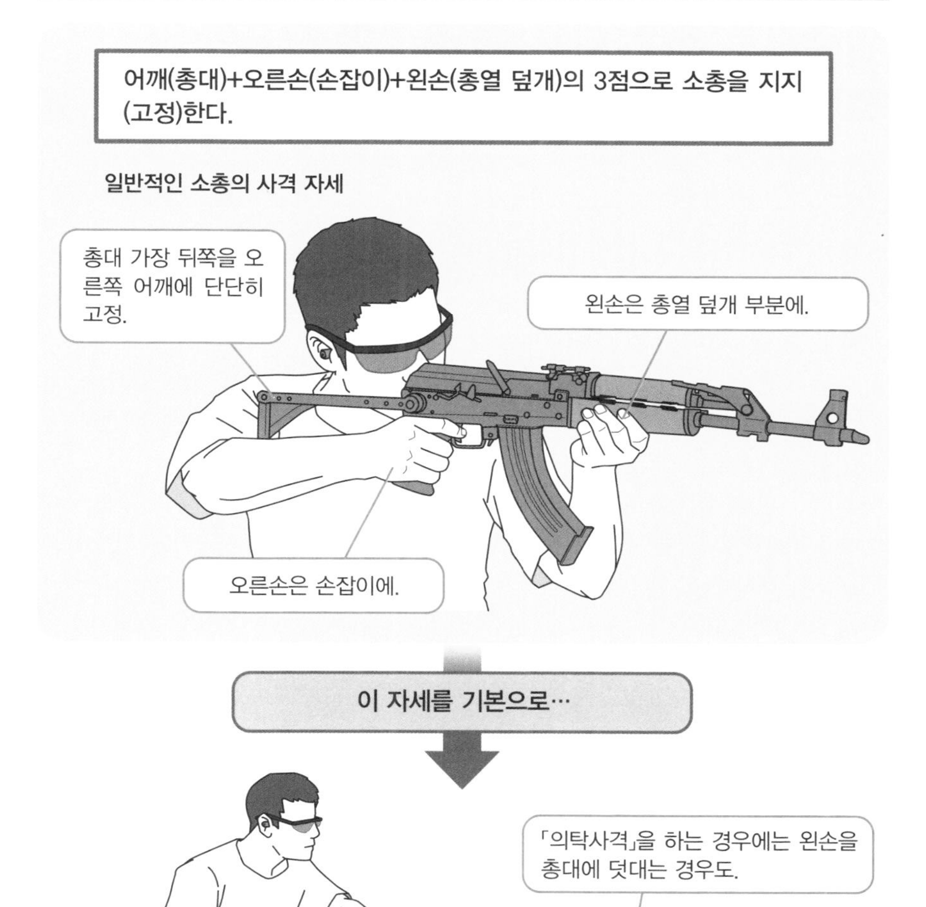

원 포인트 잡학

총을 쉽게 컨트롤하기 위해, 총열 덮개에 「포어 그립(Fore Grip)」이라고 하는 수직 손잡이가 달린 모델은 왼손으로 그것을 쥔다.

No.046

왼손으로 총을 다룰 때 주의할 점은?

총격전에서는 「양쪽 손으로」 총을 다룰 수 있도록 훈련을 해둘 필요가 있다. 실전에서는 오른손을 다치게 되는 경우도 있고, 바리케이드의 위치에 따라서는 총을 왼손으로 바꿔 들어서 사격해야 하는 경우도 있기 때문이다.

●총의 디자인은 오른손잡이용

총이라고 하는 도구—특히 **권총(Pistol)**은, 기본적으로 「오른손으로 쥐어서 오른손으로 조작」하도록 설계되어 있다. 그렇다면 오른손으로만 사용하면 된다. 이렇게 잘라 말할 수 있다면 아무런 문제도 없겠지만, 전장은 자기 뜻대로 되는 곳이 아니다. 만약 오른손을 다치거나 왼쪽 벽에서 사격해야 할 상황과 맞닥뜨리는 등, 왼손으로 총을 사용해야 할 상황도 적지 않기 때문이다.

하지만 오른손잡이용으로 만들어진 총을 왼손으로 사용하려고 하는 이상, 당연히 여러 가지 무리가 발생한다. **자동권총(Auto Pistol)** 등의 탄창 교환에 사용되는 「탄창 멈치(Magazine Catch)」는 일반적으로 손잡이의 왼쪽 면에 붙어 있어서 오른손의 엄지손가락으로 조작하지만, 왼손으로 손잡이를 쥐어버리면 손바닥 때문에 가려지고 만다. 이것을 조작하기 위해서는 총을 다시 고쳐 쥘 필요가 생기게 되고, 손잡이를 강하게 쥐었을 때 실수로 눌러버릴 가능성도 있다.

안전장치(「세이프티 레버(Safety Lever)」나 「디코킹 레버(Decocking Lever)」)도 총의 왼쪽 면에 달린 경우가 많다. 안전장치의 해제나 탄창 교환 등의 조작은 1초를 다투는 상황에서 수행하는 일도 많고, 자칫 잘못되면 목숨이 위태로워질 수도 있다.

빈 약협의 배출 방향도 조심하지 않으면 안 된다. 총의 대부분은 우측후방으로 빈 약협이 튀어나오는데, 왼손으로 사격하면 이게 얼굴의 정면을 가로지르게 되고 만다. 권총이라면 그나마 낫지만, **돌격소총(Assault Rifle)**과 같이 뺨에 붙이는(총을 뺨에 가까이 대서 사격하는 스타일) 것이 전제인 총이라면 문제는 심각해진다.

이러한 문제는 기본적으로 「훈련」해서 「익숙해지는」 방법밖에 해결책은 없지만, 스윙 아웃식 **리볼버(Revolver)**라면 "물리적으로 무리"인 경우도 있다(탄창의 역할을 수행하는 「실린더(Cylinder)」라는 부품이 총의 왼쪽으로 열리기 때문에, 총을 왼쪽으로 들고 있으면 탄환을 장전할 수 없다). 총을 왼손으로 사용하는 것은, 설령 왼손잡이 사수가 있다고 하더라도 "꼭 필요할 때만 사용하는 긴급피난 장치"라고 생각하는 것이 합리적일 것이다.

총을 왼손으로 다루는 것은 큰일

대부분의 총은 「오른손잡이」를 전제로 디자인되어 있다.

총을 조작하기 위한 파츠는 왼쪽에 집중되어 있기 때문…

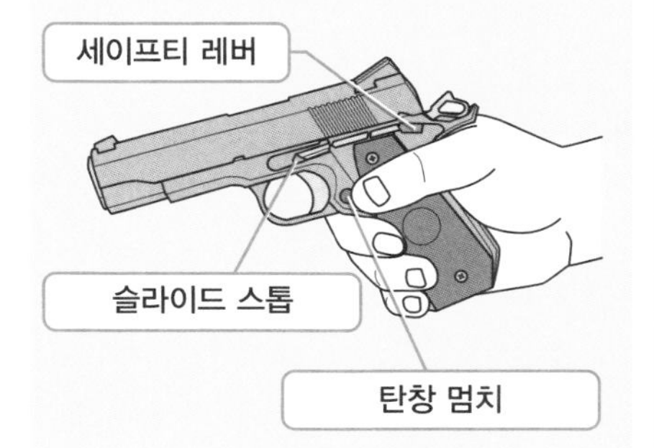

왼손으로 쥐면서 조작하는 것은 상당히 힘든 일이다.

총을 왼손으로 사용하는 것은 「필요할 때만 일시적으로」라고 생각하는 것이 합리적.

하지만 조금이라도 「왼손으로도 사용하기 쉽게」 이러한 디자인을 채용한 케이스도 늘어나고 있다.

원 포인트 잡학

특수부대와는 달리 일반적인 군대나 경찰에서는 「왼손으로 총을 사용하는 훈련」을 그다지 하지 않는다(통상적으로 왼손잡이도 오른손으로 훈련을 받는다).

No.047

조준할 때는 한쪽 눈을 감는다?

단안식 망원경으로 먼 곳을 볼 때는 한쪽 눈을 감으면 쓸데없는 정보가 차단되면서 영상이 선명하게 보이게 된다. 총의 조준을 시행할 때도, 마찬가지로 한쪽 눈을 감아야 표적에 명중시키기 쉬워지는 걸까?

●조준은 양쪽 눈을 착실히 사용한다

총으로 뭔가를 겨냥할 때, 나이프 던지기처럼 감이나 감각에 의존하는 것은 한계가 있다. 총의 사거리는 수천~수백 미터 이상이나 되므로 아무래도 조준용 기구—조준기가 필요해진다는 것이다.

일반적으로 총기에 장착되는 가장 간단한 조준기로는「기계식 조준기(Iron Sight)」가 있다. 총구 가까이에 튀어나온 것을「가늠쇠(Front Sight)」, 그 앞쪽의 홈을「가늠자(Rear Sight)」라고 부르며, 이 두 개를 표적의 위에 겹치게 해서 겨냥하는 물건. 이때 눈의 초점을 가늠쇠에 맞춤으로써 재빠르게 조준할 수 있다.

하지만 서로 유리한 포지션을 찾아 헤매며 적 아군의 위치가 어지럽게 변하는 실제 총격전에서는 침착하게 조준기를 사용할 만한 상황은 많지 않다. 그리고 이러한 경우에는 결국엔 "감각적으로" 조준을 실시할 필요가 생기게 된다.

표적을 겨냥하면서 주위를 경계하고 자신이 처한 상황을 파악하면서 적합한 판단을 내려야 하는데, 그런 상황에서「한쪽 눈을 감는」행동으로 시각 정보의 절반을 잃어서는 곤란한 법이다. 역시 사격할 때는 양 눈을 똑바로 뜨고, 조준동작을 하는 도중에 의식이 치우쳐서 주변을 향한 주의가 느슨해지지 않도록 하는 것이 바람직하다고 할 수 있을 것이다. 하지만 가늠쇠와 가늠자를 딱 맞추는 데는 한쪽 눈을 감는 쪽이 더 유리한 것도 사실이다. 사수가 그 방법에 익숙해져 있고 상황이 허락하기만 한다면, 한쪽 눈을 감는 조준 방법이 절대로 틀렸다고 일방적으로 단정할 수는 없다.

표적에 명중해야 할 탄환이 빗나간다면, 조준을 조정해야 한다. 기계식 조준기는 주로「가늠자」를 상하좌우로 움직여서 조정한다.「동체를 노렸는데 발에 맞는」것처럼 착탄점이 아래로 어긋날 경우에는 가늠자를 위로 움직여 보자. 그러면 처음부터 총구가 위로 향하게 되면서 착탄점도 위로 이동한다. 좌우의 어긋남도 마찬가지로 가늠자를 오른쪽으로 빗기도록 하면 착탄점은 오른쪽으로, 왼쪽으로 빗기도록 하면 착탄점은 왼쪽으로 이동한다.

초점은 가늠쇠(Front Sight)로

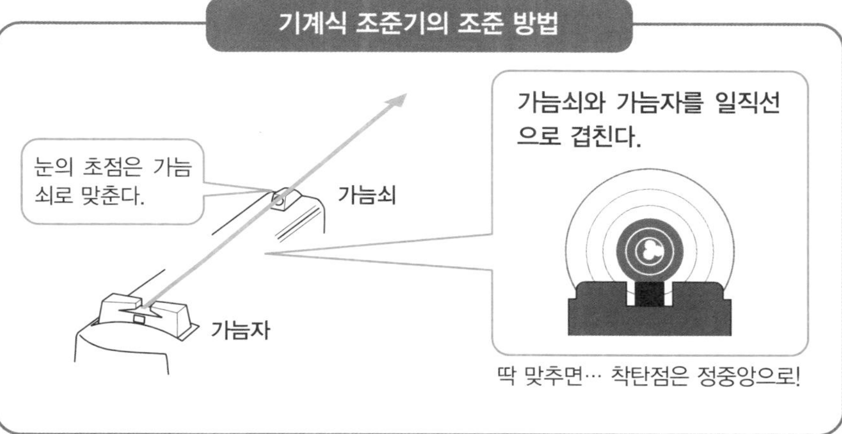

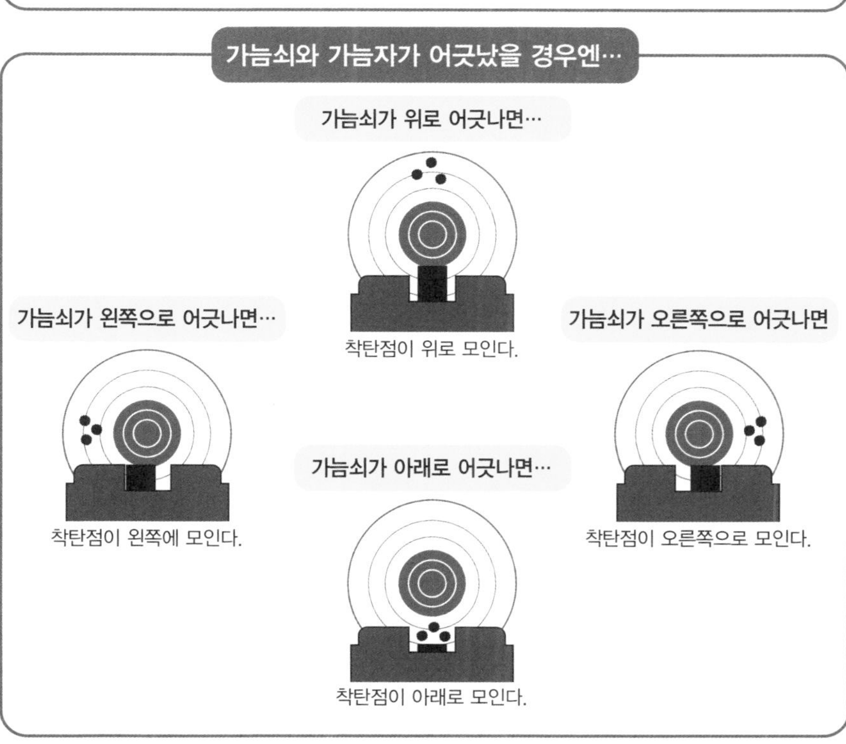

원 포인트 잡학

대게는 조준조정은 가늠자(Rear Sight) 쪽에서 하지만, 가끔 높낮이의 조정을 가늠쇠(Front Sight) 쪽에서 하는 모델도 있다.

No.048

총격전이 벌어졌을 때 기계식 조준기는 필요 없는 걸까?

대부분의 총에 표준으로 장비된「기계식 조준기」는 구조가 단순해서 잘 망가지지 않는다는 이점이 있지만, 동시에 어두운 장소에서 조준하기 어렵다거나 정밀 조준을 하려면 익숙해질 필요가 있다는 문제점이 있다.

●속도와 정밀도를 양립시킨「광학 조준기」

총에 표준으로 장비된 기계식 조준기는 붙박이용으로 만들어진 간단한 구조의 조준기로, 자연히 조준할 때는「눈대중」이 되고 만다. 총을 다루는 게 익숙해지면 "감각적으로 조준"할 수 있게 되는 것도 있어서, 총격전에서는 기계식 조준기 따위에 의존하지 않겠다고 말하는 사람마저 있다.

하지만 감각적인 조준과 거의 같은 스피드로, 조준기를 차분히 사용해서 겨냥했을 때에 가까운 정밀도를 발휘할 수 있는 방법이 있다고 한다면 어떨까? 그것을 실현해주는 것이「광학 조준기(Optical Sight)」라고 불리는 장치다.

광학 조준기의 종류는 다양하지만 그중에서도 스코프와 같이 투명 유리에 조준용 광점을 표시하는「도트 사이트(Dot Sight)」나, 겨냥한 장소에 빨간색이나 녹색 광점을 조사하는「레이저 사이트(Laser Sight)」 등이 대표적이다.

저격에 사용하는「스코프」는 망원경처럼 생긴 통 안을 들여다보면서 신중하게 조준을 맞추는 것이지만, 도트 사이트나 레이저 사이트는 기계식 조준기와 같거나, 그 이상으로 감각적인 조준을 할 수 있다. 게다가 "광점을 표적에 맞추는 것만으로", 마치 스코프라도 이용한 것 같은 정밀도로 명중시킬 수 있다.

광점을 만들기 위해 베터리를 충전시키거나 교환할 필요가 있으며, 정밀기계라서 갑작스럽게 고장을 일으킬 위험성이 가능성 등, 기계식 조준기와 비교하면 아쉬운 부분은 확실히 있지만, 광학 조준기의 편의성은 그 결점을 보충하고도 남는다.

특히 어두운 장소에서는 겨냥해야 할 포인트를「빛나는 점」으로 보여주기 때문에 절대로 지나칠 일이 없다. 그 점에서 어두워지면 가늠쇠나 가늠자가 목표에 녹아들어 버리는 마는 기계식 조준기는 아무리 해도 승산이 없다. 실내 전투나 정글전 등등 어두침침한 곳에서 전투가 예상되는 경우, 자신의 총에는 꼭 광학 조준기를 장착해두도록 하자.

기계식 조준기와 광학 조준기

총에는 「기계식 조준기」라고 하는 조준기가
표준으로 장비되어 있지만…

- 야간에는 겨냥하기 어렵다.
- 익숙해져야 한다.

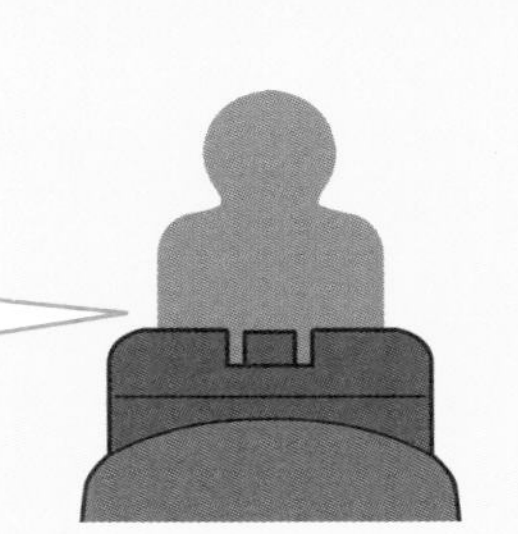

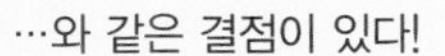

광학 조준기의 특징

이점	결점
· 감각적으로 겨냥한다.	· 대체로 비싸다.
· 어두운 곳에서도 문제없다.	· 고장 날 가능성이 있다.

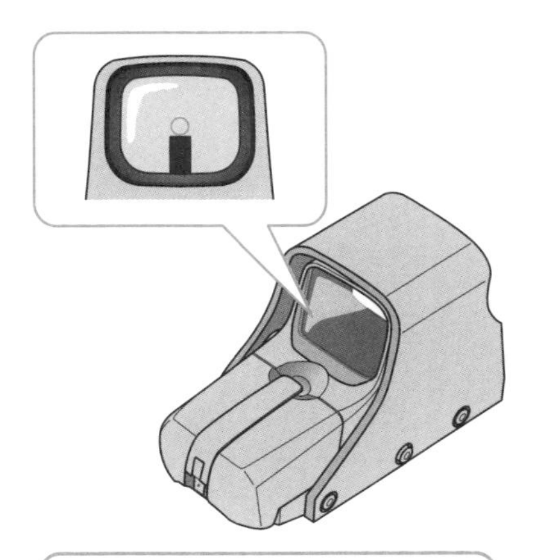

홀로그램이나 LED를 이용해서 광점을 표시한다.

레이저 포인터의 빛으로 목표를 가리킨다.

원 포인트 잡학

사격 경기 등에서 사용되는 커스텀건은 「조정 가능 조준기(Adjustable Sight)」 등으로 불리는 미조정 가능한 기계식 조준기를 달아두었던 일도 있었다.

No.049

자동권총의 장전 상태는 어떻게 확인할까?

자동권총은 리볼버와는 달리 얼핏 봐서는 탄약의 장전 상태를 파악하기 어렵다. 「로딩 인디케이터(Loading Indicator)」와 같이 약실에 탄약이 있는지를 보여주는 기능을 가진 총은 있지만, 탄창 안에 탄약이 있는지는 겉에서 확인할 수는 없기 때문이다.

●약실의 장전 상태와 잔탄의 확인

이 총은 「안전장치를 해제해서 방아쇠를 당기면 탄환이 나가는」 상태인 걸까? 약실에 첫 탄약을 장전한 상태가 아니면 쏠 수 없는 **자동권총(Auto Pistol)** 의 경우, 우선 지금 사용하려는 총에 탄약이 장전되어 있는 지를 확인할 필요가 있다. 「로딩 인디케이터」가 달린 모델이라면 약실에 탄약이 장전되어 있는지 확인하기는 쉽다. 탄약이 장전되어 있다면 배출구 근처에 표식이 나오거나 슬라이드 뒤쪽에 핀 같은 것이 튀어나와 알려주기 때문이다.

하지만 그러한 기능이 없다거나 어쨌든 시간이 1초라도 아쉬운 상황이라면 그 즉시 「슬라이드를 후퇴시킨다」는 강수를 둘 수도 있다. 약실이 비어있다면 이 동작으로 탄약이 장전될 것이고 이미 장전이 되었다면 탄약 한 발을 낭비하게 되겠지만, 어쨌든 확실하게 "탄환을 쏠 수 있는 상태"로 만들 수 있다.

시간에 여유가 있다면 슬라이드를 조금만 당기는 등의 방법으로 약실 안을 확인해두도록 하자. 이 방법을 쓰면 이미 탄약이 장전 되었다고 할지라도 쓸데없이 낭비하는 일은 없을 것이다.

탄창에 남아 있는 탄수는 겉으로는 알 수 없기 때문에, 총에서 빼내어 하나하나 확인해야 한다. 이때 봐야 할 것은 탄창 위쪽이 아니라 측면의 「구멍」이다. 이 구멍은 여러 개 있으며 같은 간격으로 「5」, 「10」, 「20」라고 하는 숫자가 새겨져 있다. 즉 이 숫자와 구멍에서 보이는 탄약의 위치로 추정하여 탄창 안의 탄수=앞으로 몇 발 쏠 수 있을지를 파악할 수 있는 것이다.

자동권총은 잔탄이 0이 되면 「슬라이드 스톱(슬라이드 멈치, Slide Stop)」이라고 하는 부품이 작동, 슬라이드가 끝까지 후퇴한 상태에서 고정된다. 이렇게 되면 누구든지 「이제 탄약이 없는」 상태라는 사실을 파악할 수 있겠지만, 어떤 문제가 생겨서 슬라이드 스톱이 작동하지 않는 바람에 탄환이 없는데도 그렇게 보이지 않는 케이스도 있을 수 있다. 그러한 경우에 대비하기 위해 손에 넣은 총은 바로바로 장전 상태를 확인하도록 하자.

자동권총의 잔탄 확인

「탄약이 장전되어 있는가」는 인디케이터 등으로 확인할 수 있지만…

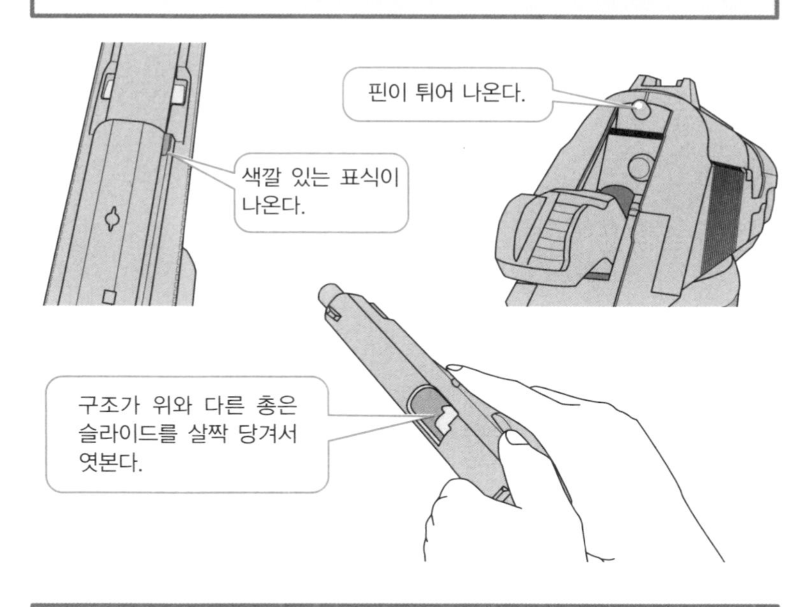

「잔탄이 앞으로 얼마나 남았는지」를 알기 위해서는 탄창을 뽑아서 확인하는 것이 확실.

프로는 불확실한 변수를 줄이기 위해, 자신이 「몇 발 쏘았는지」 확실하게 파악한다.

원 포인트 잡학

약실(Chamber) 안에 탄약이 있는지 확인하는 것을 「약실 체크(Chamber Check)」, 「프레스 체크(Press check)」라고 한다.

No.050

예비 탄약은 얼마나 휴대하는 게 좋을까?

경찰관이나 사립탐정과 같은 직업을 가진 사람은 일하는 날이나 쉬는 날에도 "예상치 못한 총격전" 에 휘말릴 가능성이 있다. 픽션에서는 특히 빈번하게 일어나서 탄약이 떨어지게 되는 순간 생사의 갈림길에 놓이게 될 가능성도…….

●예비탄창의 수와 휴대방법

탄약이 떨어지면 총격전을 계속할 수 없게 된다. 조금이라도 오래 싸우고 싶다면 예비탄은 1발이라도 많이 가지고 다니는 것이 최선일 것이다. 하지만 휴대할 수 있는 탄약의 양에는 한계가 있는 이상, 어느 정도 타협하지 않으면 안 된다.

경찰관과 같은 사람들은 경우 수갑이나 무선기와 같은 장비도 휴대해야 하기 때문에, 탄약만 잔뜩 매달고 다닐 수도 없는 노릇이다. 그래서 일상적으로 휴대할 수 있는 것은 예비탄창 2개분이 딱 좋다고 할 수 있다. 또한 일본의 경찰처럼 "범죄자와의 총격전 같은 건 거의 일어나지 않는다"는 전제를 깔고 가는 조직은「예비탄이 없어도 괜찮은가?」라는 의문에「괜찮아. 문제없어」라면서 넘어가는 경우도 많다.

탐정이나 무뢰배와 같이 조직에 속하지 않은(=규제 같은 것이 없는) 사람이 예비 탄약을 얼마나 많이 가지고 돌아다녀야 하는지에 대한 의견은 천차만별이겠지만, 공격적인 성격이거나 활동장소가 험난한 일에 휘말릴 가능성이 큰 곳이었을 경우, 예비탄창을 5~6개 정도 휴대하고 있다고 해도 부자연스럽지는 않다.

예비 탄약을 가지고 다닐 때는 그냥 낱개로 주머니에 넣고 다니기보다는, **자동권총**이나 **기관단총** 등은「예비탄창」에, **리볼버**는「스피드로더(Speedloader)」를 사용해 정리해두는 것이 일반적이다.

탄약을 채워 넣은 탄창이나 로더와 같은 종류는 은근히 무거워지므로, 단단히 고정시킬 수 있는 전용 파우치나 홀더 같은 곳에 넣어두는 것이 좋다. 탄창이 흔들거리며 움직여서 사격에 집중할 수 없게 된다거나, 탄환을 퍼부으려고 할 때 탄창을 떨어뜨리는 것과 같은 당혹스러운 상황에 처해서는 안 되기 때문이다.

이러한 것들은 벨트 등을 사용해 허리에 매달고 다니는 것이 기본이지만, 그럴 경우 탄창에서 보이는 탄두의 방향이 앞을 향하도록 끼워 넣는 것이 좋다. 또한 **숄더 홀스터**의 하네스(Harness)에 장착하거나, 상의의 안쪽에 꿰매어 붙이는 경우에는 탄두의 방향이 자주 쓰는 팔 쪽으로 향하도록 해야 사용하기도 쉽다.

얼마나 필요한가?

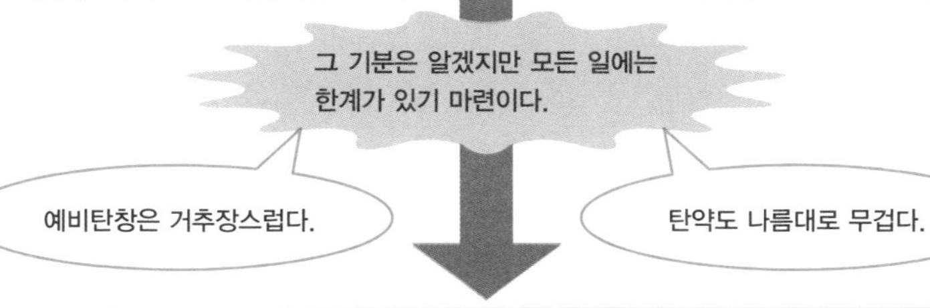

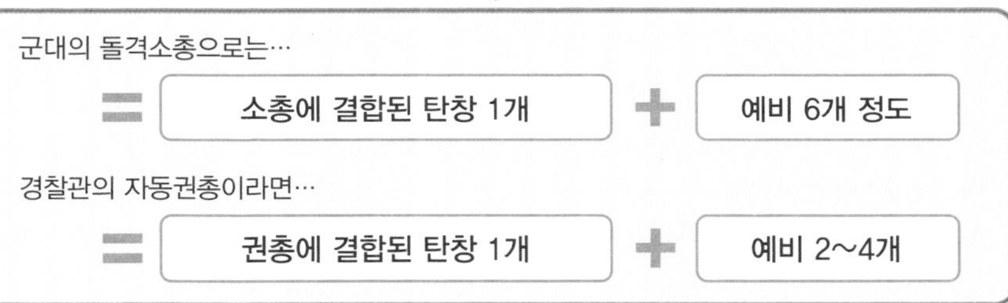

탄약은 예비탄창에 넣어두거나, 스피드 로더 등으로 정리한 뒤 파우치나 홀더에 넣어두자.

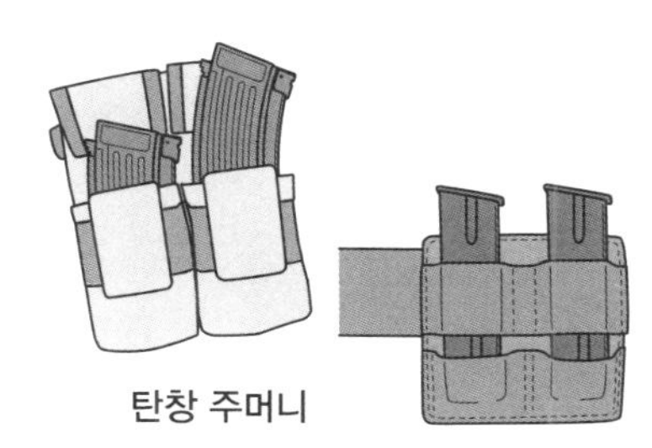

탄창 주머니

전투용 조끼

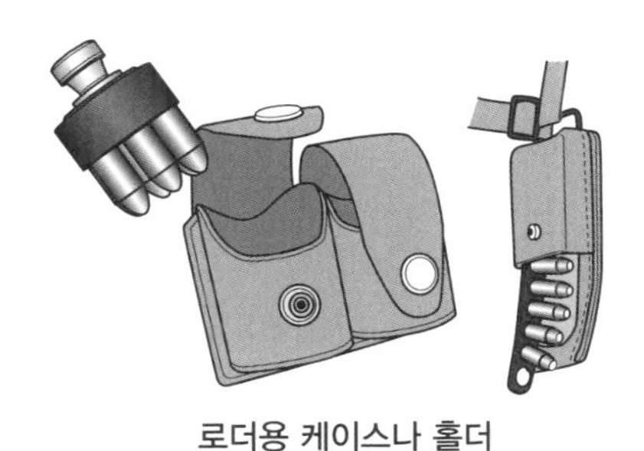

로더용 케이스나 홀더

원 포인트 잡학

자동권총과 리볼버. 총격전에서 어떤 타입의 권총이 유리한가에 대해서는 대답하기 어렵지만, 일반적으로 「장탄수를 중시한다면 자동권총」, 「신뢰성을 우선한다면 리볼버」라고 한다.

No.051

다 써버린 탄창은 버리면 안 될까?

사격이 끝나서 텅 비어버린 탄창을 호쾌하게 버리고 새로운 탄창을 집어넣는 장면은 액션 영화에 등장하는 인물의 행동 중 볼만한 장면이라고 할 수 있다. 총격전 도중에 탄창은 「쓰고 버린다」는 이미지가 있지만…….

●탄창은 절대 '소모품'이 아니다

자동권총(Auto Pistol)이나 돌격소총(Assault Rifle)에 사용되는 「박스형 탄창(Box Magazine)」은 매우 편리한 부품이다. 탄약이 떨어져도 빈 탄창을 제거하고 탄약이 가득 찬 새로운 탄창을 결합하면 사격을 계속할 수 있기 때문이다.

하지만 「다 쓴 탄창」이라고 하더라도 아무 데나 내던져도 된다는 말은 아니다. 물론 "1분 1초를 다투는 상황에 내몰려서 탄창을 챙길 때가 아닌" 상황이라면 얘기는 다르지만, 기본적으로 사용한 탄창은 함부로 내버리지 않는 것이 원칙이다. 가볍게 탄창을 내버린다면 적이 이쪽이 얼마나 탄약을 사용했는지 파악할 위험도 있고, 군대와 같은 조직에서도 매번, 반드시, 새로운 탄창을 보급해준다는 보장이 있는 것도 아니다. 자칫 잘못하면 「탄약은 있는데 탄창이 없는」 상황에 직면할 수도 있는 것이다.

세계가 동서로 나뉘어서 냉전 상태였던 시대에는, 양 세력이 전혀 다른 총을 사용하고 있었다. 하지만 현재는 그런 구별이 줄어들면서 같은 총을 쓰는 일도 많아졌다. 다시 말해 내버린 탄창을 적이 거두어들였을 경우, 그것을 적이 재활용하게 될 가능성도 고려해야 하는 것이다.

「사용한 탄수를 파악 당할 수도」, 「보급이 없을 수도」, 「적이 다시 이용할 수도」 …라고 하는 것들은 어디까지나 확률의 문제이기는 하다. 하지만 자신이 불리하게 될 위험을 최대한 배제해두는 것이 전장에 몸을 담고 있는 사람으로서 가져야 할 건전한 생각이라고 할 수 있을 것이다.

실내 전투의 경우에는 또 다른 이유가 있어 "탄창을 투기하는 것은 금기"가 되고 있다. 바닥에 떨어뜨린 탄창은 그 충격으로 일그러지면서 다시 사용했을 때에 장탄 불량을 일으키는 원인이 될 수도 있기 때문이다. 또한 바닥의 재질에 따라서는 탄창을 떨어뜨릴 때 나는 소리가 주위에 울리면서 적에게 탄창 교환의 타이밍을 알려줄 위험도 있다.

가능한 한 가지고 돌아가자

텅 비어버린 탄창은 그 자리에서 버리지 말고, 주머니 등에 넣어두자.

좀 째째하게 보이지만, 그럴만한 이유가 있다.

- **새로운 탄창이 보급될 거라고 장담할 수 없다.**
- **이쪽의 잔탄 상황을 적이 파악하지 못하게 한다.**
- **적에게 탄창을 넘겨주지 않는다.**

주머니는 용량에 한계가 있기 때문에 주머니가 빈 탄창으로 가득 차면 움직이기 힘들어진다.

그래서…

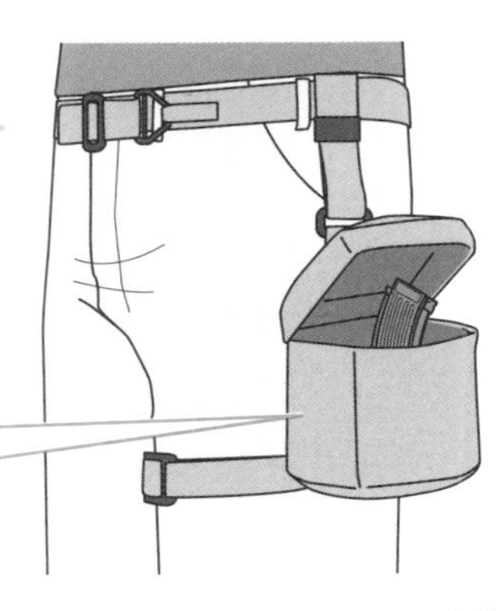

「덤프 파우치(Dump Pouch, 잡낭)」라 불리는 빈 탄창 주머니가 사용된다.

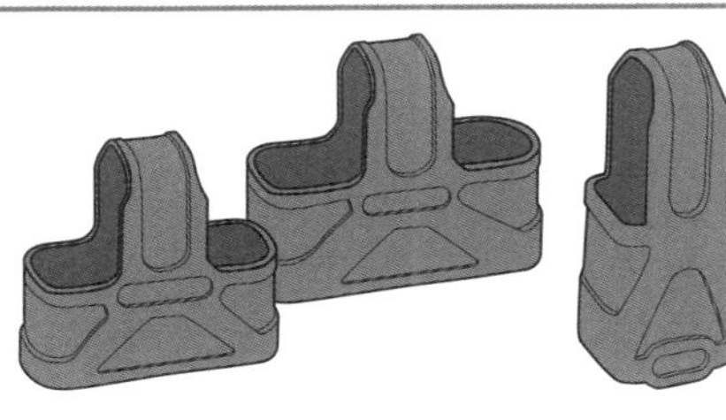

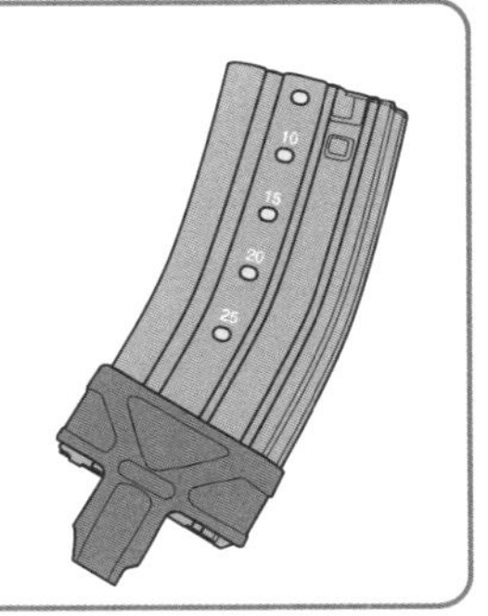

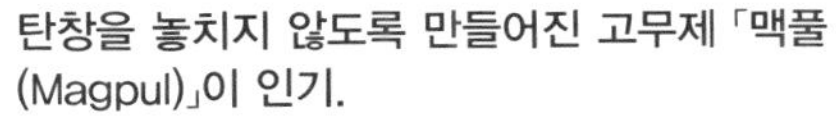

탄창을 놓치지 않도록 만들어진 고무제 「맥풀(Magpul)」이 인기.

원 포인트 잡학

잡낭의 용량은 탄창 6~8개 정도가 일반적. 사용하지 않을 때는 허리에 장착한 대로 벨크로 테이프나 버튼 등으로 말아 올릴 수도 있어서 걸리적거리지 않는다.

No.052

자동권총의 탄창을 재빠르게 교체하는 방법은?

자동권총은 「탄약이 떨어져도 새로운 탄창으로 교환하면 사격을 신속하게 재개할 수 있다」는 특징이 있다. 하지만 탄창 교환에는 순서라는 것이 존재하기 때문에, 막힘없이 수행하기 위해서는 정확한 지식과 어느 정도의 연습이 필요하다.

●탄창 교환의 패턴은 2가지

자동권총(Auto Pistol)의 탄창을 교환하는 방법 중 전통적인 것이 「빠른 재장전(Speed reload)」이라고 불리는 방법이다. 모든 탄약을 소진한 자동권총은 「슬라이드 스톱」이라는 부품에 의해, 슬라이드 부품이 후퇴한 채로 정지된다(슬라이드라고 하는 것은 총의 상부를 덮고 있는 부분으로, 재빠르게 전후로 왕복시킴으로써 탄약의 장전이나 배출을 할 수 있는 부품이다).

슬라이드가 후퇴하여 고정된 상태로 탄창을 뽑은 뒤 새로운 탄창을 꽂아 넣어 슬라이드 스톱을 해제하면 슬라이드가 전진해서 첫 탄이 장전되고, 다시 사격할 수 있게 된다. 탄약 장전이 끝난 탄창은 상당히 불안정한 상태이므로, 총에 장착한 후 조금 아래로 당겨서 단단히 고정되었는지 확인하도록 하자. 조악한 탄창은 "두드려 끼우는" 것처럼 집어넣으면 충격으로 인해 가장 위에 있는 탄약이 리프(탄환을 누르고 있는 돌출된 곳)에서 벗어나 장탄 불량을 일으킬 가능성이 높아진다.

이 빠른 재장전은 자동권총의 등장과 함께 정립되어 사용되고 있는 탄창 교환법이지만, 「전술 재장전(Tactical Reload)」은 총격전 중에 투입되어 사용되기 시작한 실천적인 스타일의 탄창 교환법이다.

이것은 탄창이 완전하게 비어버리기 전—다시 말해 모든 탄약을 소진해버리기 전에 탄창을 교환해버리는 방법이다. 전부 10발 사격해야 할 탄창을 8~9발 정도를 사용한 상태에서 교환하는 것은 아깝다는 생각이 들지도 모르지만, 이 방법은 "총의 약실 내에 탄환을 1발 남겨둔 채"로 교환한다는 이점이 있다. 즉, 무방비라고 일컬어지는 탄창 교환의 순간을 극복하기 위한 일종의 「보험」을 마련해둘 수 있는 것이다.

전술 재장전을 할 때 주의해야 할 점은 총구의 방향과 총에서 빼낸 「어중간하게 탄환이 남은 탄창」의 처리이다. 이것을 무심코 탄창 주머니(Magazine Pouch)에 다시 집어넣고 만다면 미사용 탄창과 헷갈려서 사용해버릴 우려가 있으므로 주머니나 잡낭 등등의 장소에 격리해야 할 것이다.

빠른 재장전과 전술 재장전

빠른 재장전 =모든 탄환을 소진한 뒤에 탄창 교환.

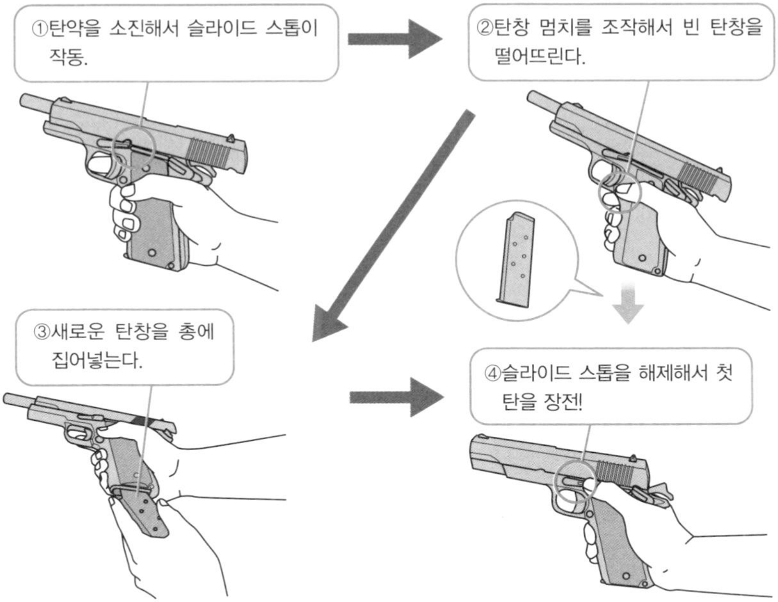

①탄약을 소진해서 슬라이드 스톱이 작동.

②탄창 멈치를 조작해서 빈 탄창을 떨어뜨린다.

③새로운 탄창을 총에 집어넣는다.

④슬라이드 스톱을 해제해서 첫 탄을 장전!

전술 재장전 =모든 탄약을 소진하기 전에 탄창 교환.

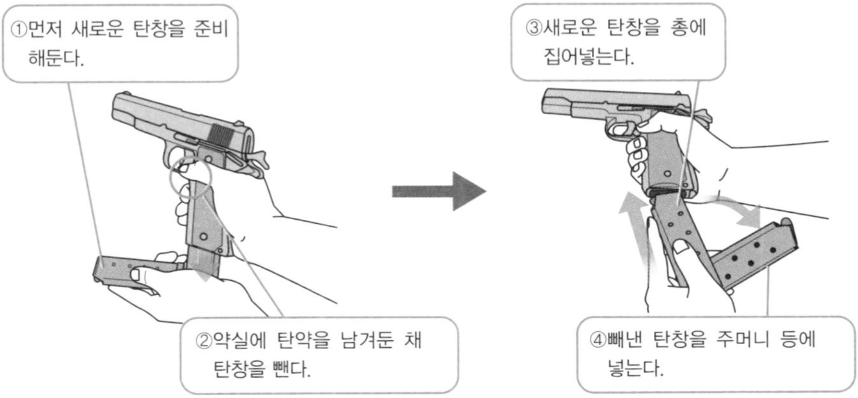

①먼저 새로운 탄창을 준비해둔다.

②약실에 탄약을 남겨둔 채 탄창을 뺀다.

③새로운 탄창을 총에 집어넣는다.

④빼낸 탄창을 주머니 등에 넣는다.

원 포인트 잡학

빠른 재장전을「빈 탄창을 버리고 수행하는 재장전 방법」이라고 정의하거나, 잔탄이 0일 때 하는 재장전을「긴급 재장전(Emergency Reload)」이라고 정의하는 경우도 있다.

No.053

탄창에 탄을 넣는 것도 만만찮은 일??

탄약을 6발 전후밖에 집어넣을 수 없는 리볼버에 비해 쏠 수 있는 탄환의 수가 많은 것이 자동권총의 매력이다. 많은 것은 20발에 가까운 장탄수를 자랑하는 모델도 있기 때문이다. 하지만 탄창에 탄환을 집어넣는 일은 상당한 수고가 들기 때문에 장탄수가 많다고 반드시 좋다고만은 할 수 없다.

●장탄수가 많은 탄창에는 전용기구가 필수

대부분의 자동권총(Auto Pistol)은 탄환을 다 써버리면 비어버린 탄창을 분리한 뒤 가득 장전된 새로운 탄창으로 교환함으로써 사격을 재개할 수 있도록 설계되어 있다. 탄창만 있다면 오랫동안 싸울 수 있다고 생각할 수 있겠지만, 여기에는 새삼스럽게 들릴지 모르겠지만「탄약을 채운 탄창」을 잔뜩 준비해두어야 한다는 이면도 존재한다.

실은 이「탄창에 탄약을 집어넣는 작업」이 상당한 중노동이다. 탄창 내부에 설치된 용수철(Spring)은 장전 불량과 같은 것을 막기 위해 저항력이 상당히 강하다. 처음의 몇 발은 문제가 안 되지만 절반 이상을 집어넣을 시점에서 탄약을 밀어내는 용수철의 힘이 부담스럽게 느껴지게 되고, 마지막 몇 발을 탄창에 집어넣을 때쯤이면 힘을 매우 줘야 간신히 집어넣을 수 있다(힘이 약하거나 손톱이 긴 여성일 경우, 맨손으로는 무리일 수도 있다).「더블 컬럼 탄창(Double Column Magazine)」이라고 불리는 복렬식 탄창의 경우는 특히 그런 경향이 강하다.

여기서 등장하는 것이「로더(Loader)」나「차저(Charger)」라고 불리는 전용 기구이다. 이것은 지레의 원리를 사용하거나, 혹은 가이드레일을 부드럽게 해줌으로써 탄약을 쑤셔 넣기 쉽게 해주는 도구로, 다양한 메이커에서 다종다양한 것이 판매되고 있다. 이러한 기구가 없을 경우에는 책상 위 같은 곳에 탄창을 놓아두고 작업을 하면 도움이 되기는 하지만, 그런데도 엄지손가락에 상당한 부담이 걸리게 된다.

탄창에 탄약을 넣는 일은 총의 정비나 조정 등과 같은「총을 쏘기 전의 준비」중에서도 신체적/정신적으로도 특히 스트레스를 받는 부분이라고 한다. 그 때문에 건 트레이닝을 수행하는 기관이나 단체, 강사 등은 이 작업을 전부 사수가 직접 자신의 손으로 하게 하여, 사격에 대한 자각과 책임을 느끼도록 하는 경우가 많다. 반대로 일부 관광객을 대상으로 한 사격장 등에서는 삽탄을 사전에 끝내두어 "바로 쏠 수 있는 상태"로 바로 손님에게 건네는 경우도 있다.

탄창에 탄약을 삽입

자동권총이나 돌격소총은 장탄수가 많은 게 매력이지만…

탄창에 탄약을 넣는 것도 꽤나 만만치 않은 일이다.

자동권총의 탄창에 탄약을 채운다.

탄창을 기울여 전방에서 집어넣는다.

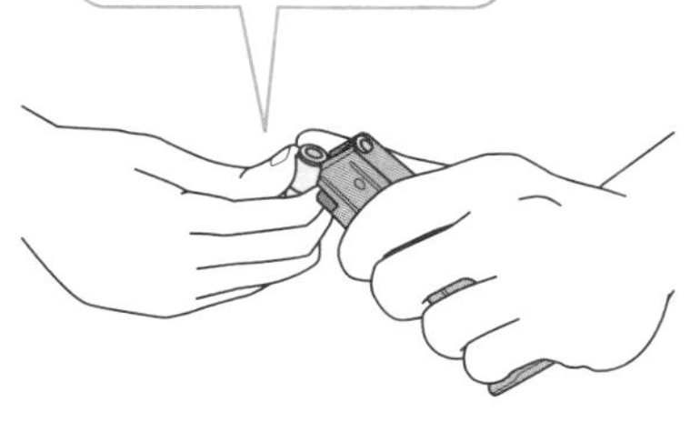

10발 이상의 용량을 가진 탄창이라면 절반 정도 채웠을 때 상당히 힘을 줘야 하고, 마지막에는 맨손으로 넣기가 어려워진다.

그래서 이렇게 로더를 사용해 위에서 탄약을 밀어 넣는다.

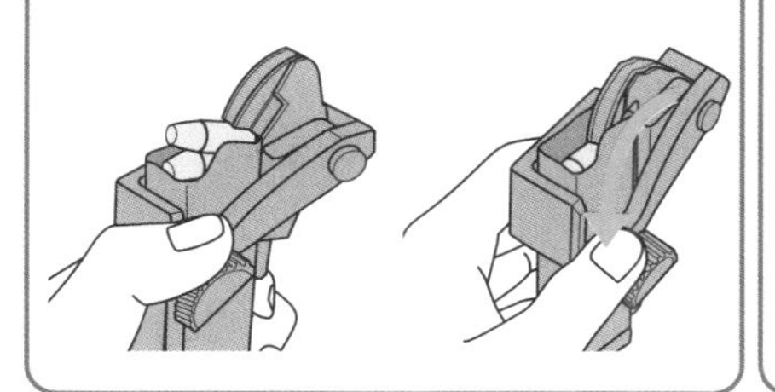

돌격소총의 탄창에 탄약을 채운다.

탄창의 위에서 딱딱 밀어 넣는다.

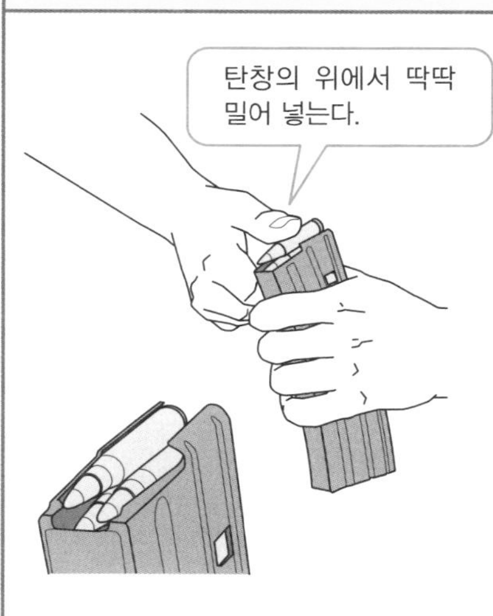

빠르게 장전하고 싶을 경우에는 로더를 사용.

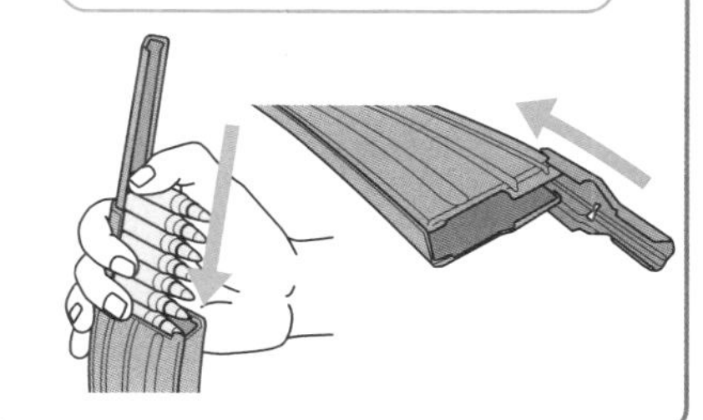

원 포인트 잡학

탄약의 장전을 끝낸 탄창을 책상이나 바닥, 헬멧에 탁탁 두드려서 탄약을 재정렬하는 행위는 일종의 "주문"과 같은 것이지만, 최근 들어 주류가 된 「플라스틱 탄창」 등에서는 오히려 트러블을 일으키는 원인이 될 수 있다.

No.054

탄창을 보관할 때 탄약을 가득 채워두면?

자동권총에 사용되는 탄창은 용수철(Spring)의 힘으로 탄약을 밀어 올려 약실에 보낸다. 용수철은 오랫동안 부담을 주다 보면 그 반발력이 약해지기 때문에, 탄창에 탄약을 가득 채워놓은 상태로 계속 두는 것은 금물이다.

●용수철이 주저앉으면 재밍을 일으킬 수 있다

만에 하나에 대비해서 권총의 예비탄창에는 미리 탄약을 가득 채워두고 싶은 것이 사람의 마음일 것이다. 하지만 탄창을 탄약으로 가득 채운 상태로 놔두면 내부의 용수철에 부담이 계속 걸리면서 결국 그 반발력이 약해지고 만다.

용수철의 반발력이 약해지면, 그만큼 탄약을 위로 올리는 힘이 약해지면서 재밍(Jamming, 급탄 불량)을 일으키는 원인이 된다. 용수철이 오므라든 상태와 늘어난 상태의 차가 클수록 주저앉는 경향도 커지기 때문에, 20발 이상을 수납할 수 있는 대용량 탄창은 재밍을 일으키는 일이 많았다.

그래서 20발 들어가는 탄창의 경우, 가득 장전하지 않고 19발이나 18발 정도에서 그만둔다는 자체 해결법이 사용되기 시작했다. 탄약을 적게 장전한 만큼 용수철의 부담도 줄어들고, 잘 주저앉지 않게 되기 때문이다.

하지만 「탄창 안에 탄약을 가득 장전한 상태로 장기보존」하는 것이 아니라면, 10발 들이 탄창에 10발의 탄약을 채워 넣어두는 것 자체는 별로 문제가 되지 않는다. 물론 반복 사용한 재활용 탄창이나 서드파티제의 조악한 탄창을 사용하는 거라면 얘기가 달라지겠지만, 10발 탄창에 10발을 채워 넣는다고 재밍을 일으킨다면 근대의 총으로서는 실격이라고 할 수 있다.

동시에 「최근의 용수철은 잘 만들어졌기 때문에 주저앉음 현상도 적다」, 「권총 사이즈의 탄창 스프링에 주저앉음 대책은 필요 없다」는 견해도 존재하지만, 자동권총의 재밍은 "일어나지 않았으면 하는 순간에 일어나는" 천재지변과 같은 일면도 있다.

빈 말이 아니라 「할 수 있는 일은 해둔다」는 의미로, 혹은 「트러블이 발생할 희미한 가능성까지 사전에 대비해두는 것이 프로다」라는 생각을 가진 사람이라면, 사전에 1~2발의 탄약을 빼두는 행위는 충분히 의미가 있다고 할 수 있을 것이다.

탄창 스프링의 「주저앉음」

탄창 스프링의 반발력에 계속 부담을 주면 반발력이 약해지는 일이 있다.

예를 들어 8발 넣을 수 있는 탄창이 있다면…

8발을 꽉 채운 상태로 오랜 시간이 지나면…

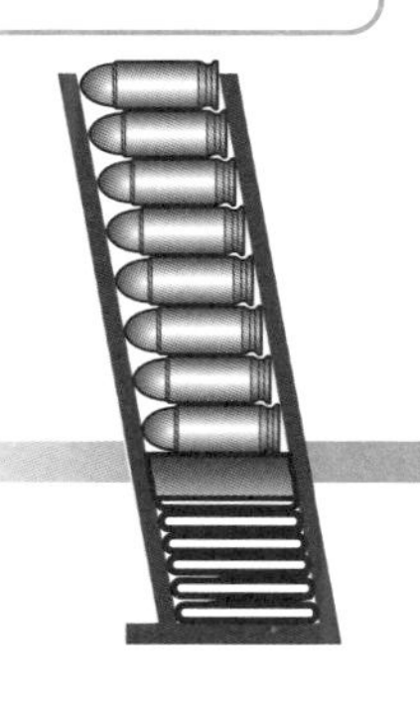

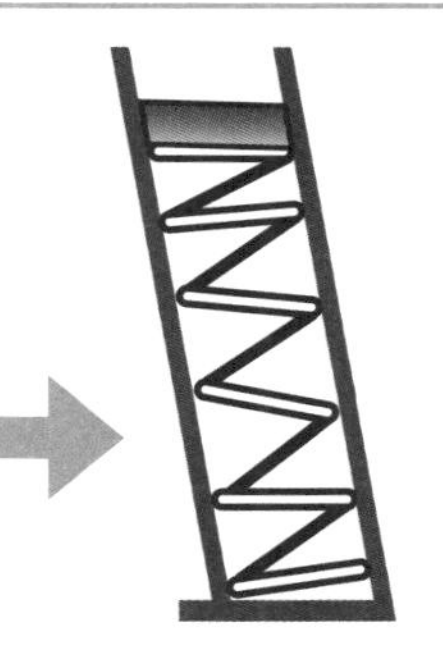

용수철이 끝까지 늘어나지 않게 되면서 재밍을 일으킬 가능성이!

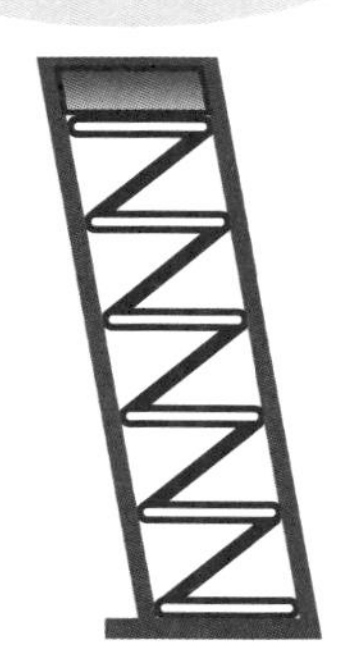

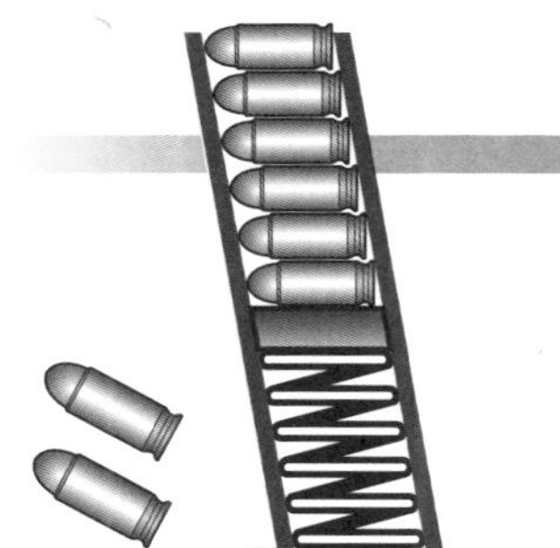

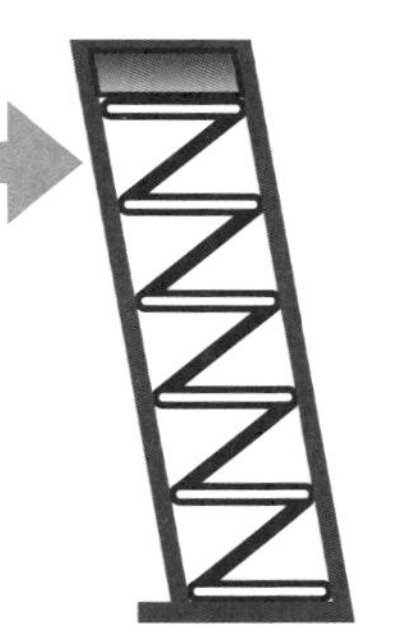

1~2발 뺀 상태로 채워 두면…

용수철의 힘을 완전한 상태로 유지할 수 있다.

물론 용수철의 반발력을 생각한다면 「탄약을 빼둔 상태」로 보관하는 것이 베스트.

원 포인트 잡학

탄창에서 탄약을 빼낼 때는 하나하나 직접 손으로 빼내는 게 일반적이지만, 전용 「언 로더」라는 기구를 사용하여 탄약을 빼낼 수 있는 탄창도 있다.

No.055

콕&록이란?

「콕&록」이란 일부 자동권총에 이용되는 총의 상태를 나타내는 용어이다. 콕이란 총을 발사할 수 있는 상태를 나타내며, 록이란 격철(Hammer)이 고정되어 있어 격발의 위험이 없는 상태를 나타낸다.

●훈련받은 숙련자에 맞는 휴대방법

자동권총은 슬라이드를 조작해서 첫 탄을 장전하지 않으면 탄약을 발사할 수 없다. 슬라이드를 당기면 격철이 젖혀지면서(Cock) 발사 위치에 들어가, 1발 째의 발사 준비가 끝난다.

하지만 이 상태일 때 총이 어딘가에 부딪히거나 떨어뜨리면 큰일이 난다. 격철을 누르고 있는「시어」라고 하는 물림쇠가 충격으로 움직이면서 격발이 될 가능성이 있기 때문이다.

이것을 방지하기 위해서는 첫 탄을 장전한 후 손가락으로 격철을 콕이 되기 전으로 되돌릴 필요가 있지만, 실수로 손가락이 미끄러져서 격철을 놓쳐버린다면 돌이킬 수 없게 될지도 모른다. 또한 격철이 콕 이전으로 되돌아가 있다면 안전성은 높아지지만 반대로「다시 쏘고 싶다고 생각할 때는 다시 한 번 손가락으로 격철을 당긴다」라고 하는 수고가 늘어나게 되고 한시를 다투는 상황에서는 불리하게 작용한다.

여기서 격철을 당긴 채 안전장치로 고정해서 격발을 방지하는 것이「콕&록(Cock & Lock)」이다. "격철을 '콕'한 상태로 '록'한다"라는 의미로, 이 상태인 총은 록을 해제하면 언제라도 발사할 수 있다는 말이 된다.

콕&록의 이점은 안전장치를 해제하고 바로 쏠 수 있다는 것만이 아니다. 격철이 당겨진 상태에서 발사하는「SA(Single Action)」사격은 방아쇠가 가벼워서 총이 흔들리지 않으므로 그만큼 조준도 정확해진다(콕&록의 기능을 가지지 않은「DA(Double Action)식 자동권총은 첫 탄만이 더블액션이고 싱글액션으로 쏘는 것은 2발 째 이후부터이다」).

첫 탄의 방아쇠가 가볍다는 점은 총을 뽑아서 쏠 때 있어 커다란 이점이다. 총을 들고 돌아다닐 때 격발시키는 것과 같은 실수를 저지르지 않는「숙련된 사수」의 입장에서 본다면, 콕&록의 가능 여부는 매우 중요한 조건이라 할 수 있다.

콕한 후 록

총이 콕되어 있어서 바로 쏠 수 있는 상태가 된 것.

안전장치가 잠겨 있어서 총이 안전한 상태가 된 것.

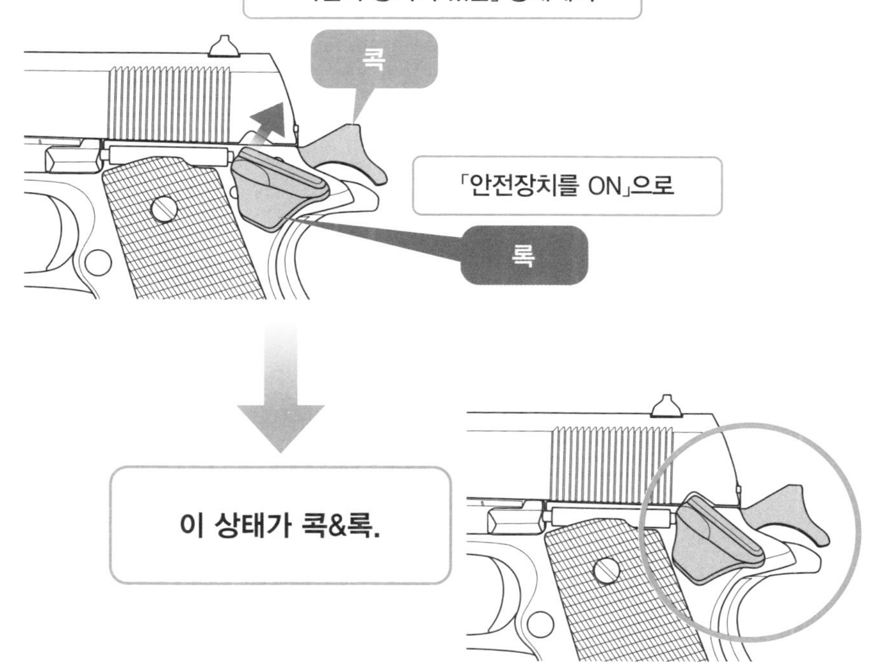

「첫 탄이 장전되어 있으며」, 「격철이 당겨져 있는」 상태일 때 안전장치를 해제하면 처음의 1발을 **싱글 액션**으로 발사할 수 있다(싱글 액션 사격은 방아쇠를 당기는 간격이 짧기 때문에 명중률이 높아진다).

원 포인트 잡학

미군의 현용제식 권총 「M9(베레타 M92)」은 안전장치를 조작하면 격철이 저절로 내려가므로 콕&록의 상태로 만들지는 못한다.

No.056

리볼버의 잔탄을 확인하는 방법은?

좀 많이 오래된 서적 중에는 리볼버를 「윤동형권총(輪胴型拳銃)」이라고 번역한 책이 있다. 여기서 「윤동(輪胴)」이란 총의 중앙부에 달린 회전하는 통, 즉 실린더를 가리키며, 이 부분은 자동권총으로 치면 탄창 역할도 겸하고 있는 부분이기도 하다.

●앞뒤로 실린더를 확인

탄약을 6발 전후밖에 장전할 수 없는 리볼버(Revolver)라는 총을 사용할 때, "앞으로 쏠 수 있는 탄약의 개수"를 파악해두는 것은 목숨과 직결된 중대한 문제이다.

픽션에 등장할 법한 숙련된 총잡이쯤 된다면 「손에 잡았을 때의 무게나 실린더가 돌아갈 때의 중심의 흔들림」으로 잔탄을 알 수 있는 모양이지만, 우리와 같은 일반인이 그것을 흉내 낸다는 것은 꿈과 같은 소리다.

리볼버의 잔탄을 파악하기 위한 가장 확실한 방법은 역시 「눈으로 직접 보고 확인하는」 방법이다. 총의 실린더를 앞에서 보면 안에 채운 탄환의 탄두 부분을 확인할 수 있다. 탄약을 쏜 뒤에는 당연히 「탄두」가 날아가서 없어졌기 때문에, 실린더에 남겨진 탄두의 수에 따라 잔탄을 파악할 수 있다는 말이 된다.

하지만 탄두가 남아있는지 확인하기 위해서는 어떻게든 실린더를 앞에서 봐야 할 필요가 있다. 총을 앞에서 엿본다는 것은 필연적으로 총구를 자신에게 향하게 해야 하기 때문에 격발 등의 가능성을 생각해보면 대단히 위험한 행위라고 할 수 있다.

앞에서 보는 것이 안 된다면, 뒤에서 확인하는 방법은 없는 것일까? 리볼버에는 탄환을 장전하거나 사용이 끝난 약협을 배출할 때 실린더를 총의 본체에서 꺼내는 것을 「스윙 아웃」이라고 하는데, 이때 보이는 약협 후단의 뇌관(Primer) 부분에 "쏜 탄약과 쏘지 않은 탄약을 구별하는 포인트"가 있다. 탄환이 발사된 후의 빈 약협(사용한 카트리지)에는, 뇌관에 「격침흔(擊針痕)」이라는 자국이 있을 것이다. 이것은 격철이나 공이(Firing Pin)라고 하는 부품이 뇌관을 두드렸을 때 생기는 상처이므로 격침흔이 있는 탄약은 발사가 끝났다는 말이 된다. 단, 불발탄의 경우에도 격침흔이 생기므로 그러한 예외의 존재는 항상 염두에 두는 것이 좋다.

리볼버의 잔탄 확인

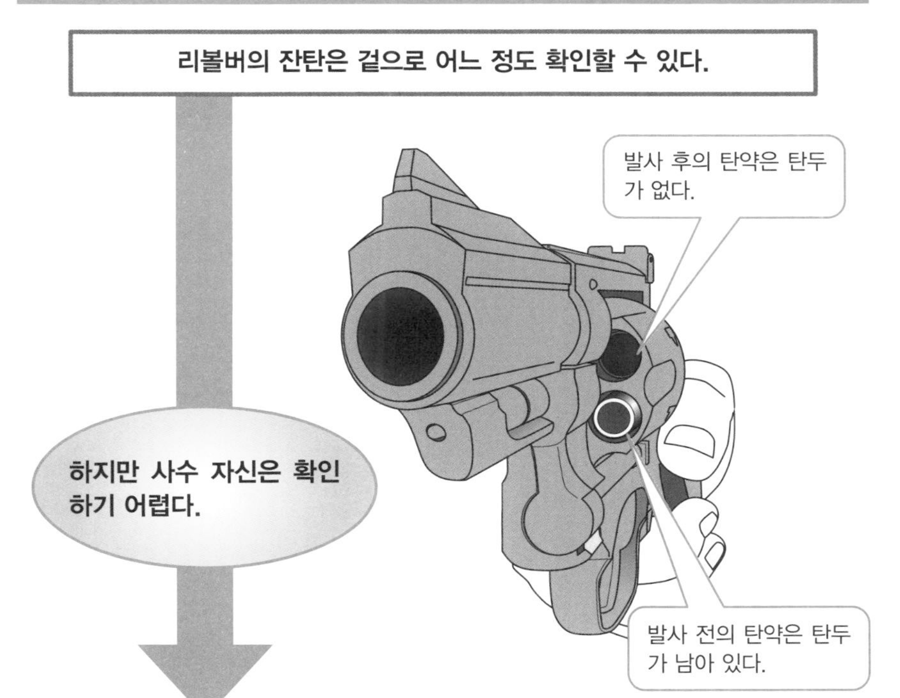

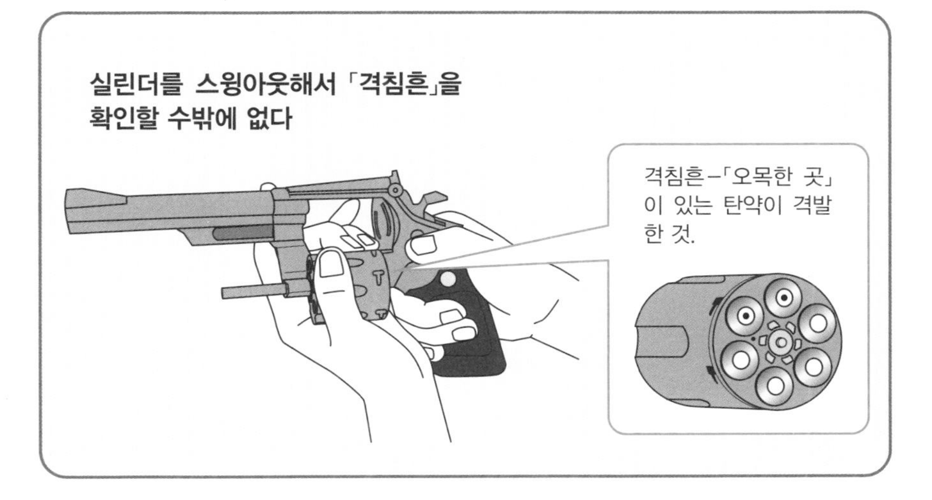

원 포인트 잡학

실린더 안에 있는 탄두의 유무는 어느 정도의 광량이 있으면 보이므로, 총을 향한 상대가 이 사실을 알고 있을 경우 탄약이 떨어진 것을 눈치 챌 수도 있다.

No.057

리볼버의 빈 약협은 어떻게 빼낼까?

자동권총은 1발 쏠 때마다 빈 약협을 자동으로 배출하는 구조로 되어 있는데, 리볼버는 실린더 내부에 격발이 끝난 약협이 남으므로 탄약을 소진한 후에는 직접 꺼내야 한다.

●자유낙하로 배출하는 건 어렵다

리볼버(Revolver)의 탄창은 「실린더(Cylinder)」라고 부르는 “연근같이 생긴 통 모양(筒狀) 부품”이다. 실린더는 총에 장착되었는데 **자동권총(Auto Pistol)**의 박스형 탄창(Box Magazine)처럼 떼어낼 수 없기 때문에, 사격 후에는 총을 흔들어서 실린더를 빼낸 후(이 동작을 「스윙아웃」이라고 한다) 빈 약협을 꺼내야 한다.

하지만 1발씩 손으로 집어서 꺼내서는 시간이 너무 걸린다. 그래서 사용되는 것이 「이젝터 로드(Ejector Rod)」라고 하는 봉 모양의 부품이다. 이 봉은 실린더의 중앙을 꿰뚫어 앞뒤로 움직이게 되어 있어서, 손 앞쪽으로 집어넣으면 그 움직임에 맞춰서 실린더 안의 빈 약협이 튀어나온다.

그런 수고를 들이지 않더라도 총을 옆으로 눕혀서 위아래로 흔들면 중력에 의해 알아서 떨어질 것 같지만, 쏘고 난 뒤의 약협은 장약(화약)이 연소할 때 발생한 압력에 의해 미세하게 부풀어서 실린더의 구멍 안쪽에 “눌어붙는” 상태가 된다. 게다가 탄두도 장약도 사라진 빈 약협은 장전했을 때보다 가벼워지기 때문에, 중력의 영향을 받기가 더 어려워진다. 따라서 이젝터 로드를 사용해서 강제로 밀어낼 필요가 있는 것이다.

모델에 따라서는 이젝터 로드가 없는 것처럼 보이는 리볼버도 존재하지만, 구조가 다를 뿐 “빈 약협을 실린더에서 밀어내는” 역할을 하는 파츠는 제대로 달려 있다. 영국의 「엔필드(Enfield)」나 「웨블리(Webley)」같은 중절식(Break Open) 리볼버의 경우에는 가운데가 꺾이는 기믹에 배출기구가 장치되어 있어, 봉을 밀어 넣을 필요 없이 한 번에 배출 할 수 있다. 또한 「피스 메이커(Peace Maker)」라는 이름으로 알려진 「콜트 SAA(Colt SAA)」는 배출용 봉이 총신과 평행하게 내장되어 있어서, 장전구를 겸한 뚜껑을 열어서 1발씩 빈 약협을 밀어낼 수 있다.

이젝터의 구조

리볼버는 「이젝터 로드」를 밀어서 빈 약협을 배출한다.

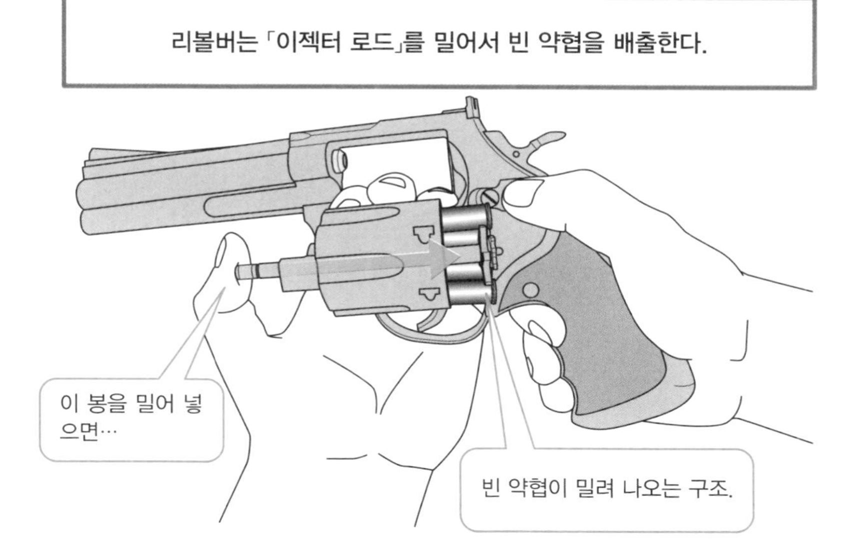

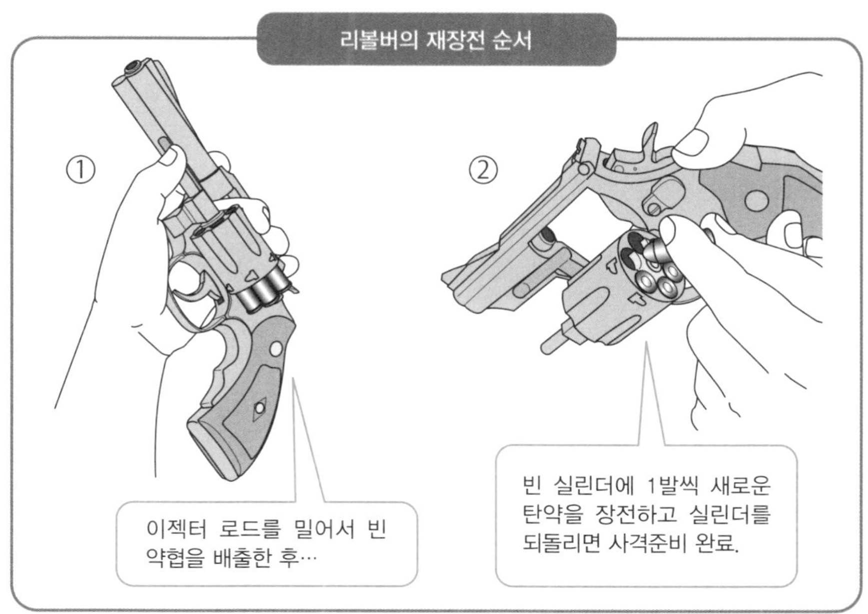

원 포인트 잡학

탄환도 날아가지 않고 발사 압력에 따른 탄피의 확장이 없는 「모델건」의 탄환은 총을 위로 세워주는 것만으로도 시원하게 뺄 수 있다. 하지만 가스 건의 카트리지는 「빈 약협」과 무게가 비슷하므로 개중에는 이젝터 조작이 필요한 것도 존재한다.

No.058

리볼버를 빠르게 재장전하는 방법은?

자동권총은 손잡이 내부에 수납된 「박스형 탄창(Box Magazine)」을 교환하는 것만으로 탄약이 재장전이 이루어지지만, 탄환을 전부 쏴버린 리볼버는 탄약을 다시 채우려면 조금 번거로운 과정을 거쳐야 한다.

● 다소의 요령과 익숙해질 필요가 있는 「리볼버의 재장전」

리볼버(Revolver)의 이점은 재밍(Jamming)과 같은 트러블이 잘 발생하지 않는다는 것이다. 뇌관의 불량과 같이 "탄약 쪽에 원인이 있는" 경우라면 손쓸 도리가 없지만, 그런 경우에도 다시 한 번 방아쇠를 당기면 새로운 탄환이 돌아오므로, 신속하게 정상적인 상태로 복귀할 수 있다. **자동권총**의 경우에는 슬라이드를 당겨서 불발탄을 배출하는 「재밍을 벗어나기 위한 수단」을 사용하지 않으면 안 돼서, 혼란스러운 상황일 때는 좀처럼 잘되지 않는 경우도 있다.

하지만 이 장점도 장전된 탄환(보통 5~6발)을 전부 소진하기 전의 이야기로, 일단 탄환이 다 떨어지면 단점 쪽이 부각되기 시작한다. 교환 가능한 「탄창」이 존재하지 않는 리볼버는 탄환을 재장전 하는데 상당한 수고가 들기 때문이다.

탄환이 한데 묶인 탄창을 손잡이 안에 집어넣기만 하면 되는 자동권총에 비해 리볼버는 실린더에 뚫린 여러 개의 구멍에 탄환을 따로따로 집어넣어야 한다. 탄환을 하나로 모아주는 「스피드로더(Speedloader)」라는 기구도 존재하지만, 익숙지 않다면 탄환이 실린더의 구멍에 잘 들어가지 않는 경우도 있다.

재장전을 할 때는 스피드로더를 사용하든 탄환을 한 개씩 집어넣든 탄환 장전 작업은 「오른손」을 사용해보자. 왼손은 스윙아웃한 실린더를 끼워 넣듯이 고정하여 실린더가 회전하지 않도록 한다. 이 방법은 만약 탄환을 넣다가 놓치더라도 손바닥에 떨어지기 때문에 특히 탄환을 1개씩 집어넣을 때 쓸 만하다.

리볼버에는 「재장전의 번거로움」이라는 문제가 있지만, 여러 가지 탄약을 사용할 수 있으며, 불발을 일으킨다고 하더라도 바로 복귀할 수 있는 그 안정감은 자동권총과 비교할 바가 못 된다. 제대로 사용할 수 있는 사람의 손에 있다면 이만큼 무서운 총은 없다고 할 수 있을 것이다.

리볼버의 재장전은 수련이 필요

리볼버의 재장전은 자동권총보다 요령이 필요하다.

자동권총에는 「커다란 구멍」에 「두꺼운 봉」을 밀어 넣으면 되지만…

리볼버는 (스피드로더를 사용해도) 「6개의 작은 구멍」에 「6개의 얇은 봉」을 동시에 밀어 넣을 필요가 있다.

숙련된 리볼버 사용자는 재장전을 이렇게 한다!

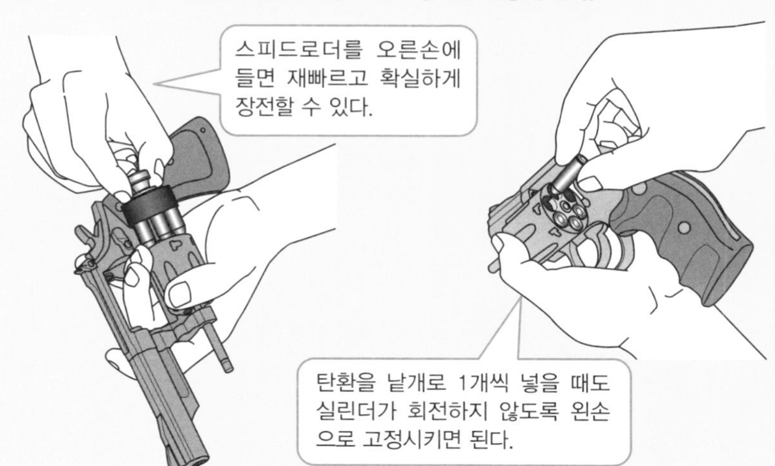

원 포인트 잡학

탄환을 몇 발이나 쏜 뒤의 리볼버는 실린더나 프레임이 화상을 입을 정도로 과열되어 있는 경우가 많다. 따라서 이 경우에는 재장전의 속도가 늦어질 것을 각오하더라도 로더를 왼손으로 들거나, 장갑을 사용하는 등의 대책이 필요하다.

No.059

스피드로더는 어떻게 사용할까?

자동권총과 같이 「탄창」이 없는 리볼버는 재장전을 할 때 실린더에 탄약을 넣는 것이 번거롭다. 옛날에는 「실린더 교환」을 할 수 있어서 탄창 교환이 필요 없는 모델도 있었지만, 현재는 스피드로더를 사용하는 것이 일반적이다.

●리볼버의 재장전 아이템

리볼버는 탄약을 전부 써버리면 재장전에 시간이 걸린다. 총에 들어갈 탄약이 「탄창」이라는 형태가 되어 일괄적으로 집어넣을 수 있는 **자동권총**에 비해 리볼버는 탄약을 낱개로 1개씩 재장전해야 하기 때문이다.

과도기에 존재했던 「접이식(Tip-Up)」 리볼버는 실린더를 총에서 떼어낼 수 있게 되어있어서, 사전에 탄약을 넣어둔 실린더를 예비탄창처럼 휴대하고 다니면서 탄약이 떨어질 때를 대비했다. 하지만 얇은 금속판을 가공해서 만들어진 자동권총의 탄창은 가볍고 저렴했지만, 약실 기능도 겸하는 리볼버의 실린더는 무겁고 고가였기 때문에 많은 양을 휴대하기에는 적절하지 못했다.

이러한 "교환용 실린더를 여러 개 들고 다닌다"고 하는 아이디어를 한층 진화시킨 것이 「스피드로더(Speedloader)」다. 플라스틱 수지로 만들어진 홀더에 실린더 1개분의 예비탄(보통 5~6발)을 한데 모은 것으로, 탄약의 선단을 실린더의 구멍에 찔러 넣은 후 손잡이를 비틀면 장전이 완료된다. 어떤 형태든 「탄약 장전이 끝난 실린더」에 가까운 사이즈가 되기 때문에 휴대가 번거롭기는 했지만, 금속 덩어리인 실린더를 가지고 돌아다니는 것보다 가벼우므로 훨씬 낫다고 할 수 있다.

스피드로더가 등장하면서 탄창을 교환하는 감각으로 리볼버를 재장전 할 수 있게 되었지만, 역시 "버릴 가능성을 고려해야 하는 것"의 비용은 줄일 필요가 있다. 여기서 등장한 것이 고무제 로더다.

모형에 고무를 흘려 넣어서 쉽게 양산할 수 있는 고무로더는 금전적인 부담이 적은 데다 다양한 형태의 제품이 생산되어 상품화되고 있다. 그중에서도 특징적인 것이 오른쪽 페이지의 아래쪽 가운데에 있는 「스피드 스트립(Speed Strip)」이라고 하는 로더다. 동시에 6발을 장전하지 못하는 대신에 탄약이 일렬로 늘어서 있으며, 자동권총의 탄창만큼이나 얇게 되어 있다. 스피드로더는 오히려 부피가 늘어나 버린다는 단점이 있는 만큼, 이쪽이 휴대에 적합한 소구경 리볼버에 적합한 아이템이라고 할 수 있다.

리볼버의 재장전 아이템

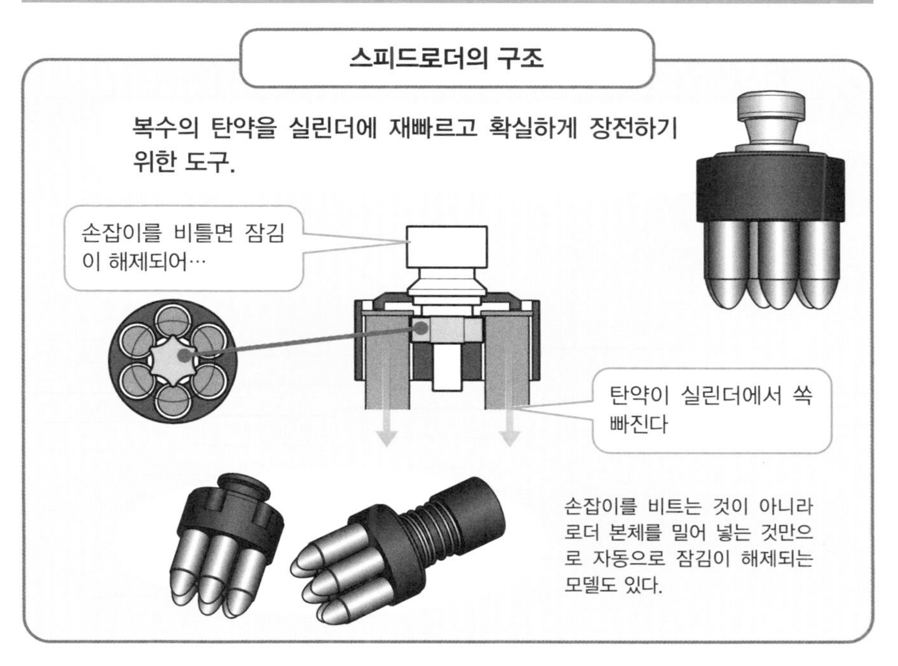

원 포인트 잡학

리볼버는 스피드로더를 사용함으로써, 배출과 재장전을 5초 안팎으로 마칠 수 있게 된다.

No.060

「중절식(Break Open)」 리볼버란?

리볼버의 옛 모델 중에는 「중절식」이라는 것이 있다. 수렵용 샷건처럼 정중앙에서 "ㅅ자"로 꺾이는 것이 특징으로 재장전 작업이 쉽지만, 상대적으로 그 구조가 취약하다는 약점이 있었다.

●과도기의 기믹식 리볼버

리볼버(Revolver)는 탄약을 전부 소진한 뒤에 재장전을 하는데 시간이 걸린다고 하는데, 그 이유 중 하나로 「실린더 속에 남아 있는 다 쓴 약협(빈 약협)의 배출 동작이 필요」하다는 점이 있다. 일반적인 리볼버는 탄환을 교체하기 위한 준비 동작으로 총을 왼쪽으로 흔들어서 실린더를 꺼내는 「스윙아웃」이라는 동작이 필요하다. 그리고 이젝터 로드(Ejector Rod)라는 부품을 사용해서 실린더 안의 빈 약협을 밀어내면 배출이 되는 것이다.

이것이 중절식 리볼버가 되면 총을 접음으로써 가동 부분에 연동한 이젝터가 빈 약협을 밀어내고, 6발 전부가 한 번에 자동으로 실린더에서 튀어나온다. 즉, 보통 리볼버라면 「①실린더의 스윙아웃 → ②이젝터 로드를 조작해서 빈 약협을 배출」과 같이 2개의 동작이 필요한 것에 반해, 이쪽은 실린더의 중절식과 빈 약협의 배출이 한 번의 동작으로 이루어지는 것이다.

중절식 리볼버는 빈 약협이 빠르게 배출되기 때문에 이어서 재장전작업에 **스피드로더**와 같은 물건을 이용하면 재장전 시간을 더욱 줄일 수 있다. 하지만 이점이어야 할 중절식 구조가 역으로 이 타입의 리볼버가 일반으로 보급되는 것에 발목을 잡았다.

일단 총이 앞뒤가 접히는 구조상 프레임이 앞뒤로 분할되기 때문에 강도가 부족한 설계가 될 수밖에 없었다. 스윙아웃식 리볼버가 .38구경부터 .45구경으로 등급 상승을 이루고 매그넘탄을 발사할 수 있는 모델조차 등장했지만, 중절식 리볼버의 대부분은 대구경화를 이루지 못한 것이다. 결국 **자동권총**이 등장하면서 리볼버의 존재 자체가 계속해서 위협받게 되었고, 여기에 강도부족이라는 약점까지 안고 있었던 중절식 리볼버는 소수에게만 애용되다가 사라져 갔던 것이다.

원 액션으로 빈 약협을 배출한다

중절식 리볼버는 빈 약협을 배출하는 것이 간단하다!

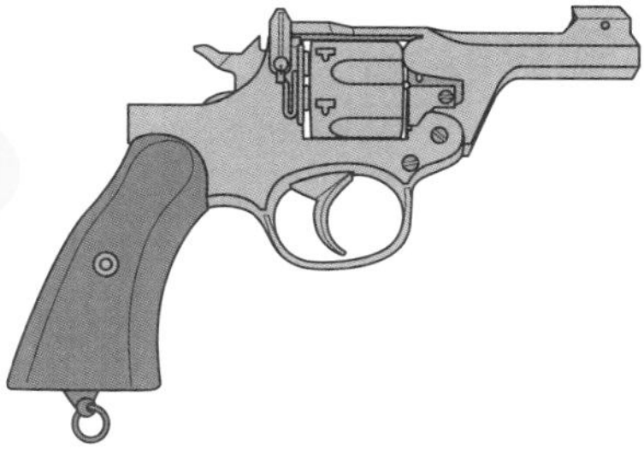

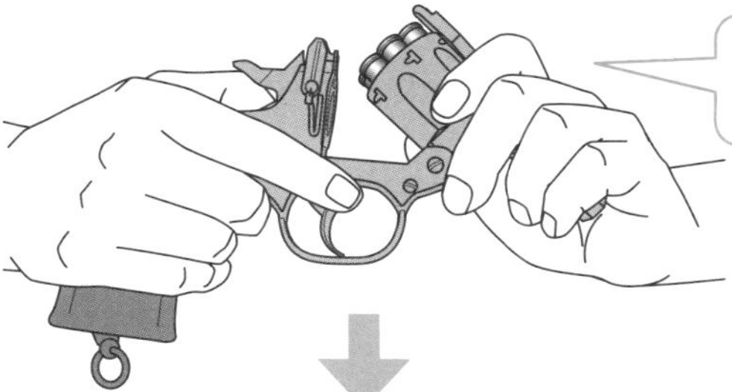

레버를 해제해서 실린더를 브레이크 오픈하면…

빈 약협이 알아서 배출된다!

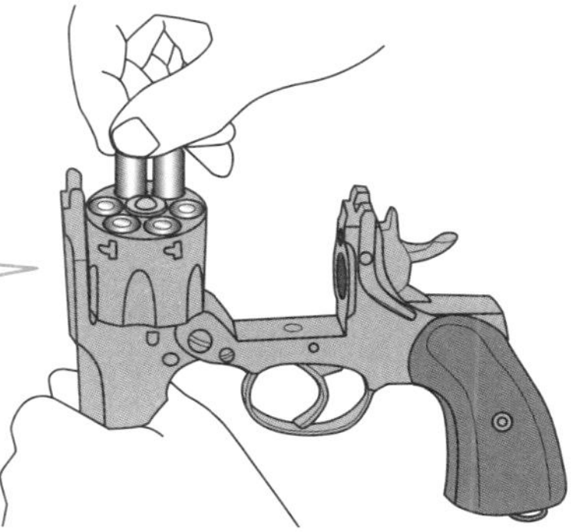

그 뒤 침착하게 재장전…

스피드로더를 사용하면 상당한 속도로 약협을 재장전할 수 있게 될지도 모르지만, 강도부족 등의 이유로 그다지 퍼지지 못했다.

원 포인트 잡학

S&W사의 .45구경 중절식 리볼버 「스코필드(Scofield)」와 같이, 대형 탄약을 사용하는 모델도 존재했지만, 역시 내구성의 문제로 스윙아웃식 리볼버에는 대항할 수 없었다.

No.061

적의가 없다는 사실을 상대에게 어필하는 방법은?

총격전 상대에게 항복할 뜻을 보이고자 한다면, 그것이 만약 "거짓"이라고 하더라도 양손을 올리고 적의나 저항의 의사가 없다는 점을 분명하게 보여줄 필요가 있다. 이때, 가지고 있었던 총은 어떻게 처리해야 할까?

●항복의 신호

항복의 표시로 가장 알기 쉬운 것은 "총을 땅에 내던지는 모습을 보여주는" 것이다. 하지만 그 총을 두 번 다시 사용하지 않는 것이 아니라면, 가능한 한 조심스럽게 다루고 싶다는 것이 사람의 마음일 것이다. 총을 던지면 조준은 흐트러지게 되고, 디자인에 따라서는 총신도 데미지를 입는다. 최악의 경우 격발이 될 우려까지 있다. 그렇다면 필연적으로 천천히 조심스럽게 발치에 내려놓거나 바로는 사용할 수 없는(쏠 수 없는) 상태를 어떻게 보여줄 것인지가 관건이 된다.

자동권총이나 **돌격소총**과 같이 탄창을 사용하는 총은 명확하게 전의가 없다는 점을 보여주기에는 "탄창을 빼내서" 보여주는 것이 가장 좋다. 물론 자동장전식(Automatic) 총기는 약실 안에 탄환이 있으면 쏠 수 있으므로, 탄창을 빼내도 약실에 남아있는 1발만큼은 쏠 수 있다. 옛날 드라마에서는 궁지에 몰린 등장인물이 자동권총의 탄창을 빼내서 보여주어 상대를 방심시키고는 약실에 남은 1발로 역전하는 장면도 볼 수 있었다.

그런 생각을 품고 있지 않다는 사실을 상대에게 어필하고자 한다면, 권총이라면 슬라이드를 후퇴시켜 홀드 오픈 상태로 하고, 라이플이라면 노리쇠를 후퇴 고정하여 빈 약실을 보여줌으로써 "약실 안에 탄약이 남아있지 않다"는 것을 보여줄 필요가 있다.

리볼버의 경우, 탄창이 존재하지 않으므로 탄창 대신에 「실린더」라고 하는 부품을 스윙아웃 해야 한다. 스윙아웃이란 「래치(Latch)」라고 하는 부품을 조작해서 실린더를 총의 왼쪽으로 흔들어서 빼고, 탄약을 넣거나 빼기 위한 동작이다. 총의 프레임과 실린더는 「요크(Yoke; 또는 크레인)」라는 부품으로 연결되어 있으므로 자동권총의 탄창처럼 총에서 완전히 떼어낼 수는 없겠지만, 이 상태에서 쏠 수 없는 것은 확실하므로 「항복」이라는 의사를 전달하기 좋은 수단 중 하나다.

적의가 없음을 나타내는 총의 형태

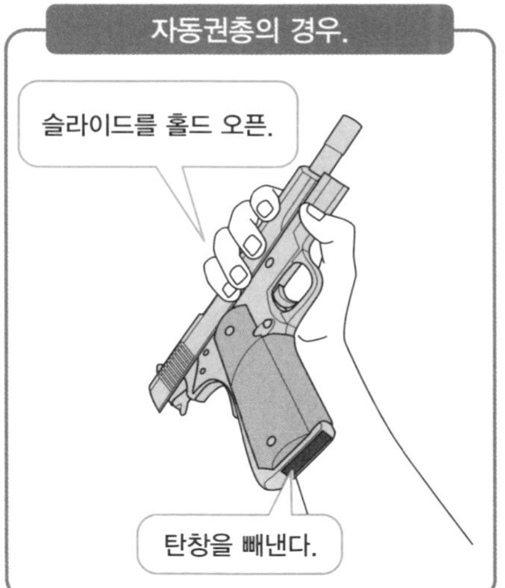

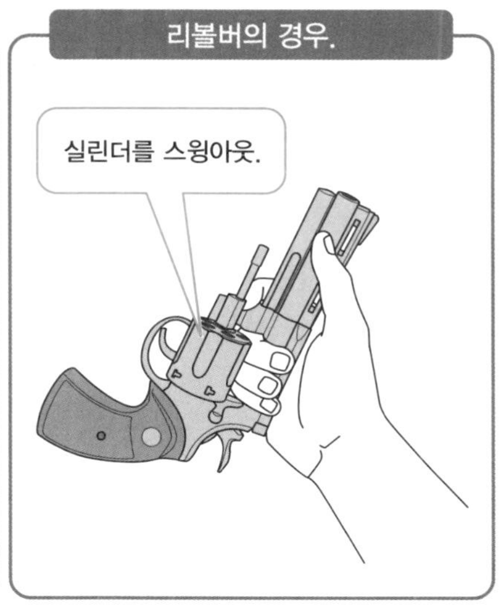

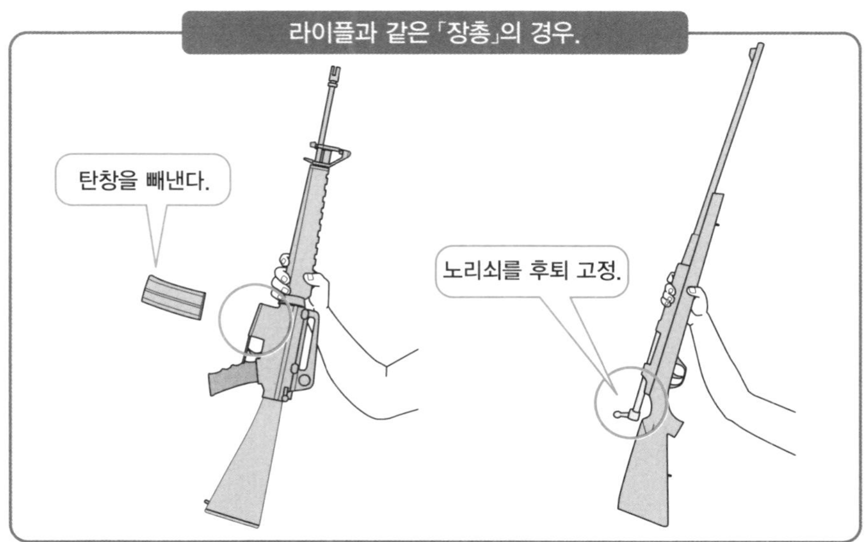

어떤 총이라도 「바로 쏠 수 없는 상태」임을 어필하기 위해 손잡이에서 손을 떼는 것은 기본.

원 포인트 잡학

총격전 직후의 총을 내세워 보여줄 때는, 총신이나 기관부 주변은 화약의 연소나 탄환의 마찰열에 의해 대단히 뜨거워져 있으므로 화상을 입지 않도록 주의하는 것이 좋다.

No.062

총격전에서는 완전 자동 사격이 유리하다?

완전 자동 사격이란 발사음을 「투타타타타타!」라는 식으로 표현하는 것에서 느낄 수 있듯이 「탄환을 연속으로 발사하는」 사격방식이다. 이와 반대로 방아쇠를 당기면 탄환이 1발밖에 발사되지 않은 방식을 「반자동 사격」이라고 한다.

●무분별한 완전 자동 사격은 엄금

반자동(Semi Automatic) 사격 vs. 완전 자동(Full Automatic) 사격의 경우, 평범하게 생각하면 완전 자동 쪽이 압도적으로 유리한 것처럼 보인다. 이쪽이 한 발 쏠 때 저쪽이 100발 쏜다면 전혀 상대가 되지 않을 터이니 말이다. 하지만 시점을 바꿔서 생각해보면 완전 자동 사격이기에 발생하는 불리한 조건이 있다.

완전 자동은 든든한 화력을 자랑하는 반면, 탄약을 소모하는 속도도 빠르다. **돌격소총(Assault Rifle)**이나 탄창급탄식 **기관총(Machine Gun)**은 장전수가 고작해야 20~30발. 많아도 50발 정도밖에 안 된다. 이것을 완전 자동으로 마구 쏴버리면 순식간에 탄약이 떨어지고 마는 법. 200~300발급의 대용량 탄창을 장착하거나 탄약을 벨트처럼 이어서 연속급탄하는 「벨트링크(Belt Link)」식 기관총이라면 탄약이 소진될 때까지의 시간을 연장하는 것도 가능하겠지만, 그렇게 되면 중량이 불어나서 사용하기 어려워진다.

탄약이 소진되었으면 탄창을 교환해야 한다. 탄창을 교환할 때는 탄환을 쏠 수 없을 뿐만 아니라, 적에게 기울였던 주의가 느슨해지기 때문에 "위험한 순간"이다. 따라서 가능하면 탄창을 교환하는 횟수는 줄이고 싶은 것이 총격전으로 향하는 사람의 솔직한 심정일 것이다.

게다가 휴대하는 탄약이나 예비탄창의 수에도 한도가 있다. 한계가 있는 자원을 수 초~수 분 안에 먹어치우는 완전 자동 사격을 활용하는 것은 장기전에는 별로 적합한 전투 방식이라고 할 수 없다.

여기서 사용되는 것이 「점사(點射, Interupted Fire)」라고 하는 테크닉이다. 여차할 때는 완전 자동 사격으로 적을 떨쳐버릴 준비를 하면서, 그렇다고 방아쇠를 계속 당기는 것이 아니라 탄약이 수발(2~3발) 나온 타이밍에서 손가락을 떼는 것이 이 테크닉의 핵심이다. 연사 제어(제한 사격이라고도)라고도 불리는 이 테크닉에는 훈련이 필요하기 때문에, 현재에는 「방아쇠를 가볍게 당기면 반자동, 강하게 당기면 완전 자동」으로 쏘는 총이나, 조정간을 사용하여 기계적으로 버스트 리미트 사격을 할 수 있는 총도 개발되어 군에서 사용되는 중이다.

완전 자동 사격의 특징

완전 자동 사격

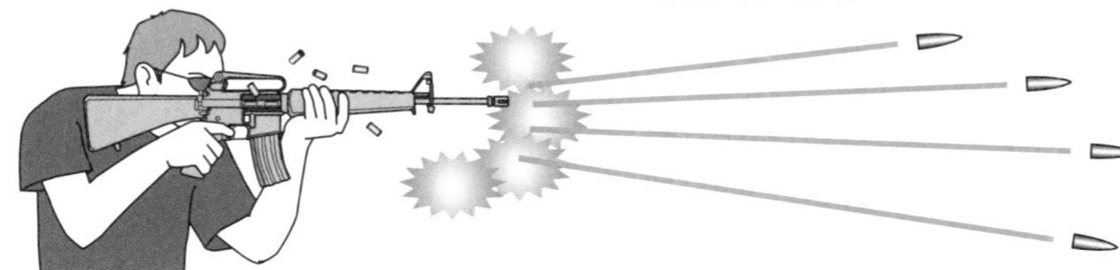

단위시간 대 탄수가 많은 「완전 자동 사격」 쪽이 유리하냐면…

완전 자동 사격은 탄약이 떨어지는 속도가 빠르다.

탄약이 소진되면 탄창 교환을 해야만 한다.

탄창 교환을 할 때는 아무래도 빈틈이 생길 수밖에 없다.

꼭 그렇다고 단언할 수는 없다.

「점사」 등으로 대표되는 버스트 리미트 사격의 테크닉이 이용된다.

원 포인트 잡학

일본의 육상자위대에서 사용되는 「89식 소총」도 기계적으로 버스트 리미트 사격을 하는 타입의 돌격소총이다.

No.063

기관단총 vs. 권총. 어느 쪽이 유리할까?

똑같이 「권총탄」을 사용하는 기관단총과 권총은 완전 자동 사격이 가능한지에 여부에 따라서 큰 차이를 보인다. 일부 권총 중에는 완전 자동이 가능한 모델도 있긴 하지만, 완전 자동 사격이 안 되는 기관단총은 존재하지 않는다.

●완전 자동 사격이 가능한 쪽이 유리……?

짧은 시간에 많은 탄환을 발사할 수 있는 완전 자동 사격은 기관총이나 돌격소총 등에도 있는 든든한 기능이다. 하지만 완전 자동 사격으로 탄환을 시원하게 퍼부을 때마다 탄창을 자주 교환해줘야 한다. 기관단총에 사용하는「권총탄」은 소총탄에 비해 작고 가벼우므로 많은 탄약을 휴대할 수 있기는 하지만 그것에도 한계가 있다.

또한 기관단총은 완전 자동 사격이 가능한 무기 중에서도 경량 콘셉트로 개발된 모델이 많다. 즉 대형 기관총과 비교했을 때 사격 시의 반동에 의한 명중률 저하가 더 쉽게 발생하게 된다.

그 때문에 기본적으로는 탄환을 마구 흩뿌리는—탄막을 펼치는 방식으로 사용할 수밖에 없다. 기관단총을 안정적으로 사용하기 위해서는 총의 안정성을 높여주는 개머리판(Stock)을 사용하고(이것이 장비되지 않은 기관단총도 많다), 예비탄창을 많이 휴대하며, 충분한 훈련을 쌓을 필요가 있다.

권총 쪽이 유리한 점은 역시 휴대성이나 은닉성일 것이다. 예비탄창을 휴대하는 것까지 포함해서 생각해보면 역시 권총을 선택하는 편이 부담이 적을 수밖에 없다.

1발의 명중 정밀도가 비교적 높다는 점도 유리하다. 애당초 기관단총은「탄막을 펼치는 것이 목적」인 총이므로 반자동 사격을 할 수 있는 모델이었다고 하더라도 명중 정밀도는 기대하기 어렵다. 최근에는 반자동 사격 시의 명중 정밀도가 높은 기관단총도 등장하고 있지만 그러한 모델은 고가인 경우가 많다.

반면 완전 자동 사격에는「우연한 명중탄(요행수)」이 발생할 가능성도 있어서 반자동 사격밖에 못 한다면 그러한 행운도 기대할 수 없다.

또한 기관단총용인 권총탄에 장약(화약)의 양을 늘린「강장탄」이라는 것이 있는데, 권총에 이런 탄약을 사용할 경우 그 압력을 견디지 못하고 슬라이드가 쪼개지면서 날아가거나 약실에 금이 가는 일도 있다.

기관단총 vs. 권총

다수의 적과 싸우거나 갑작스럽게 마주쳤을 때는 기관단총이 유리.
휴대성이나 허를 찌르는 공격을 노리기에는 권총이 유리.

기관단총의 특징

사용약협	권총탄
사이즈	중형
탄수	많음
명중 정밀도	중~저
완전 자동 사격	가능
방탄조끼	관통 불가

유리 「탄환을 흩뿌리는」 공격으로 적을 명중시킬 확률을 높일 수 있다(특히 갑작스럽게 적과 조우했을 때나 난전).

불리 탄약을 항상 많이 휴대하지 않으면 이점을 발휘할 수 없다.

권총의 특징

사용약협	권총탄
사이즈	소형
탄수	적음
명중 정밀도	중
완전 자동 사격	무리
방탄조끼	관통 불가

유리 예비탄창을 포함해서 「휴대성」이나 「은밀성」이 좋다. 단발 사격 시의 명중률이 높다.

불리 반자동 사격으로는 「우연한 명중탄」을 기대할 수 없다.

※ 위의 표는 어디까지나 표준적인 모델의 예. 「권총 사이즈의 기관단총」이나 「완전 자동이 가능한 권총」도 존재하고, 통상의 방탄조끼로는 막을 수 없는 탄환을 발사하는 「P90」이나 「토카레프」 등의 모델도 있다.

원 포인트 잡학

규제를 피하기 위한 제품이거나 개인의 커스텀 총기의 경우, 외견은 기관단총이지만 반자동밖에 되지 않는 모델도 존재한다.

No.064

권총으로는 소총을 당해낼 수 없다?

소총과 권총은 도무지 승부가 되지 않는다. 소총을 장비한 적과 권총 1정으로 싸우는 처지에 내몰리는 것은 "식칼 한 자루를 들고 일본도를 상대로 돌격하는"것과 같아서, 그야말로 「벌칙 게임」이라는 말이 잘 어울리는 상황이라고 할 수 있다.

●권총은 소총에게 있어 어린아이와 마찬가지

권총의 성능은 모든 면에서 소총에게 밀린다. "소총 쪽이 권총보다 먼 곳까지 닿는다(사거리가 길다)"는 사실은 총에 관해 빠삭하지 않더라도 상상할 수 있지만, 위력을 보더라도 비교가 안 될 정도로 차가 있다.

이것은 권총에 사용하는 「권총탄」과 소총용으로 사용되는 각종 「소총탄」이 전혀 다른 탄약이기 때문이다. 권총탄의 대략 2배 이상의 용적을 가진 소총 카트리지는 그만큼 장약(약협)을 잔뜩 넣을 수가 있어서, 권총용 카트리지보다 더욱 격렬한 기세로 탄환을 가속할 수 있다.

예를 들어 「엔진의 배기량이 적은 경차로는 평범한 자동차와 레이싱을 하더라도 당해낼 수가 없다」라고 해야 할까. 권총과 소총이 정면에서 싸운다고 치더라도, 권총의 사거리 밖에서 일방적으로 맞으면 곱게 끝나지 않을법한 총격을 무차별적으로 맞게 될 뿐이다.

만약 몸을 숨기면서 어떻게든 권총의 사거리 안으로 거리를 좁혔다고 하더라도, 소총탄의 파워는 어지간한 차폐물 따위는 쉽게 관통한다. 접근해봤자 전력의 격차는 좀처럼 좁혀지지 않을 것이다.

권총이 유리하다고 할 수 있는 점이라면, 「사이즈(작은 정도)」뿐이다. 평상복을 입고 있더라도 은밀히 가지고 다닐 수 있는 크기와 무게—휴대성이나 은밀성이라고 하는 부분이야 말로 권총의 강점이라고 할 수 있다. 좀 전의 「경차 vs. 일반 자동차」의 예를 적용하자면, 경차의 (좁은 길을 지날 때의) 기동력을 이용한 작전을 세웠을 때만 레이스에서 승리할 가능성이 생긴다는 말이 된다.

권총 1정으로 소총을 장비한 적과 싸우고자 할 때, 정면으로 상대해서는 승산이 없다. 눈속임, 허세, 기습 등 생각할 수 있는 모든 수단을 동원하지 않으면 안 된다. 예를 들어 총이 고장이 난 것처럼 가장해서 상대를 방심시키는 것과 같은 교활한 짓이라도 하지 않으면 이길 가망이 없는 것이다.

권총 vs. 소총

「탄환을 날려서 목표를 명중시키는 무기」로서의 성능은 소총이 압도적으로 유리.

하지만…

「자동차와 오토바이」와 같이 사용 전제가 다른 아이템을 단순히 비교하는 것은 무의미.

소총의 특징

사용탄약	소총탄
사이즈	대형
탄수	5~30발 정도
명중 정밀도	극대~대
방탄조끼	간단히 관통

유리 적의 사거리 밖에서 일방적으로 공격할 수 있다.

불리 숲이나 실내에서는 긴 총신이 방해가 된다.

권총의 특징

사용탄약	권총탄
사이즈	소형
탄수	6~18발 정도
명중 정밀도	중
방탄조끼	관통 불가

유리 가지고 다니기 쉽다. 피로가 적다.

불리 적의 탄환이 닿더라도 이쪽의 탄환은 닿지 않는다. 위력이 약하다.

양쪽은 서로의 결점을 보완할 수 있기 때문에 주 무기로 소총을, 보조 무기로 권총을 가지고 다니면 안심.

원 포인트 잡학

권총 vs. 소총과 같은 이유로, 기관단총(권총탄 사용)과 기관총(소총탄 사용)을 비교했을 경우에도 기관총이 기관단총의 성능보다 압도적으로 우수하다.

No.065

돌격소총과 일반 소총을 비교하면?

소총이란 옛날부터 사람보다 강인한 야생동물을 사냥하기 위해 사용되었으며, 병사들의 주 무기로도 사용되고 있다. 돌격소총은 제2차 세계대전 이후에 등장한 비교적 새로운 카테고리의 총이지만, 그 우열을 가리기는 쉽지 않다.

●같은 「소총」이라도…

우선 양쪽을 비교하기 위해 돌격소총(Assault Rifle)을 「소구경; 고속탄을 사용하는 완전 자동 사격이 가능한 소총」, 그 이외의 소총을 「대구경; 긴 사거리의 탄약을 사용하는 볼트 액션, 혹은 반자동식 총」으로 지정을 해두겠다.

일단 눈에 띄는 것은 탄약의 차이이다. 돌격소총용 탄약은 「단소탄(短小彈)」이라고 불리며, 볼트 액션 소총(Bolt Action Rifle)이나 자동소총(Automatic Rifle)에 사용되는 「풀 사이즈」 소총탄에 비해 소형으로 만들어져 있다. 작은 탄약은 위력이 떨어지는 대신에 많은 탄약을 가지고 다닐 수 있기 때문에, 필요할 때 주저 없이 탄막을 펼칠 수 있다. 그에 비해 풀사이즈 탄은 사이즈가 크기 때문에 총에 넣을 수 있는 탄수(장탄수)가 적다. 예비탄을 휴대하기에도 탄약 하나가 제법 무게가 나가기 때문에 그다지 많이 가지고 다닐 수는 없다. 위력이야 더할 나위가 없겠지만, 역시 「휴대할 수 있는 탄약이 적다」는 사실은 불안할 수밖에 없다.

사거리는 물론 단소탄을 사용하는 돌격소총 쪽이 짧다. 그 때문에 전투 구역은 중/근거리로 한정될 수밖에 없지만, 대신 완전 자동 사격으로 상대를 견제하면서 신속하게 거리를 좁힐 수 있다(예비탄을 잔뜩 휴대할 수 있다는 이점을 여기서 살릴 수 있다). 그런 돌격소총을 요격하기 위해서는 “선수를 쳐서 사거리 밖에서 상대를 저격”해버리는 것이 최선이다. 여기서 일부러 완전 자동 사격을 하도록 유인하여, 탄창을 교환하는 순간을 노리는 방법을 생각해볼 수 있다. 물론 상대는 차폐물에 숨겠지만, 풀사이즈 소총탄은 「튼튼한 재료로 속이 꽉 차있지 않은 아닌 벽이나 문」 정도는 쉽게 관통한다.

단발(반자동)과 연사(완전 자동)를 상황에 따라 조합하여, 풍부한 탄수로 밀어붙이는 돌격소총. 긴 사거리와 높은 위력으로 압도하는 볼트액션 소총이나 자동소총. 어느 쪽도 총격전에서는 최상급의 총기이며, 총기 자체의 우열은 일장일단이 있어, 어떤 총이 더 좋은지 딱 잘라서 말하기는 어려운 것이 사실이다.

일반적인 소총과 돌격소총의 차이

소총을 「전투용」에 특화시킨 것이 돌격소총.

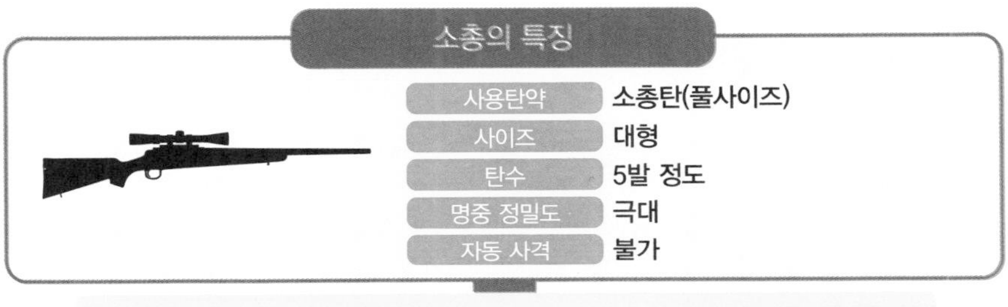

유리 긴 사거리와 높은 명중 정밀도.

불리 탄수가 적고 사이즈가 너무 크다.

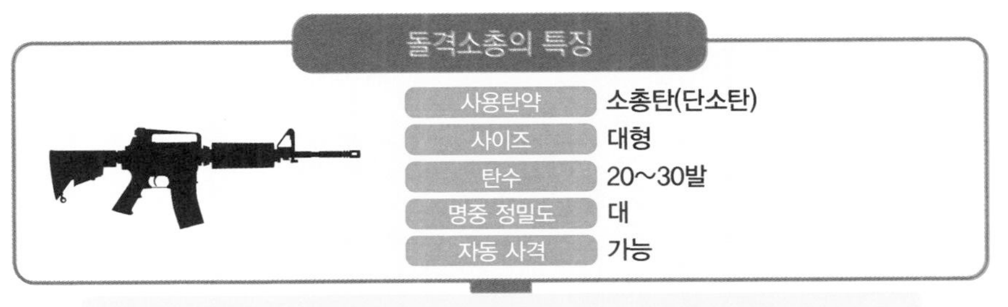

유리 완전 자동 사격이 가능하고, 탄창 교환도 간단.

불리 소총보다 사거리나 위력이 떨어진다.

중근거리 총격전 = 군대에 적합

저격 성능으로 보자면 소총이 우세하지만, 종합적으로 보자면 사용 용도가 다양한 돌격소총도 밀리지 않는다.

원 포인트 잡학

특수부대의 팀이나 군대라면 다른 멤버가 서포트를 해주므로 문제는 되지 않지만, 단독으로 행동해야만 하는 상황에서는 저격과 완전 자동에 의한 탄막을 둘 다 해낼 수 있는 돌격소총 쪽이 메리트가 있을지도 모른다.

'짐'이 딸린 상황에서 총격전이 발생하면

픽션의 주인공은 "독자나 시청자의 호감을 얻을만한 존재여야 한다"라는 견해가 있다. 그들은 가혹한 총격전이 한창일 때도 약자를 지켜야만 하고, 생과 사의 경계에서 그들을 데리고 다니며 살아 돌아오지 않으면 안 된다.

또한 이러한 생각은 정면에서 대립하는 존재—어둠의 회사나 인생의 뒷골목을 걷는 자가 주인공이었을 때도 약자를 내버려서는 안 되는 케이스도 있다. 그것은 보수가 필요하거나 몸값이 필요한 것과 같이 물질적인 사정이거나, 보수가 적에게 넘어감으로써 자신이 위험에 빠질 위험성을 배제하고 싶은 경우 등이 그렇다.

"지키기 위한 싸움"이라고 하는 것은 일본인들이 선호하는 글귀이지만, 현실적으로 봤을 때 총격전 속에서 약자라는 존재는 「걸리적거리는 존재」이거나 「방해꾼」밖에 되지 않는다. 자신의 목숨이 걸린 상황이라면 더더욱 그렇다. 그리고 약자 중에서도 평범한 수단으로는 어떻게 하기 힘든 것이 어린아이와 여성이다. 어린 아이는 투정을 부리거나 떼를 쓰고, 여성은 패닉을 일으켜서 새된 목소리를 낸다. 결과적으로 적에게 발견당하거나 언성을 높인 끝에 궁지에 빠지게 된다. 이러한 소란은 위기감을 연출하거나 이야기를 풀어나가는데 안성맞춤이므로, 드라마에서는 「주인공 측이 극복해야 할 장해」로서 묘사되는 것이 정석이 되었을 정도이다(물론 현실에는 「방해가 되지 않는 견실한 아이나 여성」도 존재하지만, 그래서는 이야기의 긴장감이 고조되기 어렵기 때문에 픽션에서는 그다지 자주 사용되지 않는다).

주인공이 팀으로 움직이고 있고 머릿수에 여유가 있을 경우, 곧잘 사용되는 것이 「제비뽑기로 누군가 한 명을 뽑는」 방식이다. 제비뽑기에서 뽑힌 불운한 멤버는 걸리적거리는 존재의 「수호자」로 붙여둔다. 수호자는 주위의 색적과 적을 향한 응사에만 전념하고 팀의 머릿수는 세지 않는다. 그들과 총격전에서 격리시킴으로써, 다른 멤버는 전투에 집중할 수 있게 된다.

동료 없이 자신 혼자서 걸리적거리는 존재를 데리고 다녀야 하는 상황에 처했을 경우, 사태는 한층 더 심각해진다. 해야만 하는 일이 급격하게 늘어나기 때문이다. 어떤 초인이라도 몸 하나만으로 할 수 있는 일에는 한계가 있다. 그렇기 때문에 걸리적거리는 존재에게도 초보 나름대로 할 수 있는 일을 해서 부담을 덜어주길 바라게 될 때도 있다. 예를 들어 다 써버린 빈 탄창에 총탄을 다시 채워 넣는 일을 시킨다거나, 미끼가 되어 적을 끌어내는 등의 일을 말이다. 하지만 그러한 행동을 기대할 수 없기 때문에 그들은 "걸리적거리는 존재"라고 불린다. 게다가 이러한 일은 나름대로 「대담한」 구석이 없으면 실제로 실행하기는 쉽지 않은 일이기도 하다.

어느 쪽이든 걸리적거리는 존재를 데리고 돌아다니는 처지가 된 목적이나 사정(적지에서 탈출한다거나, 정보를 손에 넣기 위해서라거나)이 있을 수밖에 없다. 따라서 여기서 살아남기 위해서는 가능한 한 전투는 피하고 치명적인 데미지를 받기 전에 최대한 빨리 목적을 달성하는 것이 최선일 것이다.

제 4 장

응용 편

—한 걸음 더 들어간 테크닉—

No.066

갑작스러운 총격전이 벌어졌을 때 유의해야 할 점은?

총격전에는 「이제부터 시작된다」와 같이 미리 조짐이 있는 것은 아니다. 돌발적으로, 그리고 일방적으로 휘말리는 것이 대부분이다. 모름지기 총잡이라면 평소에 정비와 마음의 대비를 충분히 해둘 필요가 있을 것이다.

●언제든지, 어디서든지

어떤 장소나 타이밍에서 총격전이 시작되었다고 하더라도, 무기—총이 없다면 도망치거나 숨는 등의 소극적인 행동을 취할 수밖에 없다. 몸을 지키는 것도 반격하는 것도 총이 없으면 할 수 없기 때문에 총은 어떤 때라도 몸에 지녀야 하는 것이다.

일상생활에서 휴대할 수 있는 총으로는 의복 안쪽이나 가방 등등에 숨겨서 가지고 다니기 쉬우면서 실내나 좁은 장소에서도 사용하기 쉬운 **권총**이 좋다.

선택한 총이 **자동권총**이라면, 처음 1발(첫 탄)을 장전한 뒤에 안전장치를 걸어 격발하지 않도록 해둔다 **리볼버**는 첫 탄을 장전하거나 안전장치를 거는 준비를 할 필요 없이 바로 꺼내서 방아쇠를 당겨 쏘면 된다는 장점이 있지만, 탄약을 6발 전후밖에 넣을 수 없다는 단점이 있다). 가능하면 총을 단단히 고정시킬 수 있는 홀스터를 준비하여 재빠르게 뽑을 수 있도록 연습해두는 것이 좋다.

총격전에서 중요한 것은 "탄환에 맞지 않는" 것이다. 언제 총격전이 일어나도 재빠르게 대응할 수 있도록, 무엇을 하고 있더라도 「몸을 숨길 수 있는 장소」를 미리 점찍어둔다고 해서 손해 볼 것은 없다. 거동수상자로 오인되어 신고당하지 않도록 충분히 주의를 기울이면서 자연스러운 행동거지로 시선을 분산시키는 것이다.

또한 의자에 앉거나, 자동차에 탑승하는 등의 이유로 몸의 움직임이 제한될 가능성이 있을 때는 상의의 버튼이나 홀스터의 물림쇠를 풀어두는 꼼수를 사용해도 된다. 물론 이것은 권총을 쉽게 뽑을 수 있도록 미리 준비해두기 위함이다.

총의 선정, 휴대 방법, 일상적인 주위의 관찰…. 이러한 준비를 실속 있게 하기 위해서는 총의 정비나 조정은 빼놓을 수 없다. 중요할 때 총이 고장 난다거나 탄환이 엉뚱한 방향으로 날아가서야 아무리 대비를 잘했다고 하더라도 수포로 돌아가게 될 테니 말이다.

난장판이 시작되기 전에

전장은 둘째 치고 일상 속에서 「총격전에 대비」하고자 한다면 휴대하기 쉽고 좁은 장소에서도 다루기 쉬운 **권총**이 적합하다.

총기에는 어떤 준비를 해두는 것이 좋을까?

항상 첫 탄은 장전해둔다.

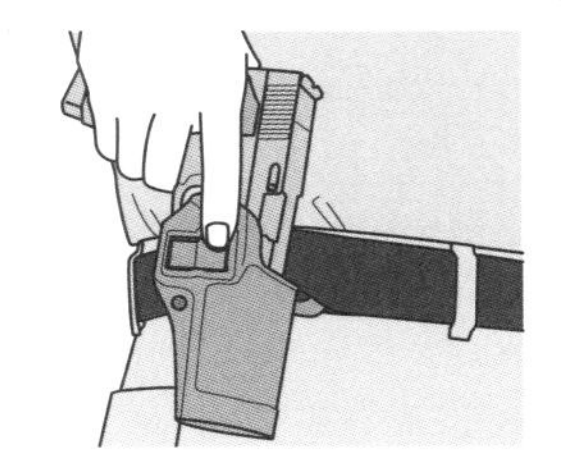

항상 첫 탄은 장전해둔다.

총격전에 대비해서 해야 할 행동이란?

몸을 숨길 수 있는 장소를 점찍어둔다.

필요하다면 상의의 버튼이나 홀스터의 물림쇠를 풀어둔다.

물론 평상시부터 「총을 정비하거나 조정」을 게을리 하지 않는 것은 필수사항이다.

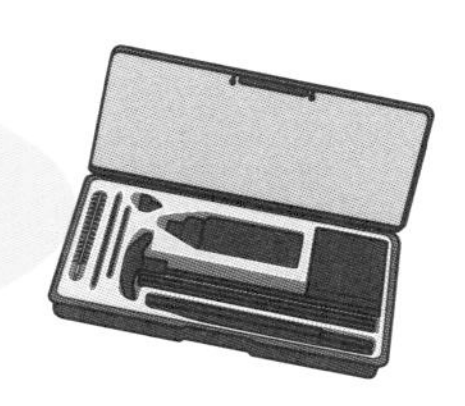

원 포인트 잡학

아무리 「재빠르게 총을 뽑을 수 있는 상태」라고 하더라도 빨리 쏘기 경기에서 사용할 법한 홀스터는 생활 동작 안에서 총을 고정시키기 어렵다. 가능하다면, 물림쇠나 잠금 기구를 갖춘 타입을 준비해두어야 할 것이다.

No.067

1대1 총격전에서 승리하려면?

건파이터라면 좋든 싫든 간에 이해가 대립하는 상대와 1대1 승부를 해야 하는 순간이 온다. 이때 이쪽에 맞서는 것이 실력이 뛰어난 경호원이거나 청부 살인업자일 때 승리해서 살아남기 위해서는 실력 이상의 것이 필요해진다.

●뽑지 마라 . 어느 쪽이 더 빠른지 시험해보자

1대1 건파이트는「서부극의 결투」처럼 한순간에 승부가 결정되는 것부터,「매트릭스」나 오우삼 감독의 영화들처럼 탄약이 전부 소진될 때까지 서로 총격전을 벌이고 그 뒤에도 총격전이 계속되는 패턴까지 다양하다. 대부분은 적의 본거지 = 표적이 명확해서 적을 향해 정확하게, 그리고 재빠르게 탄환을 퍼부을 수 있는지에 따라 승패가 달라진다.

재빠르고 정확한 사격을 하는 것은 기량뿐만이 아니라 보통 사람과는 다른 집중력이 필요하다. 자신과 기량이 같은 가진 자와 싸워서 승리하고 싶다면, "자신은 집중력을 얼마나 유지하면서, 상대의 집중력을 얼마나 어지럽힐 수 있는지"가 승리의 열쇠가 된다.

인간이란 모름지기 예상 밖의 사태에 직면하면 집중력을 계속 유지하기가 어려워지는 법이다. 상대가 갑자기 쓰러져서 땅바닥을 데굴데굴 구르면서 사격해온다면, 한순간에 집중력이 흐트러지면서 조준하기 어려워질 가능성도 있다. 심지어는 상대가 바람이 불어오는 쪽에서 모래를 발로 차서 시각을 차단한다거나, 이쪽이 미처 알지 못했던 충격적인 얘기를 주절주절 늘어놓는 바람에 평정을 잃을지도 모른다.

인간이란 죽으면 거기서 끝. 살아남기 위해서라면 무슨 짓을 해도 정당화될 거라고 생각하는 자는 적지 않다. 적의 교활한 수단에는 이쪽도「같은 방식」으로 대응해서 다시 대등한 상태로 만들던지, 얼굴에 철판이라도 깔아서 포커페이스로 대응하는 수밖에는 없을 것이다.

하지만 이처럼 서로가 보이는 위치에서「동전이 떨어지는 것을 신호」로 시작하는 건파이트 만이 1대1 싸움인 것은 아니다. 서로 몸을 숨긴 상태에서 시작되는 경우도 있으며, 리얼한 상황이 되면 오히려 그러한 케이스가 더 많을 정도다. 이와 같은 상황에서는 자신의 위치를 간파당하지 않도록 조심하면서 먼저 적을 발견해서 허를 찔러 필살의 일격을 꽂아 넣는 것과 같은,「총격전에서 1대 다수를 상대로 하는 전술」을 그대로 응용하는 것이 가능하다.

1대1의 총격전

한순간에 승부가 결정 나는 것

예 : 서부 영화의 결투

시간이 걸리는 것

예 : 최근 액션 영화

어느 쪽이든…

이미 「적이 있는 곳」은 파악했다.

관건은 「집중력을 유지하면서」 얼마나 빠르고 정확하게 탄환을 꽂아 넣는가 하는 것.

기량이 비슷한 달인끼리의 승부(특히 픽션)에서는…

케이스 1 누군가가 기책을 사용했다.

「말도 안 되는 움직임으로 상대를 혼란시킨다」
「급소에 방탄장비」
「몰래 자신의 총이나 탄약에 손을 써둔다」

케이스 2 예측하지 못한 사태가 일어났다.

「바람이 불어서 눈에 먼지가 들어갔다」
「지병으로 발작을 일으켰다」
「I'm your father.」

이러한 이유로 승패가 갈리는 케이스가 많다.

원 포인트 잡학

실제로는 「총신의 마모나 탄약의 트러블 등의 문제가 총에서 발생」해서 승부가 판가름 나는 일이 많았다. 그 때문에 숙련된 총잡이일수록 미리 총을 정비하는 일을 중요시하게 되었다.

No.068

총탄에 맞지 않기 위해서는?

인간은 탄환보다 빨리 움직일 수 없다. "탄도를 파악해서 재빠르게 피하는" 것과 같은 곡예를 할 수 없는 이상, 탄환에 맞지 않기 위해서는 절대적인 부분에서 피탄율을 내리는 방법—다시 말해, 적이 조준을 잘하지 못하도록 하는 수밖에 없다.

●엎드릴 것인가 움직일 것인가

일반적인 척도로 생각했을 경우, 같은 거리라면「커다란 표적」보다「작은 표적」이 탄환을 명중시키기 어렵다. 즉 적의「표적」이라 할 수 있는 자신은 멍청히 서 있는 것보다 옆으로 서 있는 편이「적이 바라봤을 때의 면적(표적의 사이즈)」을 줄일 수 있다는 말이다. 몸을 숙이면 사이즈는 한층 더 작아지고, 지면에 엎드리면 상당히 명중시키기 어려운 표적이 될 것이다. 그러므로 총으로 겨냥 당했을 경우, 어쨌든 반사적으로「엎드린다 = 자세를 낮춘다」는 점은 확실히 숙지해둘 필요가 있다.

자신을 향해 총을 겨누고는 있지만, 쏘는 것을 망설이는 상대에게는 일부러「움직이는」행동을 취함으로써 의표를 찌르는 것도 한 방법이다.

서로의 거리가 어느 정도 벌어져 있는 상황이라면, 상대가 총을 쥐고 있는 방향으로 냅다 뛰어가는 방법이 쓸 만하다. 즉, 상대가 오른손에 총을 들고 있을 경우「상대의 오른쪽으로 달려가는」형태가 되겠지만, 이것은 상대의 팔이 벌어지면서 총을 겨누는 자세가 불안정해지고, 그 결과 조준을 하기 어렵게 만들 수 있기 때문이다.

이때, 조준은 적당히 해도 상관없으므로 몇 발인가를 발포하면서 움직이는 것이 좋다. 걸어가거나 달리면서 사격해도 좀처럼 맞지 않겠지만, 탄환이 근처를 스치기만 해도 적도 그만큼 몸을 사리게 된다. 이 경우의「발포하면서 이동」하는 것은, 말하자면 자신을 위한 Self 엄호 사격의 역할을 다하고 있다고 봐도 된다.

어떤 상황이라도 일단 총으로 위협을 받는다면, 그 다음 순간에 운명이 결정되는 일이 많다. 엎드려서 위기를 넘길 것인가? 아니면 달려가면서 반격할 것인가. 하지만 어떤 행동을 하더라도 판단은 순간적으로 해야 하며 한번 결정하면 주저해서는 안 된다. 그리고 가장 성공할 확률이 높은 행동을 전력으로 망설임 없이 실행하는 것이 중요하다고 할 수 있다.

탄환에 맞지 않도록 하려면

인간은 탄환보다 빠르게 움직일 수 없다.

적의 명중률을 떨어뜨리면 상대적으로 「탄환이 잘 맞지 않게 된다」.

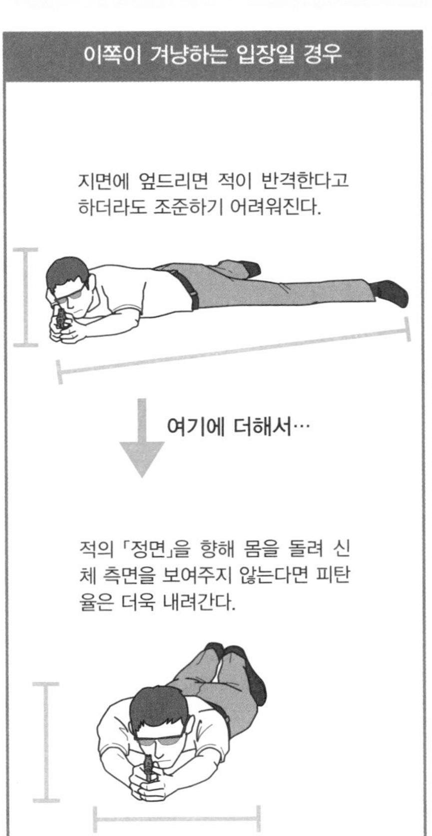

어떤 액션을 실행한다고 하더라도 판단은 한순간에, 선택했거든 망설이지 말고 행동하라!

원 포인트 잡학

걷거나 뛸 때 머리나 팔은 격렬하게 흔들린다. 이동간 사격(Shoot On Move)을 할 때는, 흔들림을 최소한으로 억누르면서 총구의 높이나 각도를 일정하게 유지할 필요가 있다.

No.069

1대 다수의 총격전에서는 어떻게 싸워야 할까?

픽션에서는 주인공이 총을 든 적의 집단에게 습격당하거나, 쫓기는 일이 많다. 또한 스토리 종반에는 주인공이 장비의 정비를 마치고는 적이 잔뜩 모여 있는 아지트에 쳐들어가 역습을 하는 경우도 있다.

●혹은 소수 대 다수일 때의 기본전술

단독 vs. 집단의 총격전이라는 시추에이션은 영화 등의 클라이맥스에서 곧잘 볼 수 있는 패턴이지만, 여기서 가슴에 새겨둬야 할 사실은 "다수의 적을 상대로 정면에서 싸워서는 승산이 없다"는 사실이다.

특히 조심해야 하는 케이스가 자신이 숨은 곳을 간파 당하게 되는 것이다. 무엇보다 상대편은 많고 이쪽은 적다. 10명도 안 되는 적이 이쪽의 발목을 붙들고 그사이에 퇴로를 차단하거나 배후나 측면에서 기습을 거는 것도 가능하다. 이쪽이 단독인 이상 포위당해버린다면 반격도 도주도 어려워진다.

그러한 실수를 범하지 않도록 아무리 사격에 자신이 있더라도 같은 장소에 머물러서 사격을 계속하는 행동은 피하는 게 현명하다고 할 수 있다. 물론 총을 쏘면 이쪽의 존재는 소리나 빛 때문에 들키게 되므로, 바로 이동하여 몸을 숨기고 적에게 빈틈을 주지 않도록 신경 써야만 한다.

동시에 주의해야 할 점이 탄약의 보충이다. 한 명이 휴대할 수 있는 탄약이나 예비탄창의 수도 한도가 있다. 적이 다수인 이상 탄약이 많이 필요하게 된다는 점은 물리적으로 피할 수 없다. 미리 어딘가에 보급지점을 준비해둔다면 안심이지만, 세상만사가 그렇게 마음먹은 대로 돌아가지는 않는 법이다.

극단적으로 말하자면, 1대 다수의 총격전이 된 시점에서 「상대를 전멸시키는 것과 같은 승리의 형태」는 있을 리 없다고 생각하는 쪽이 좋다. 상대가 초보이고 1명씩 따로따로 공격해온다거나, 자신이 개틀링 포를 가지고 있는 사이보그라도 된 다면 희망은 있을 것이다. 하지만 개인 단위의 전력이 거의 같은 수준인 데다 상대는 훈련받은 집단이라거나 무전기 등의 통신수단을 갖추고 있을 경우라면 일단 승산은 없다. 그럴 경우, 전력으로 「상대를 혼란시키는」 행동에 주력하면서 서둘러 목적을 달성하거나 퇴각하는 것이 현명할 것이다.

1대 다수의 총격전

영화 등에서는 이러한 시추에이션은 일상다반사.

정면에서 싸워봤자 승산은 없다.

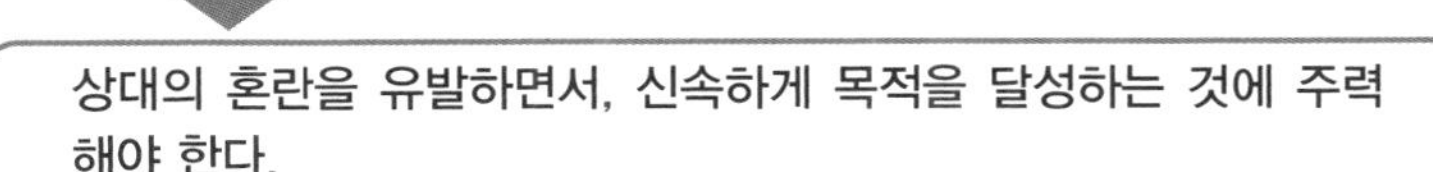

다수를 상대할 때 금물인 행위

· 자신이 숨은 곳이 발각되는 일.
· 탄약 부족 및 그것을 간파당하는 일.

몸을 숨겼으니 일단 안심이지만 위험해서 머리를 내밀 수가 없으니 적의 움직임도 파악할 수가 없어.

튼튼하고 안전한 차폐물을 발견해도 경우에 따라서는 역으로 시야가 좁아지고 적의 접근을 허용하고 마는 경우가 있다. 그러므로 한 곳에 오래 머무르는 것은 금물이다.

원 포인트 잡학

다수를 상대할 때는 적이 어디에서 나타날지 알 수 없으므로 「총의 잔탄이 0이 되는」 순간을 만들지 않는 것이 중요해진다. 리볼버라면 실린더의 탄약을 전부 소진하기 전에 보충하고, 자동장전식이라면 약실에 탄약을 한 발 정도는 항상 남겨두자.

No.070

엄호사격을 효과적으로 하는 방법은?

「엄호를 바란다」라는 말을 남기며 적진에 뛰어 들어가는 인물을 남겨진 아군이 지원한다. 그들의 엄호 사격이 목적을 달성하는데 도움이 될지 어떨지는 그 타이밍과 밀도에 달려있다.

●무리하게 「조준하고 쏠」 필요는 없다

엄호사격에도 이론이 있어서, 그저 무턱대고 쏜다고 큰 효과를 거두어들일 수 있는 것은 아니다. 아군이 총에 맞기 전에 적 전원을 사살할 수 있다면야 더할 나위 없겠지만, 적이 잠자코 보고만 있지는 않을 것이다. 여기서 생각해야 할 것은 얼마나 「적을 잘 괴롭힐 수」 있는가이다.

적이 동료를 노리고 있다면 조준을 방해하면 되고, 유리한 포지션으로 이동하려고 한다면 이동하지 못하도록 발목을 붙잡으면 된다. 직접 조준해서 탄환을 맞힐 수는 없더라도 적이 목적을 달성하지 못 하게만 해준다면 OK다.

적이 차폐물에 숨어있는 경우, 벽이나 천장 등의 각도를 계산에 넣어서 도탄을 이용해서 탄환이 날아가도록 하자. 그것이 "절대로 탄환이 맞을 리가 없는" 각도이거나 상황일지라도, 주위에 유탄이 마구 튀는 상황이라면 침착하게 조준할 수 없게 될뿐더러 탄창을 교환하는 속도도 둔해질 수밖에 없을 것이다.

적이 머릿수가 많고, 차폐물에서 얼굴을 내민 순간에 집중포화에 노출될 것 같은 상황이라면, 조준을 제대로 하지 않더라도 차폐물에 숨어서 「총만 내밀고」 쏘는 것도 나쁘지 않다. 그동안에 아군이 목적을 달성하는데 한 걸음이라도 가까워질 수 있다면 그것 또한 훌륭한 엄호사격이 될 수 있기 때문이다.

이러한 엄호를 수행할 때는, 가능한 한 「끊임없이」 수행하는 것이 이상적이다. 그것도 물론 단순히 "계속 사격하라"는 의미가 아니라, 상대가 침착히 조준할 틈을 주지 말라는 의미에서다.

엄호하는 멤버가 한 명이 아니라면, 교대로 탄창을 교환하도록 해서 엄호가 도중에 끊어지지 않도록 주의해야 한다. 불행하게도 엄호역이 한 명 뿐이라고 할지라도, 사격에 완급을 조절하면서 적에게 리듬을 읽히지 않는다면 어느 정도 효과를 기대할 수 있을 것이다.

엄호 사격 = 견제 사격

효과적인 「엄호사격」이란, 단계적으로 사격하면서 상대를 차폐물에서 벗어나지 못하게 발을 묶는 것.

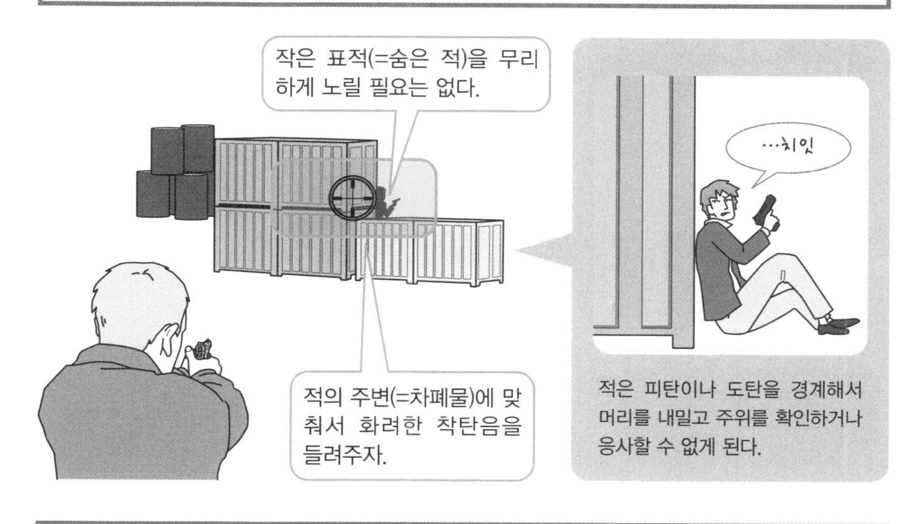

「사격에 완급을 주는」 것과 같은 꼼수를 사용해서 적에게 리듬을 읽히지 않도록 해주는 것도 중요.

원 포인트 잡학

적을 살상하는 데 집착하지 않고 그 자리에 발목을 붙잡는다거나 가기를 원하는 방향으로 유도하는 테크닉을 「제압사격」이라고 하는데, 이것은 엄호사격과 같은 수단으로 실행된다.

No.071

적의 총을 빼앗아 사용할 때 주의할 점은?

민간인을 가장해서 적진에 침입하거나, 적에게 붙잡힌 상태에서 탈출을 시도할 경우, 성공할 확률을 높이기 위해서라도 무기—가능하면 총—를 조달해야 한다. 가장 빠른 것은 「적에게서 빼앗는」 것이지만, 그러기 위해서는 세심한 주의가 필요하다.

●사용하기 전에 체크하는 것을 잊지 말자 . 죽고 싶지 않다면

적의 총을 빼앗는 상황에서 우선 생각할 수 있는 것은, 총을 들고 습격해온 적을 어떠한 수단을 사용해서 역으로 공격하는 경우이다. 이 경우, 적이 좀 전까지 사용했던(혹은 사용하려고 했던) 총을 손에 넣게 된다.

가장 먼저 확인해야 하는 것은 「약실에 탄환이 장전되어 있는가?」이다. 약실이 비어있다면 우선 슬라이드를 조작하거나 코킹 레버를 당겨서 첫 탄을 장전하자. 다음으로 탄창 안의 탄수를 확인해야 한다. 가능하면 탄창을 빼서 잔탄을 정확하게 파악해서 적을 얼마나 상대할 수 있는지 가늠해봐야 한다. 손에 넣은 총이 리볼버라면 실린더를 스윙아웃 하여 정확한 잔탄을 확인해야 할 것이다.

죽이거나 기절시켜서 무력화한 적에게서 총을 빼앗을 경우, 홀스터 등에 수납된 것을 획득하는 케이스도 생각해볼 수 있다. 이 경우도 「약실에 탄환이 장전되어 있는가?」를 확인하는 것은 물론, 안전장치가 어떤 상태로 되어 있는지도 체크해야 한다.

무기를 보관하는 창고나 적의 간부가 사용하고 있었던 책상 서랍 등도 총기를 입수할 수 있는 대표적인 장소 중 하나다. 물론 손에 넣은 총이 장기간 방치되었을 가능성도 있으므로, 각 부분의 작동 체크는 정성 들여 해야 한다. 총을 보관할 때는 탄약을 빼두는 것이 일반적이므로 들떠서 그대로 다음으로 나아가지 않도록 주의할 필요가 있다. 탄약이나 예비 탄창은 가까이에 있는 사물함이나 서랍 등에 한꺼번에 보관된 일이 많으므로 잊지 말고 확보해두자.

실제로 거기까지 했다고 하더라도 새것이 아닌 한 "시체가 품고 있었던 총" 같은 것은 찜찜한 점이 많아서 그대로 쓰기에는 거부감이 드는 것이 사실이다. 와이어 등으로 작동하는 폭탄은 말할 것도 없고, 총신에 모종의 세공을 해두거나 탄약을 슬쩍 바꿔놓아서 폭발하도록 잔꾀를 부려놓는 등, 각종 부비트랩을 설치하기에는 최적의 장소이기 때문이다. 그러한 맥락으로 보자면 홀스터 등의 속에 수납되어 있었던 총이라고 해도 안심할 수는 없다.

적의 총을 빼앗아서 사용할 때의 주의 사항

「적의 총을 사용하는」 상황은 몇 가지가 있지만…

조금 전까지 사용했던 총을 빼앗은 경우.

약실에 탄환이 남아 있는지를 확인.

탄창 안의 잔탄을 확인.

홀스터 등에 수납되어 있던 탄약을 빼앗은 경우.

안전장치의 상태를 확인(필요하면 해제).

첫 탄이 장전되어 있는지 확인.

서랍이나 창고 등에 있었던 총을 빼앗은 경우.

외부 동작을 체크해서 고장 나지 않았는지를 확인.

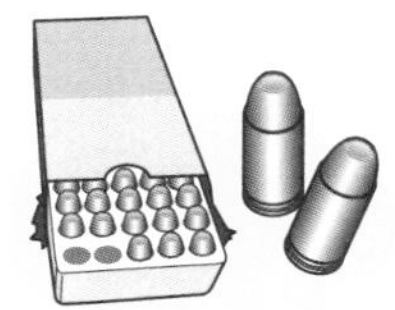

근처에 있는 사물함 같은 곳에 탄약이나 탄창이 수납된 경우가 많으니 잊지 말고 확보.

원 포인트 잡학

함정일 가능성이 제로라고 하더라도 「전장에서 주운 총 같은 것은 찝찝해서 쓸 수가 없다」는 말 자체는 틀린 말이 아니다. 프로는 총의 트러블을 미연에 막기 위해 정비를 게을리 하지 않지만, 주운 것은 정비를 제대로 했다는 사실을 확인할 수 없기 때문이다.

No.072

적의 권총만 쏘아 날려버리는 것은 가능한가?

인간의 다리는 축구공을 차기 위해 있는 것은 아니지만, 프로 선수는 골대에서 원하는 곳으로 공을 차서 넣을 수 있다. 표적을 겨냥하여 명중시키기 위해 「총」을 사용하는 거라면, 아무리 작은 표적이라고 해도 식은 죽 먹듯이 명중시키는 인간이 있다고 해도 이상하지 않을 것이다.

●권총만 골라서 날려버리는 것은…

정면에서 상대를 겨냥하고 "손에 든 권총만" 날려버리는 것은 지극히 어려운 기술—난이도 트리플 A 클래스의 곡예라고 해도 좋다. 이 경우, 표적인 권총을 정면에서 보면 그 면적의 대부분은 「손잡이」가 차지하고 있으며 손잡이는 총을 잡는 손안에 있다.

손가락을 날려버려도 OK라면 아무런 문제가 없겠지만, 총만 골라서 날려버리고자 한다면 손잡이 근처를 노리는 것은 위험하다. 그렇게 되면 손잡이 위에 있는 「총신」이나 「슬라이드」 부분에 명중시킬 수밖에 없는데, 문제는 이것이 정면에서 보면 울고 싶을 정도로 면적이 작다는 점이다.

차선책으로서 총구가 위나 아래를 향한 순간을 노리는 방법을 생각해볼 수 있다. 정면에서 본 총신은 「작고 둥근 표적」이지만, 위나 아래를 향하면서 「얇고 긴 봉 모양의 표적」이 되고 면적이 넓어지면서 겨냥하기 쉬워지기 때문이다.

물론 작은 표적이라도 확실히 명중시킬 수 있는 실력이 있다면, 일부러 번거로운 짓을 할 필요는 없다. 하지만 권총만을 쏴서 날려버리려고 하는 이상 "가능하면 총을 들고 있는 인간을 상처 입히고 싶지 않다"는 것이 본심일 것이다. 그러므로 가능한 한 그 확률을 낮추는 것은 나쁜 일은 아니다.

더욱이 상황이 허락한다면, 총이 "옆을 향하는" 순간을 노림으로써 성공률은 극적으로 상승시킬 수 있다. 얇은 봉이라고 해도 표적의 면적이 「총의 실루엣을 한 표적」으로 격상하는 이상, 정면에서는 전혀 보이지 않았던 총의 손잡이가 「약간이지만」 모습을 보여주기 때문이다.

정면에서 총구에 탄환을 맞출 수 있는 실력이라면, 손가락의 틈에서 미세하게 엿보이는 총의 손잡이에 명중시킬 수 있을지도 모른다. 그리고 만에 하나 탄환이 빗나갔다고 하더라도, 가슴이나 배에 맞아서 치명상을 입을 가능성이 줄어든다는 사실은 덤으로 따라온다.

적의 권총만을 노려라!

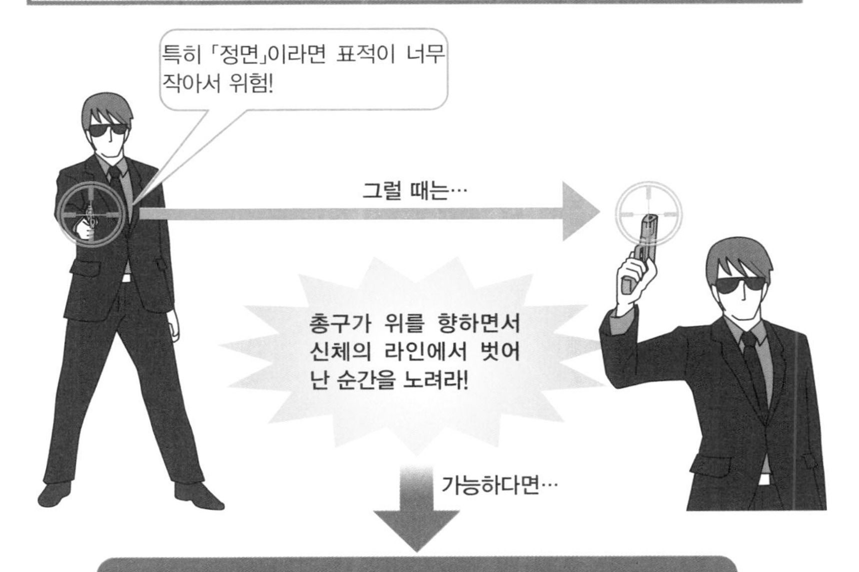

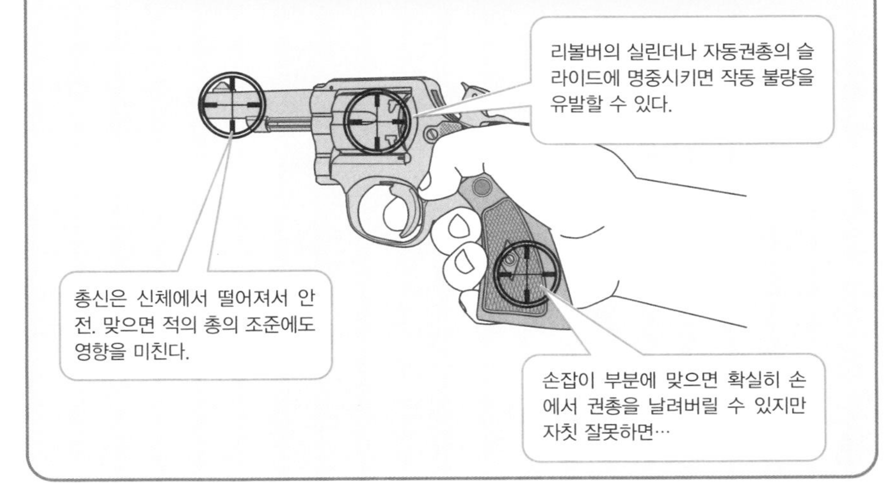

원 포인트 잡학

「상대가 가진 권총만을 저격하는」 결과만을 원한다면, 원거리에서 소총 등으로 저격하는 것이 가장 확실하다.

No.073

등 뒤의 적에게 반격하는 방법은?

총격전이 한창일 때, 어느 사이엔가 적이 뒤로 돌아갔거나 생각지도 못한 복병에게 허를 찔려서 등 뒤의 적에게 기습을 당할 때가 있다. 하지만 어떤 상황에서도 뭔가를 하기 위해 뒤를 돌아봐서는 안 된다.

●움직이지 마라. 총이 너를 노리고 있다

등 뒤에 있는 적의 총에는 이미 방아쇠에 손가락이 걸려있는 상태라고 생각해야 한다. 그런 상황에서 「뒤돌아서」+「총을 쏜다」와 같이 두 가지 행동을 할 수 있을 거라고 생각해서는 안 된다. 원래라면 등 뒤의 기습을 허용한 시점에서 이미 저쪽이 90은 먹고 들어가는 것이다. 속수무책으로 공격당했다고 해도 불평할 수 없는 실태란 말이다.

하지만 다행스럽게도 상대가 어떠한 액션—그러니까 「움직이면 쏜다」라던가 「총을 버리고 항복해라」 같은 말을 걸어주는 행동—을 해주었을 경우라면 얘기가 달라진다. 이러한 행위는 자만심에서 비롯되어 방심하거나, 높은 사람에게 "생포해서 데려와라"와 같은 불합리한 명령을 받고 그것을 수행하기 위해서 등의 이유로 하게 된다. 상대가 이러한 행동을 보여준다면 이쪽 입장에서는 기사회생의 찬스라고 할 수 있다.

반격할 타이밍은 목소리를 건 직후. 뒤돌아보지 않고 "총을 든 손만을 움직여서" 상대에게 총탄을 몇 발 쏜다. 이쪽이 반격할 틈을 만들거나 도망치는 시간을 버는 것이 목적이므로 정확히 조준할 필요는 없다. 쓸데없이 의심이 강한 인간이 아니라면 보통 「말을 걸면 어떠한 대답을 할 것이다」라고 생각하기 때문에 납탄으로 대신 대답함으로써 상대의 의표를 찔러 혼란시키는 것이다.

이쪽의 손에 있는 총이 상대의 사각에 있다면, 옆구리 너머의 상대에게 총구만을 향한 뒤 쏴버리는 테크닉도 있다. 영화 등에서 친숙하게 볼 수 있는 수법이지만, 신중한 상대라면 옆구리 아래에 엿보이는 총구를 눈치 챌 수도 있다. 헐렁헐렁한 옷을 차폐물 대용으로 삼아도 되지만, 역으로 상대가 경계할 위험도 있다.

이 방법의 극단적인 형태가 「자신의 옆구리」를 차폐물로 삼는 방법이다. '살을 내어주고 뼈를 취할' 각오가 있어야만 가능하겠지만, 각오가 되었다면 일단 장전된 탄약의 종류를 미리 확인해두는 것이 좋다. 관통력이 높은 풀 메탈 재킷이라면 데미지가 적겠지만, 명중과 동시에 머쉬루밍(Mushrooming) 현상을 일으키는 할로우 포인트 탄이라면, 모처럼의 기회를 "자신의 배를 고깃덩어리로" 만드는데 쓰게 될 테니 말이다.

등 뒤의 적에게 기습을 당했을 경우

절대로 뒤돌아보지 마십시오…

이럴 때, 기사회생을 꾀할 고육지책으로서…

「움직이지 마」라는 말을 들은 직후에 뒤돌아보지 말고 바로 발포.

상대의 사각에 있는 곳에서 차폐물째로 반격.

원 포인트 잡학

숙련자를 상대로 의표를 찌르는 방법으로서 「약협으로 시야를 강탈」하는 방법이 있다. 하지만 원하는 방향으로 약협을 날리기 위해서는, 잘 정비된 총을 사용하고 배출 방향을 완벽하게 파악해둘 필요가 있다.

No.074

적의가 없는 것처럼 보이면서 상대를 방심시키는 방법은?

총격전을 하고 있으면, 어느 틈엔가 고립무원 상태로 궁지에 몰리거나, 모르는 새에 인질이 붙잡히는 상황에 처하는 경우가 곧잘 발생하곤 한다. 「항복」을 재촉하는 적을 향해 전의를 잃은 것처럼 착각하게 만들면서 반격하는 수단은 없는 것일까?

●「항복하겠다」고 어필하면서

무기를 상대를 향해 내미는 것은, 저항의 의사가 없다—즉 무장해제의 뜻을 나타내는 대표적인 행위이다. 내미는 것이 총이나 나이프와 같은 「손에 든 무기」라면, 상대를 향해 손잡이를 내밀어서 무기가 바로 쓸 수 있는 상태가 아님을 어필할 수 있다.

하지만 권총에 한정된 얘기를 하자면, 거꾸로 들어 상대에게 내미는 행동과 「항복의 신호」가 꼭 같은 뜻을 나타내는 것은 아니다. "손잡이를 쥐지 않는다면 공격당할 일은 없겠지"라며 방심한 상대가 손을 내민 순간, 방아쇠울(Trigger Guard)에 건 손가락을 축으로 총을 빙글 회전시켜서 그대로 손잡이를 손안으로 회전시키면 총이 손안에 쏙 들어오고 발포할 수 있는 태세로 전환할 수 있기 때문이다.

권총을 회전시키는 방법이나, 발포 시의 권총의 위치관계 등에 따라 미세한 차이가 있지만, 이러한 권총의 액션은 서부개척시대 때부터 「트릭 플레이(Trick Play)」, 「트릭 숏(Trick Shot)」이라고 불리며 전해지고 있다.

서부극에서는 리볼버를 중심으로 쓰였던 「속임수 테크닉」이었지만, 현대의 픽션에서는 자동권총의 구조를 이용한 반격방법이 고안되었다. 자동권총은 사격 도중에 탄창을 빼더라도 약실에 탄환이 1발 남는다. 이 탄환은 탄창이 없어도 쏠 수 있으므로, 탄창을 빼서 상대를 방심시키면서 약실 안에 남은 1발로 승부를 결정짓는 것이다(총의 모델에 따라서는 탄창을 빼면 방아쇠를 당길 수 없게 되는 「매거진 세이프티(Magazine Safety)」라는 안전장치가 달린 것이 있어서, 이러한 권총은 이 방법을 사용할 수 없다.

권총을 거꾸로 들거나 탄창을 빼서 보여주는 등의 행동은 얼핏 보기엔 명확한 항복의 신호로 보이지만, 총의 구조를 숙지하고 있는 프로의 입장에서 보자면 참으로 어중간한 행위밖에 되지 않는다. 이러한 방법이 통하는 것은 어디까지나 상대가 어리숙할 때나 가능한 것으로, 진정한 프로가 상대라면 사용하지 않는 것이 무난할 것이다.

믿는 자는…

아래와 같은 행위는 완전한 「항복의 신호」가 되지 않는다.

이 테크닉은 다양한 총에 정통하고 병적일 정도로 신중한 「진짜 프로」에게는 통하지 않지만, 어리숙한 적에게는 충분하다.

원 포인트 잡학

총을 거꾸로 든 후 상대에게 건네는 척하면서 총을 회전시켜서 발포하는 테크닉은 서부극의 한 장면이 시조로 「로드 에이전트 스핀(Road Agent's Spin)」, 「컬리 빌 스핀(Curly Bill Spin)」라고 불린다.

No.075

공포탄에 맞아도 상처가 생길까?

일반적으로 공포탄(空砲彈)이라고 하면 「소리만 난다」는 이미지가 있다. 운동회의 스타트 신호에 사용하는 피스톨(스타터)이나 장난감 화약총처럼, 소리만 나온다면 총구를 들이대도 걱정할 필요는 없을 것이다.

●공포탄에서도 나올 건 나온다

「공격당했다!」고 생각했더니, 사실은 탄약이 공포탄으로 바뀌어 있어 상처가 없었다…. 픽션에서는 그러한 시추에이션을 보게 되는 케이스가 적지 않다. 하지만 멀리 떨어진 장소에서 공격당했다면 모를까, 총구가 아주 가까운 곳에 있었을 경우, 공포탄이라고 하더라도 안전하다고는 말하기 어렵다.

공포탄에서는 탄환이 튀어나오지는 않지만, 그 대신 장약(화약)이 연소하면서 발생하는 가스나 타고 남은 화약 찌꺼기 등이 대량으로 분출된다. 이것들은 "덩어리"가 되어 피부나 눈에 꽂히면서 상당한 통증을 유발한다(피부의 표면에 문신과 같은 상처를 남기는 모습에서 「화약 감입(Powder Tattooing)」이라는 이름이 유래되었다). 그중에는 톱밥이나 종이 같은 것을 굳힌 더미 탄두가 달린 공포탄도 있으며, 이러한 공포탄에 맞으면 상처를 입을 위험이 있다.

공포탄은 탄환이 발사되지 않으므로 발사 시의 반동(Recoil)은 거의 없다. 그 때문에 탄환이 튀어나오는 「실탄」과는 사격 감각이 상당히 다르고, 어느 정도의 사격 경험이 있는 상대라면 자신이 쏜 탄약이 "공포탄인지 아닌지" 정도는 간단히 구별할 수 있다.

자동권총이나 자동소총과 같은 자동화기의 경우, 공포탄으로는 작동에 필요한 설계상의 압력을 얻지 못하고 작동 불량을 일으킬 가능성이 있다. 공포탄을 사용할 경우는 1발 발포할 때마다 손에 슬라이드나 노리쇠 등을 조작하여, 강제적으로 배출하지 않으면 안 된다. 하지만 이래서는 훈련 등에 지장이 생기기 때문에, 군의 병사나 경찰과 같은 실전부대가 공포탄을 사용한 전투훈련을 수행할 때, 총강 내부의 가스압을 높여주는 「전용 어댑터」를 총구에 장착하여 작동 불량을 일으키지 않도록 한다.

하지만 영화와 같은 창작물에서 공포탄을 사용할 때 총구에 어댑터가 장착되어 있어서는 흥이 깨질 것이다. 그 때문에 총구 안쪽의 보이지 않는 위치에 압력을 높이기 위한 마개를 하거나, 내경이 가느다란 촬영용 총신을 장비, 가스압을 확보한 프롭건으로 이점을 커버하고 있다.

공포탄(Blank Cartridge)의 종류

공포탄에 맞아도 죽지는 않지만 「상처 없이 멀쩡한」 것도 아니다.

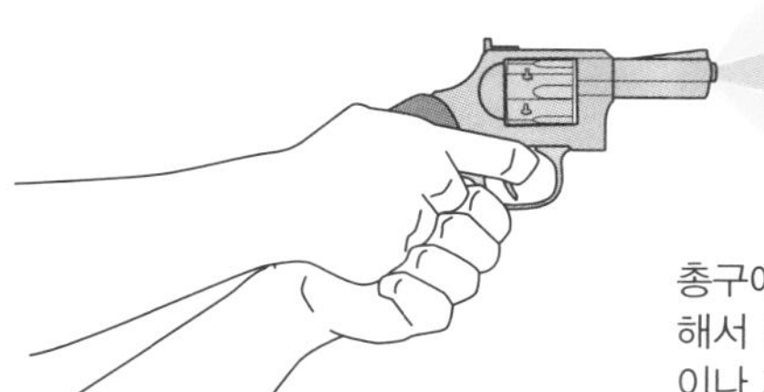

총구에서 분출되는 발사 가스의 기세는 상당해서 연소 시의 화약 찌꺼기 같은 것들이 옷이나 피부로 날아들게 된다.

나무나 종이, 코르크로 뚜껑을 만든 블랭크 카트리지.

30-06탄

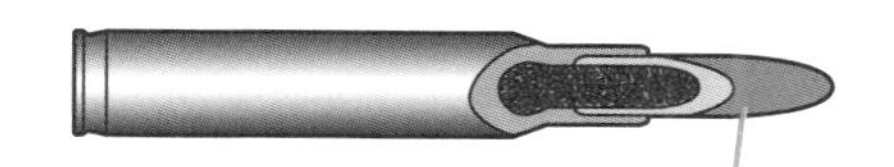

나무나 종이의 더미 탄두는 총구에서 발사되고 2~3m쯤에서 산산이 흩어진다.

45 콜트

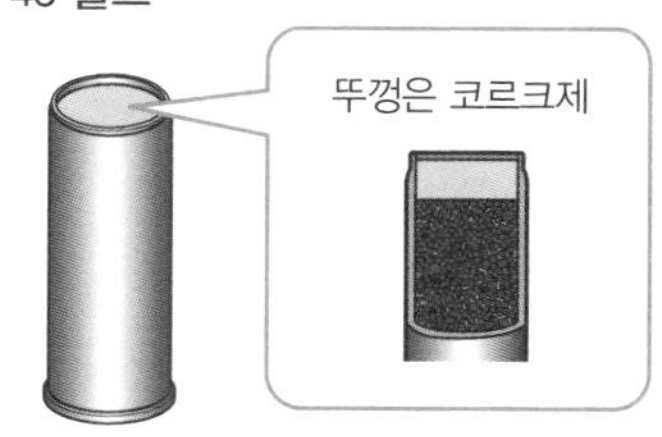

선단을 쥐어짜서 구멍을 막은 블랭크 카트리지.

9mm 루거

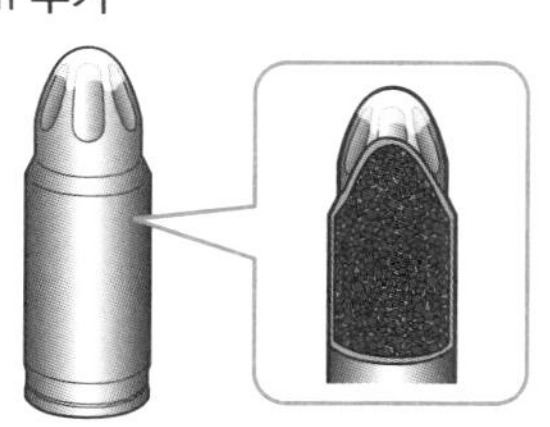

쥐어짠 선단은 방수와 식별을 위해 래커로 칠한 경우도 있다.

5.56mm×45

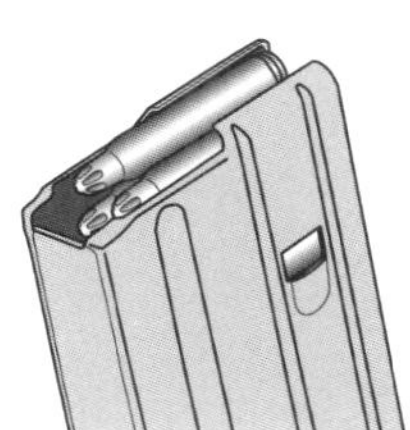

훈련 시는 전용 어댑터를 장착.

소총용 공포탄은 훈련 이외에 총류탄을 발사할 때도 사용된다.

원 포인트 잡학

공포탄용 장약은 연소 속도가 실탄보다 빠른 것을 사용한다.

No.076

물속으로 도망친 적은 총탄에 맞을까?

물속에 있는 물체에는 「물의 저항」이 걸린다. 덕분에 수영선수는 물을 가르며 나아갈 수 있고, 물속에 뛰어드는 선수는 수영장 바닥에 격돌하지 않는다. 물속에 있는 물체에게 있어 물의 저항은 「총탄을 막는 방패」가 될 수 있는 것일까?

●물의 저항은 총탄에 영향을 줄까 ?

괴담에서 쉽게 들을 수 있는 이야기 중 「인간이 높은 곳에서 물에 뛰어내리면 수면이 콘크리트 바닥처럼 단단해져서 납작쿵으로…」라는 것이 있다. ①높은 곳에서 떨어진다→②중력에 의해 가속도가 붙는다→③고속으로 수면에 격돌한다. 그런 원리로 보자면 음속에 가까운 속도로 수면에 격렬하게 부딪히는 「총탄」은 콘크리트처럼 단단한 수면을 꿰뚫어야 하는 건 아니냐는 의문을 가질 수도 있을 것이다.

물을 향해 총탄을 쏘면 탄환은 어렵지 않게 수면을 관통해서 물속까지 내려간다. 이것은 중력에 의한 가속도보다도, 장약(화약)의 연소에 의해 생겨나는 가속도 쪽이 압도적으로 크기 때문이다. 게다가 수면을 나아가는 물체에 걸리는 저항은 "그 물체의 표면적에 비례"하기 때문에, 손가락 정도의 크기밖에 안 되는 총탄으로는 별다른 저항도 받지 않고 관통해버리는 것이다.

단, 수면은 빛을 굴절시킨다는 사실을 잊어서는 안 된다. 특히 얕은 수심을 잠수해서 도망치는 상대를 노릴 경우, 굴절 현상에 의해 조준한 것이 제대로 맞지 않을 가능성이 있다. 또한 「물가에 평평한 돌을 던지면 수면 위를 튀는」 것처럼, 탄환이 물속에 진입할 때 각도가 얕으면 탄도가 변화할 위험도 있다.

물의 저항은 수면에 돌입할 때만이 아니라, 물속을 나아갈 때도 계속 걸린다. 어떤 탄환이라도 공기 중일 때와 마찬가지로 물속을 나아갈 수는 없다. 풀 메탈 재킷의 소총탄 같은 것은 거리가 늘어나기는커녕, 강한 운동에너지를 이겨내지 못하고 물속에서 변형되거나 아예 분해되기도 한다. 특히 총구를 빠져나온 직후의 소총탄은 회전이 안정되지 않은 "불안정한 팽이"와 같은 상태이므로, 물속에 돌입했을 때의 저항이 더욱 커지게 된다.

물속에 돌입한 탄환은 수심 1~2m쯤에서 운동에너지를 크게 상실하기 시작하면서, 명중한 물체를 파괴할 힘을 잃는다. 즉 물속에 들어가서 총격을 피하려고 했을 경우, 2m 이상의 깊이라면 치명상을 피할 수 있다는 계산이 나오는 것이다.

물속의 탄도

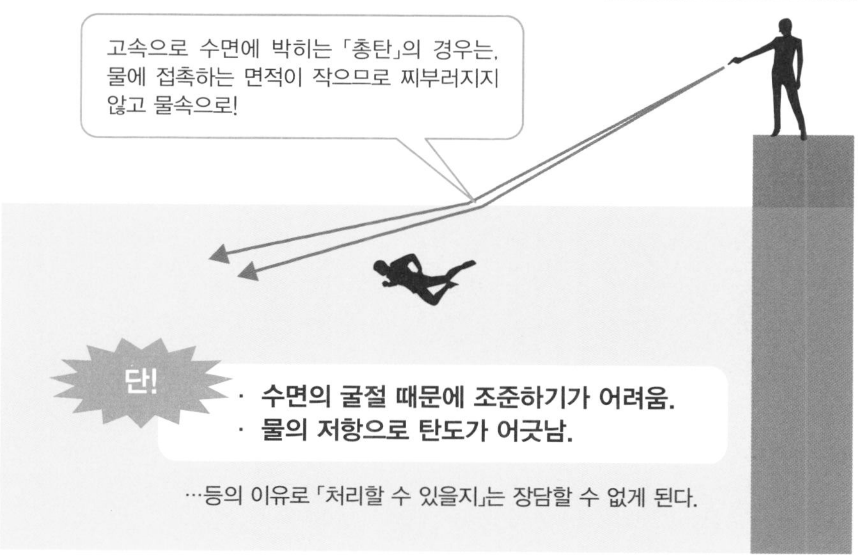

원 포인트 잡학

물의 저항은 탄두의 종류에도 영향을 받는다. 일반적으로 할로우 포인트 탄보다도 풀 메탈 재킷 탄이 파워를 유지한 채로 물속을 전진하는 거리가 길다.

No.077

고속으로 주행하는 차에서 총을 쏘면?

카 체이스는 액션 영화의 꽃이다. 게다가 총격전이 더해지면 화면은 더욱 화려해진다. 하지만 빠른 속도로 질주하는 차에서 총을 쏘았을 경우, 자동차와 탄환의 속도 차이로 인해 상황이 복잡해지지는 않을까?

● 자동차의 속도와 탄환의 속도

달리는 자동차에서 뒤를 향해 총을 쏘면 「전진하는 차의 속도」와 「뒤로 날아가는 탄환의 속도」가 플러스 · 마이너스 제로가 되어 탄환이 그 자리에 털썩 떨어져 버리는 것은 아닐까? 지당한 의문이기는 하지만 걱정할 필요는 없다. 애당초 자동차의 속도와 탄환의 속도는 그 차이가 비교할 수 없을 정도로 크기 때문이다.

탄속의 속도는 저속으로 알려진 .45구경 권총탄이라도 초속 약 250m, 9mm 파라벨럼탄의 경우에는 초속이 약 350~400m. 고속 소총탄쯤 되면 7.62mm탄의 초속이 약 840m, 5.56mm탄은 약 1000m나 된다(이 숫자는 "총구에서 나왔을 때의 수치 = 초속"이므로 착탄 시에는 공기의 저항 등으로 속도가 줄어들기는 하지만, 그렇다고 하더라도 오차 범위를 넘지 않는다).

이에 반해 자동차의 속도는 고속도로 같은 곳이 아니라면 기껏해야 시속 60~80km 정도가 한계일 것이다. 이것을 초속으로 환산하면 약 16.6~22.2m. 이 정도의 숫자를 더하거나 뺀다고 하더라도 총탄의 속도에 "쥐꼬리" 정도의 영향밖에 미치지 못한다. 애당초 달리고 있는 자동차끼리 총격전이 벌어진다면 상대편의 차도 거의 비슷한 속도로 이동할 테니 자동차의 속도에 의해 총탄의 위력이 받는 영향은 거의 생각하지 않아도 될 것이다.

조심하지 않으면 안 되는 것은 위력보다도 「조준」의 문제다. 특히 자동차의 진행방향을 기준으로 바로 옆을 향해 쏘았을 경우, 자동차가 앞으로 나아가고 있는 힘이 더해져서 탄환이 비스듬히 날아가게 된다. 즉, 노린 장소보다 자동차가 나아가는 스피드 분만큼 착탄점이 어긋나버리게 되기 때문에 그것을 감안하여 쏠 필요가 있는 것이다.

자동차의 속도 만큼이라면 몰라도, 탄환이 날아가는 속도까지 계산해서 조준한다는 것은 지극히 어려운 기술이다. 그 때문에 차를 타고 사격할 경우에는 "완전 자동 사격이 가능하여 겨냥하지 않고 탄막을 펼칠 수 있으며 좁은 차 안에서도 다루기 쉬운" **기관단총**과 같은 것을 선호하게 된다.

고속 주행하는 자동차에서의 사격

고속 주행하는 자동차에서 탄환을 쏘면…

나아가는 방향을 향해 총을 쏜다.

자동차의 속도만큼 탄환의 속도가 늘어난다…?

나아가는 방향과는 반대 방향으로 탄환을 쏜다.

자동차의 속도만큼 탄속에서 차감되어 탄환이 비실비실하게 날아간다…?

자동차의 속도는 총탄의 위력에 그다지 영향을 미치지 않는다.

어려운 점은 나아가는 방향을 기준으로 옆 방향을 향해 날아가는 탄환의 행방.

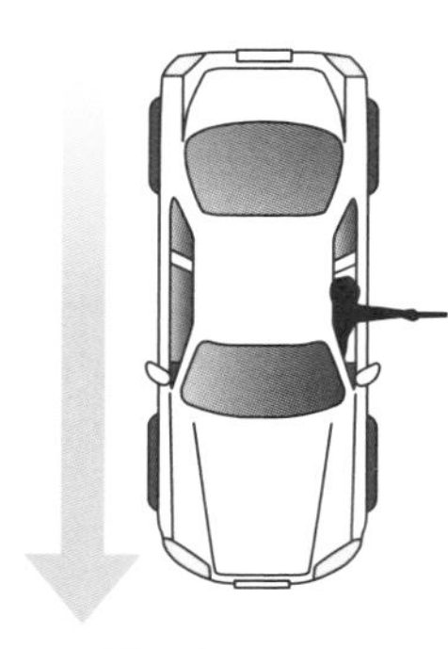

노린 방향

타겟

실제로 탄환이 날아가는 방향

자동차가 나아가는 방향

자동차의 스피드만큼 노린 장소와 실제 착탄 지점이 어긋나버리므로, 타겟보다 조금 앞 지점에 「탄환을 뿌릴」 필요가 있다.

원 포인트 잡학

고속으로 달리는 자동차에서 사격하는 것은 「도로에서 전해지는 진동」이나 「핸들 조작에 의한 좌우의 흔들림」의 영향을 그대로 받으므로, 진행방향에 맞춰서 노린다고 하더라도 명중률은 많이 떨어진다.

No.078

오토바이에 탔을 때 반동이 강한 총을 쏘면?

전쟁영화 등을 보면 지프에 탄 병사가 총을 쏘는 장면이 나오곤 한다. “타이어도 두꺼운 데다 네 개다 있는” 지프라면 위에서 무엇을 쏘더라도 발군의 안정성을 자랑할 것이다. 하지만 타이어가 앞뒤에 하나씩 달린 「오토바이」라면 어떨까?

●그만큼 어려운 건 아니……지만

오토바이는 안정성이 떨어지는 탈것이라서 어느 정도의 스피드로 계속 달리지 않으면 쓰러져버린다. 「한 손 운전」이나 「손 놓고 운전」도 어느 정도 훈련을 하거나 숙련될 필요가 있기 때문에, 그 상태에서 총까지 쏜다는 것은 상당히 높은 숙련도를 필요로 하는 행동이라고 할 수 있다.

우선 클리어해야 할 것은 총을 쏘았을 때 발생하는 반동 문제이지만, 이것은 그렇게까지 심각하지는 않다. 총과 오토바이의 사이에는 반드시 “사수인 인간”이 존재하기 때문이다. 인간의 어깨나 팔꿈치, 허리 등이 쿠션 역할을 해주기 때문에 반동은 상당부분 흡수가 된다. 이 현상은 진행방향으로 사격할 때는 물론, 바로 옆으로 쏠 경우에도 변하지 않는다. 군대의 오토바이 부대에는 일반인을 대상으로 한 기술 시범(Demonstration)으로 「바이크를 일어서서 타면서 바로 옆을 조준해 돌격소총을 완전 자동으로 사격」하는 공연도 있을 정도다.

오토바이의 스로틀(액셀)은 오른쪽 핸들에 달려있기 때문에, 총을 쥐는 것은 왼손으로 제한된다. 양손을 사용해야 하는 총은 손을 놓고 운전하지 않으면 안 되기 때문에, 스로틀 조작은 할 수 없게 된다. 오토바이의 구조상, 스로틀에서 손을 놓으면 엔진 브레이크가 작동하면서 속도가 뚝 떨어지고 만다. 기술 시범이나 영화 촬영 등에서는 「고무 밴드 등으로 스로틀을 고정해서 정속을 유지」, 「기어를 뉴트럴로 맞춘 후 타성으로 전진」과 같은 테크닉을 사용해서 이것을 회피하고 있다.

하지만 주행 사격이 불가능은 아니라고 하더라도, 적극적으로 해야 할 이유도 없다. 한 손이나 손을 놓은 상태로는 브레이크를 조작하거나 방향을 전환하기가 어렵고, 사격에 집중하고 있다면 도로면 상황을 확인하는 것 또한 어렵다. 그러다가 뒤집어지기라도 한다면 그것이야말로 돌이킬 수 없는 상황이 될 지도 모를 일이다.

오토바이에 탄 채로 사격하는 것은, 액션 영화의 볼거리나 일반인을 대상으로 하는 군의 시범 공연 같은 것에서나 가능하다고 생각하는 것이 무난할 것이다.

오토바이에 탄 상태로 총을 쏜다

「손 놓고 운전」이 가능하다면 어려운 일은 아니다.

· 반동은 팔이나 허리에서 흡수된다.
(바로 옆으로 쏠 때도 별로 문제되지는 않는다)

군대의 시범 공연이라거나...

액션 영화의 볼거리라든가…

- 급 브레이크나 방향전환을 할 수 없다.
- 도로면의 상황도 파악하기 어렵다.
- 스로틀 조작을 할 수 없게 된다.
- 명중률을 얼마나 유지할 수 있을지도 의문.

장점과 단점을 비교해보면 굳이 무리하게 할 필요는 없을지도…

바이크 부대에서는 사격할 필요가 있을 경우, 바이크를 쓰러뜨린 후 차폐물로 삼는다.

원 포인트 잡학

오토바이에 2명 탑승했을 때 뒷좌석에 앉은 사람이 총을 쏜다면 문제가 없을 것 같지만, 총에서 뿜어져 나오는 불꽃이나 화약 찌꺼기, 반 약협 같은 것들이 운전자에게 날아갈 수 있으니 주의할 필요가 있다. 또한 격렬한 총성도 주의해야 한다.

No.079

카 체이스 중의 총격전에서 우위를 점하기 위해서는?

산산이 부서지는 앞유리, 일그러지는 범퍼, 구멍투성이의 차체…. 총격전 속의 카 체이스에서 살아남고자 한다면 굳이 차 안의 인간을 집착할 필요는 없다. 오히려 차를 철저하게—특히 주행 장치를 노리는 것이 좋다.

●차체를 노려 사고를 유발

고속으로 주행하는 자동차는 그만큼 위험한 물건이다. 브레이크를 제때 밟지 못해서 격돌하거나, 기세를 못 이겨서 절벽에서 추락하거나, 핸들을 잘못 조작해서 커브로 전복하는 등, 한순간에 저지르는 운전 미스가 죽음으로 직결된다. 자동차의 스피드가 빠르면 빠를수록 그에 비례해서 죽을 확률도 올라간다. 게다가 카 체이스라면 어느 쪽도 도망치거나 쫓는 등 “스피드를 내야 할” 상황에 내몰리게 되고, 적지 않은 속도로 돌진하게 된다. 그런 상태에서 사고라도 터진다면 타고 있는 인간도 무사할 리가 없다.

카 체이스 중의 차를 무대로 총격전이 시작되었을 경우, 어쨌든 안에 있는 인간을 노리고 싶은 것이 사람의 마음일 것이다. 하지만 그들에게 탄환을 명중시키기에는—그리고 어떠한 부상을 입히기에는—유리나 차체 등 가로막는 것이 너무 많다. 그렇다면 차라리 “자동차 그 자체”에 데미지를 주어서 사고를 유발해보는 것은 어떨까?

방탄차와 같은 특수한 차종이 아닌 한, 자동차라는 탈것은 총탄 앞에서 무력하다. 특히 타이어는 4개 중 하나라도 펑크가 나버리면 제대로 달릴 수 없게 된다. 고속주행 중이라면 높은 확률로 전복, 폭발, 화재의 3단 콤보로 끝장을 낼 수도 있게 되는 것이다.

하지만 상하좌우로 격렬하게 흔들리는 카 체이스 중의 차 안이라면, 정확하게 차량의 급소를 노리기는 쉽지 않다. 여기서 유효한 것이 「00 벅샷」와 같이 입자가 큰 산탄을 장전한 **샷건**이나, 완전 자동 사격이 가능한 **기관단총** 등이다. 이것들은 크기가 아담해서 차 안에서도 쓰기가 쉽고, 적당하게 조준해도 자동차를 벌집으로 만들 수 있다. 게다가 유탄발사기가 준비되었다면 이보다 더 든든할 수는 없을 것이다. 유탄발사기에서 발사되는 「유탄(Grenade)」은 맞으면 승용차 정도는 1발에 산산조각이 나버리고, 겨냥이 빗나가더라도 폭풍이나 파편에 의해 차체나 차 안에 있는 사람에게 데미지를 줄 수 있기 때문이다.

적의 차량을 노려라!

카 체이스 도중에 상대의 차를 집중적으로 노릴 경우…

노려야 할 곳은…

- 타이어
- 각종 미러
- 머플러(소음기)
- (운이 좋으면)운전자

제어불능이 된 차가 사고를 내면서 상대는 자멸!

더 직접적으로 데미지를 주고 싶다면…

유탄발사기를 사용하면 상대의 차를 산산조각 낼 수 있다!

단발 발사기라도 충분히 든든하지만 이럴 때는 가능하면 연발형 모델을 사용해서 단숨에 적의 차량을 날려버리는 것이 좋다.

원 포인트 잡학

완전 자동 사격을 할 수 있는 총이나 샷건 같은 물건은 어떤 탄약을 사용할 것인지에 대해 생각해볼 필요가 있다. 풀 메탈 재킷 처리된 소총탄이라면 나름대로 파괴력을 기대해볼 수 있겠지만, 권총탄이라면 다소 불안이 남을 것이기 때문이다.

No.080

달리는 자동차를 세우려면 어디를 노려야 할까?

총을 겨냥하여 폭주하는 자동차를 정면에서 가로막고, 그 돌진을 막는 장면은 픽션에서 자주 볼 수 있다. 옛날에는 「.44 매그넘의 일격으로 끝장」을 내면 다들 납득하고 넘어가곤 했지만, 그렇다고 해도 역시 어딜 노리느냐에 따라 끝장을 내지 못할 수도 있다.

● 더티 해리처럼은…

움직이고 있는 자동차를 막는데 유효한 "조준할 부분"은 2곳. 「동력기관」과 「주행 장치」이다.

동력기관이란 "주행에 필요한 에너지를 만들어내는" 부분이다. 많은 자동차는 자체 앞부분의 엔진룸에 동력기관이 모여 있기 때문에 간단하게 총탄을 꽂아 넣을 수 있지만, 한 가지 문제가 있다. 꽂아 넣을 탄환의 위력이다.

예를 들어 「.44 매그넘」의 일격이라고 하더라도, 1발의 총탄으로 엔진을 완전히 정지시키기에는 위력이 부족하다. 권총탄과는 비교가 되지 않는 위력을 가진 「소총탄」을 사용하더라도 마찬가지다. 차라리 가지고 있는 총탄을 모조리 쏴서 배터리나 기화기(Carburetor)라고 하는 「엔진 이외의 중요부품」에 탄환이 맞을 가능성을 기대하는 쪽이 좋다고도 할 수 있다. 특히 배터리는 탄환에 맞아서 안의 전해액이 흘러나오면, 압력이 낮아지면서 엔진이 멈추어 버린다.

주행 장치란 간단히 말해 「타이어」를 말하며, 엔진의 동력을 지면에 전해주는 중요한 부분이다. 타이어를 하나라도 잃어버린 차는 충분한 스피드를 낼 수 없게 되면서 더는 위협이 되지 않는다. 하지만 돌격해오는 자동차의 타이어만을 정확히 명중시키는 것은 난이도가 높아서, 숙련자 이외에는 추천할 만한 것은 아니다.

물론 「운전자」를 살상해버리는 것도 유효한 방법이지만, 앞 유리에 탄환을 명중시키면 그곳에서 방사형태의 금이 가므로, 그것에 의해 시계를 막는 것만으로도 핸들 조작을 잘못하게 만들 수 있다. 또한 보닛(Bonnet) 뚜껑의 잠금 부분을 총격으로 파괴하면 주행의 풍압으로 보닛이 열리기 때문에 마찬가지로 운전자의 시야를 차단할 수 있다.

단, 엔진을 멈추거나, 타이어를 펑크 내거나, 운전자를 패닉으로 몰아넣었다고 하더라도, 자동차를 곧바로 세울 수 있는 것은 아니다. 따라서 갑자기 발생할 불상사를 방지하기 위해서는 돌진해오는 자동차를 어떻게 피해야 할 것인가도 잘 생각해두어야 할 것이다.

달려오는 자동차를 세우려면

사용 탄환은 관통력이 큰 풀 메탈 재킷 탄이나 철갑탄을 추천.

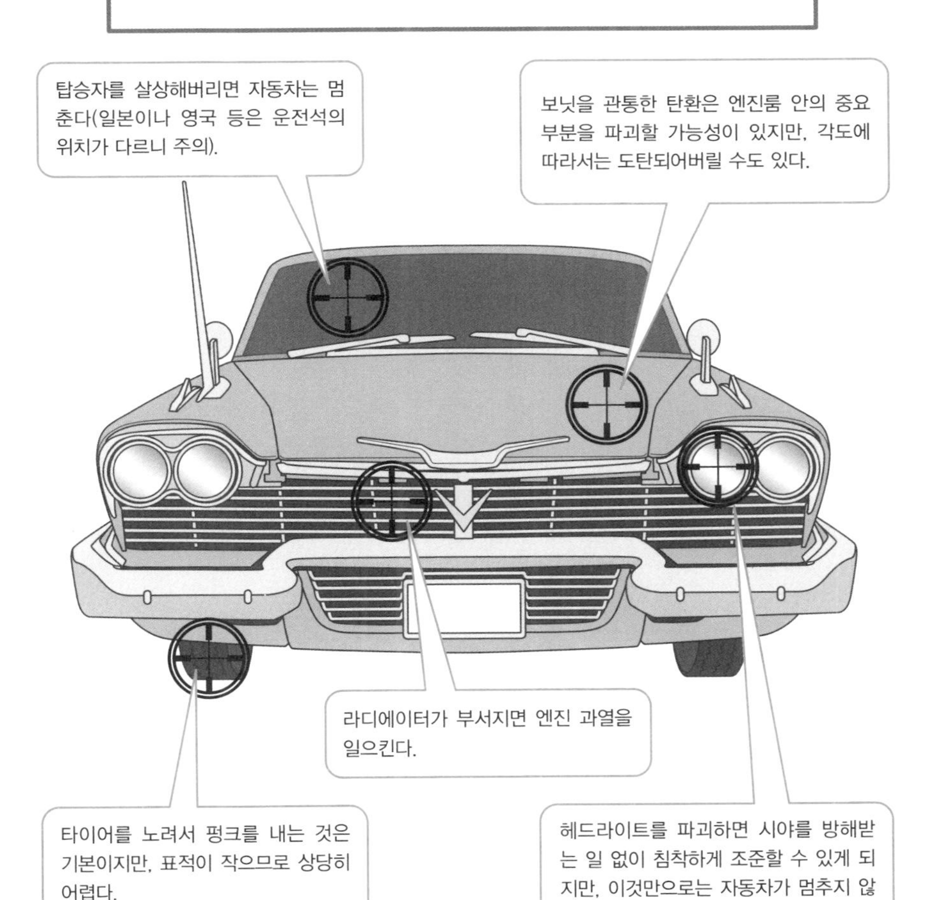

주의!

달려오는 자동차에는 「관성」이 작동하므로 치명적인 데미지를 주더라도 바로 정지하지는 않는다.

원 포인트 잡학

앞 유리가 방탄사양이라고 해도 걱정할 필요는 없다. 방탄유리는 내부의 충격흡수제로 탄환의 위력을 흡수해주므로, 명중한 장소가 원형으로 뿌옇게 변하게 된다. 드라이버의 시야를 방해하는 것으로도 충분히 효과가 있다고 할 수 있다.

No.081

자동차를 방패로 삼을 때의 요령은?

자동차 사이에서 총격전을 하는 것은 자주 발생하는 상황이다. 자신이나 상대가 차에 타고 있을 때 총격전이 발생하는 경우도 있고, 시가지에서라면 주차장에서 발생할 수도 있다. 차를 방패로 삼을 때는 어떤 점을 주의해야 할까?

●자동차에서 가장 튼튼한 것은 엔진 부분

차량을 방패삼아 총격전을 벌이는 상황에서 우선 생각할 수 있는 것이, 차에 타고 있다가 습격 받는 케이스이다. 자동차 안에서 밖을 향해 사격할 때는 기본적으로 창문이나 문을 열고 몸을 내밀게 되는데, 한시를 다투는 상황에서는 유리 너머로 발포하는 것도 고려할 필요가 있다. 애당초 자동차의 유리는 총탄의 위력을 깎는 방패가 되지 않는 이상, 유리 주위에 착탄한 것만으로도(직격하지 않아도) 부서지고 만다. 금이 간 것만으로도 시야가 차단될 우려가 있기 때문에, 이쪽이 원하는 타이밍에 먼저 깨버리는 것이다.

사격할 때는 시트를 눕히는 등의 방법을 동원하여 자세를 가능한 한 낮추고, 엔진을 차폐물 삼아 이용하도록 하자. 측면에서 습격을 받을 경우, 적이 있는 쪽과 반대쪽의 문을 열고 "자동차 밑에 몸을 내밀고 적의 발을 노리는"는 것도 변칙적이지만 쓸 만한 반격방법이다.

다음으로 차 밖에 있는 상태—차를 낀 상태에서 총격전을 벌이는 것이다. 여기서 위험한 것은 「자동차의 표면을 깎는 탄환」이다. 엔진 블록은 관통할 수 없을 것이라고 생각하고 보닛 뒤에 몸을 숨기다가, 그 위를 빠져나온 총탄에 안면을 직격당할 수도 있다. 이 위험성은 앞 유리나, 뒤쪽의 트렁크룸(Trunk Room) 윗면도 마찬가지이다.

자동차의 문은 권총탄으로도 간단히 관통할 수 있으므로, 차폐물로서는 도움이 되지 않는다고 한다. 하지만 문이라고 해도 1매의 판으로만 만들어진 것은 아니며, 문의 손잡이나 프레임이 지나가는 부분은 총탄을 충분히 막을 수 있다. 특히 열쇠 구멍은 튼튼해서 매그넘탄이라도 그 장소를 뚫고 나와 차 안의 인간을 살상하지는 못한다.

밖에서 차 안의 인간을 노리는 쪽은 「문 같은 건 종잇장이나 다름없어」라며 자만하지 말고, 조준을 분산시킬 필요가 있다. 또한 차 안에서 숨을 죽이는 쪽도, 문을 관통할 때 탄환의 위력이 깎일 거라는 행운을 기대할 여지는 있다.

차량 너머의 총격전

차 안에서 밖을 향해 쏜다.

재빠른 대응이 필요한 경우, 신경 쓰지 말고 유리 너머로 발포하자!

꾸물거리다가 밖에서 쏜 탄환이 유리에 맞으면 금이 가면서 시야가 차단되거나, 파편이 튀면서 다칠 가능성이.

차를 끼고 총격전을 벌인다.

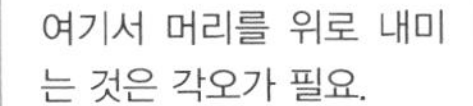

얇은 각도로 차체에 맞은 탄환은 반이 사라지거나 미묘하게 일그러진 형태로 날아온다.

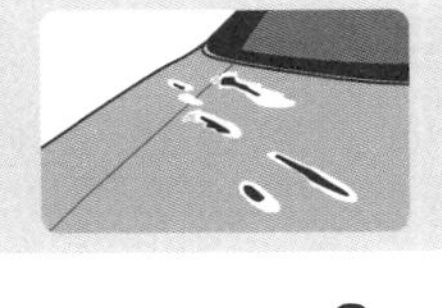

차 밖에서 차 안의 상대를 쏜다.

유리나 차체 등이 방해되어 조준이 빗나가는 일도 많지만, 역으로 그러한 것들의 파편이나 부서진 탄환 같은 것이 데미지를 안겨주는 경우도.

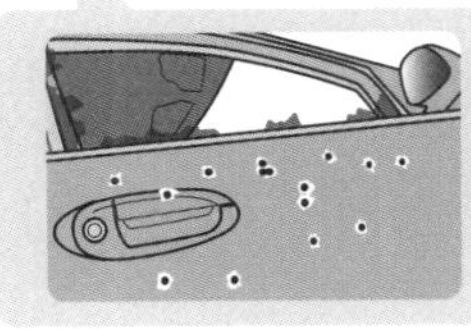

바와 같은 내구 구조물이 지나가는 부분이나 열쇠 구멍은 권총탄이 관통하지 못하니 조준을 잘 분산시키자.

원 포인트 잡학

탄환이 맞는 각도가 비스듬한 각도라면 굴곡 있는 차체가 탄환의 위력을 흡수해버리기 때문에 잘 관통되지 않지만, 직각에 가까우면 거리가 있어도 관통되기 쉽다.

No.082

자동차의 연료 탱크를 총으로 쏘면 폭발한다?

자동차 연료 중에서 높은 점유율을 보유하고 있는 가솔린은 발화성이 높은 액체이며, 총으로 쏘면 쉽게 불타버리는 이미지를 흔히 떠올리게 될 것이다. 하지만 「총탄이 연료 탱크를 관통한」 것만으로 자동차가 폭발하여 화염에 휩싸이는 것은 아니다.

●평범한 탄환으로는 어렵다

충격을 받은 자동차가 벌집이 되다가 결국은 폭발하여 화염에 휩싸인다. 혹은 자동차를 방패삼아 총격전을 하고 있던 도중에 주유구나 연료 탱크가 저격당하는 바람에 결국 폭발을 일으키고….

깍두기 머리 단장이나 위험한 경찰관의 주변에서 곧잘 일어나는 현상이지만, 총탄은 기본적으로 「납을 구리로 감싸기만」 했을 뿐인 금속 덩어리에 지나지 않는다. 자동차의 연료인 가솔린이 아무리 휘발성이 높은 액체라고 하더라도, 총탄이 관통하기만 했을 뿐인데 "불씨에 갖다 댄 것 같은" 폭발은 일어나지 않는 것이다.

구멍투성이가 된 자동차가 폭발할 때는, 총격에 의해 잘게 찢긴 케이블에서 발생하는 불꽃 이 튀면서 기화한 연료에 불을 붙이는 것으로 인해 발생하는 경우가 대부분이다. 케이블의 불꽃이나 연료가 새는 것은 확실히 "총격 때문에" 발생한 것이지만, 명중한 총탄 그 자체가 연료를 폭발시키는 것은 아니다. 총탄이 맞았을 때 외판의 마찰로 발생하는 「불꽃」이나 「마찰열」이 연료에 불을 붙일 수도 있지만, 이 또한 그다지 일반적인 케이스는 아니다.

소총 등으로 연료 탱크를 저격→폭발이라고 하는 패턴도 같은 이유로 가능성은 희박하다. 그래서 많은 저격수는 「철갑탄(徹甲彈)」을 사용해서 불꽃을 발생시키기 쉽게 만들거나, 「예광탄(曳光弾)」 같은 "탄환이 불씨 그 자체"라고 할 수 있는 특수탄을 사용해서 인화할 가능성을 상승시킨다.

이러한 이유로 보통 탄환을 사용해서 연료 등을 폭발시키는 것은 대단히 어렵다. 가솔린을 마구 뿌린 서류에 권총으로 불을 붙여서 증거인멸을 꾀하는 것과 같은 장면은 겉보기에는 그림이 될지 모르지만, 인화할지 어떨지 그 가능성을 생각해본다면 「운에 맡기는」 형태가 되기 때문에 그다지 현실적이라고는 할 수 없다. 마찬가지로 폭약이 채워진 상자 등을 총격으로 대폭발시키는 것 같은 시추에이션도 총탄 자체가 불씨가 되지 않는 한 어렵다고 할 수 있다.

자동차의 연료 탱크는 폭발물인가?

가솔린은 확실히 인화하기 쉬운 「위험물」이기는 하지만, 총탄 1발로 확실하게 폭발을 일으킬 수 있다고는 단언할 수 없다.

총탄을 사용해서 가솔린 탱크를 폭발시키려면…

탄환을 연료 탱크에 명중시키는 것만이 아니라, 가솔린에 불을 붙일 「불씨」가 될 만한 것을 심어둘 필요가 있다.

구체적으로는

- 탄두 자체가 고열이면서 불타는 「예광탄」과 같은 특수탄을 사용한다.
- 탄두 표면을 단단한 금속으로 코팅하여, 탱크나 외판과의 마찰로 불꽃을 쉽게 일으킬 수 있게 한다.

탱크에 구멍을 뚫어서 가솔린을 기화시킨 뒤에, 착탄의 충격으로 전기 계통이 쇼트를 일으키면…

대폭발?!

원 포인트 잡학

일부 군용 차량에 사용되고 있는 특수 탱크에는 구멍이 생겨도 자동으로 막히면서 연료가 새는 것을 방지해주는 방루 구조로 되어 있는 것도 있다.

No.083

총을 옆으로 기울여서 쏘는 이유는?

권총을 옆으로 기울여서 자세를 잡는 스타일—흔히 「눕혀 쏘기」라고 말하는 것은 90년대 이후에 퍼지기 시작한 사격 방법이다. 영화나 만화 등에서 한 시대를 풍미한 사격법으로, 실제로는 조준이나 반동 제어가 어려워서 「현실적이지는 않은 사격법」이라고 알려져 있다.

●영화적 연출인 것만은 아니다…?

한때 총을 옆으로 기울여서 쏘는 스타일이 흥했던 시기가 있었다. 지금은 「배우의 얼굴이 잘 보이게 하기 위한 연출로 사실은 있을 수 없는 사격법」, 「리얼한 총기묘사를 추구한다면 눕혀 쏘기는 절대로 안 됨」 등의 비판이 많았지만, 영화 등의 창작물에서는 연출적인 요소가 아니라 나름의 이유가 있는 경우도 있다.

우선 "바리케이드 사격의 경우"다. 기둥이나 문을 차폐물 삼아 총격전을 할 때, 총을 옆으로 기울여 줌으로써 쥐는 손을 차폐물에 가리는 것이다. 경찰 조직의 특수부대 등이 건물에 돌입할 때 「진압 방패」라고 하는 실드를 사용하는 경우도 있는데, 이때 방패의 작은 구멍을 통해 옆으로 기울인 총만 내밀고서 전진하는 케이스도 있다.

다음은 "권총이 완전 자동 사격이 가능한 모델이었을 경우"이다. 냉전 시대(~1990) 언저리까지는 완전 자동권총이 몇 종류 정도 있었지만, 현재는 구제품의 모작이나 일부 독특한 메이커의 것 이외는 존재하지 않는다. 그 얼마 안 되는 모델 중에서 「눕혀 쏘기」와 관계가 깊은 것이 「마우저 M712(Mauser M712)」이다.

「마우저 밀리터리」, 「브룸핸들(broomhandle : 빗자루)」라는 별명을 가진 이 총은 완전 자동 사격 시에 반동으로 튀어 오르는 힘이 강해서 한 손으로 탄창 1개분도 연사하면 머리 위까지 총신이 튀어 오른다. 처음의 1~2발은 명중할지도 모르지만, 남은 탄환은 모두 적의 머리 위로 날아가 버린다. 여기서 총을 옆으로 기울이면 총이 위로 튀어 오르는 것이 아니라 수평 방향으로 움직이게 되기 때문에, 옆으로 늘어선 복수의 적을 쓰러뜨릴 수 있(을지도 모른)다는 말이다. 이 테크닉은 1명이 다수의 적을 상대하는데 적합해서 중국의 마적이나 군대가 즐겨 사용했다고 하는 그럴싸한 이야기가 전해지고 있다.

실제 사격경기에서도 「폼이 저렇게 묘한데도 어째서 잘 맞는 거지?」라는 소리가 나오는 선수는 존재한다. 궁극적으로는 가로든 세로든 어떤 사격법이라도 "맞추고 싶은 곳에 맞추면 그만"인 것이다.

눕혀 쏘기의 이점

「배우의 얼굴을 보이기 위한 영화적 연출」이 눕혀 쏘기를 하는 대표적인 이유로 알려져 있지만…

엄폐 사격 시에 「손잡이를 쥔 손을 차폐물에 가릴 수 있다」는 현실적인 이유도 존재한다.

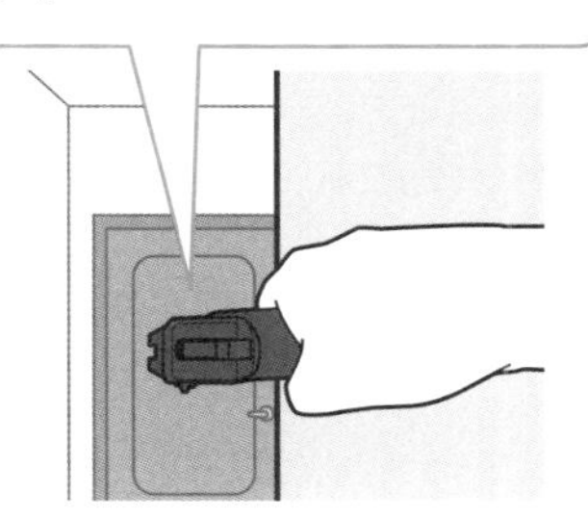

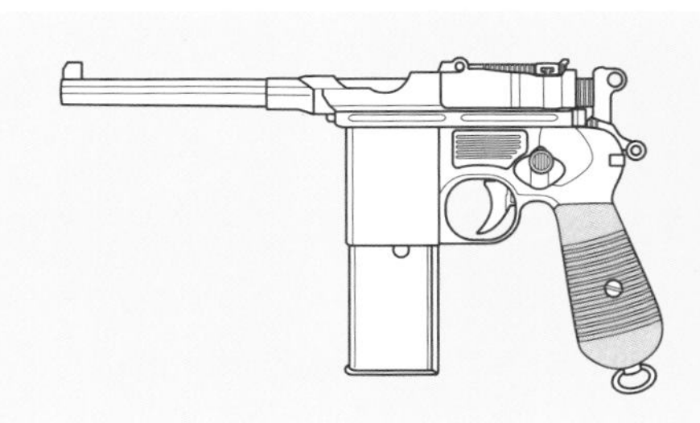

「마우저 M712(Mauser M712)」

「연사 시의 반동이 너무 크다」는 단점을 “눕혀 쏘기”로 극복한 것이 제2차 세계대전 시의 마우저 권총.

이것이 **마적사격**이다!

총을 눕혀서 **반동에 의한 총신의 튀어 오름**을 옆으로 흘려서 수평으로 탄환을 흩뿌린다.

원 포인트 잡학

눕혀 쏘기를 정당화하는 이유 중 하나로는 그 인물이 「영화에 감화된 일반인」, 「이게 폼이 산다고 여기고 있는 양아치」인 경우도 있을 수 있다.

No.084

칼잡이를 상대할 때 주의해야 할 점은?

칼잡이와 싸울 때 명심해야 할 것이 「결코 방심해서는 안 된다」는 점이다. 칼 이외에도 근접 무기와 전투를 할 때는 「적의 공격 범위에 들어가지 않는」 것이 절대적인 조건이라 할 수 있다.

●고작 칼이라고 얕보지 말지어다

나이프와 권총이라면 "싸우기 전부터 승부는 결정되었다"고 생각하는 것이 일반적인 평가일 것이다. 하지만 「이겼다!」고 생각하는 순간이야말로 가장 위험하다는 말이 있듯이, 상대가 날붙이라고 하더라도 절대로 마음을 놓아서는 안 된다.

날붙이(칼) vs. 원거리 무기(총)의 경우, 공격 범위 밖에서 일방적으로 공격할 수 있는 총 쪽이 압도적으로 우위에 설 수 있다. 그 때문에 칼이 닿지 않는 거리—쉽게 말해 "칼의 공격 범위 밖"에 있을 때, 권총을 갖고 있는 쪽은 공격받지 않는다는 안도감에 마음속 깊은 곳에서 방심이 싹트는 경우가 많다.

하지만 칼이라는 무기 전부가 공격이 닿는 거리밖에 공격할 수 없다고 생각하면 큰 착각이다. 그런 확신이 강하면 강할수록 뼈아픈 반격을 당할지도 모른다.

여기서 많은 사람들이 경계하는 것이 「칼을 던지는」 공격일 것이다. 하지만 노린 곳으로 어느 정도의 위력을 유지하면서 던지기 위해서는 적어도 칼을 휘두르는 것과 같은 "어느 정도의 준비 동작"이 필요하기 때문에, 그 사이에 총을 조준한 뒤 쏘면 끝이다.

이러한 문제를 해소하고자 준비 동작 없이 떨어진 곳에 있는 적을 쓰러뜨리기 위해 생겨난 것이 「스페츠나츠 나이프(Spetsnaz Knife)」나 「나이프 피스톨(Knife Pistol)」이라고 하는 특수 나이프이다. 소련의 특수부대에서 사용되었던 스페츠나츠 나이프는 강력한 스프링의 힘으로 나이프의 칼날을 사출하는 것이며, 나이프 피스톨은 손잡이 부분에 장전된 .22 구경 탄환을 날 끝 방향으로 발사할 수 있다.

스페츠나츠 나이프도 나이프 피스톨도 그 존재를 알고 있는 자가 주의 깊게 보지 않으면 간파하기는 어렵고, 그 준비 동작이나 발포 동작도 "칼잡이가 칼을 휘두르는 동작" 속에서 자연스럽게 이루어지므로, 그야말로 불의의 습격을 받게 될 것이다.

위험한 칼

「칼」과 「총」의 전투는 압도적으로 총이 유리하게 보인다.

하지만 고작 칼이라고 얕봐서는 안 된다!

세상에는 「탄환이 발사되는」 칼도 존재한다.

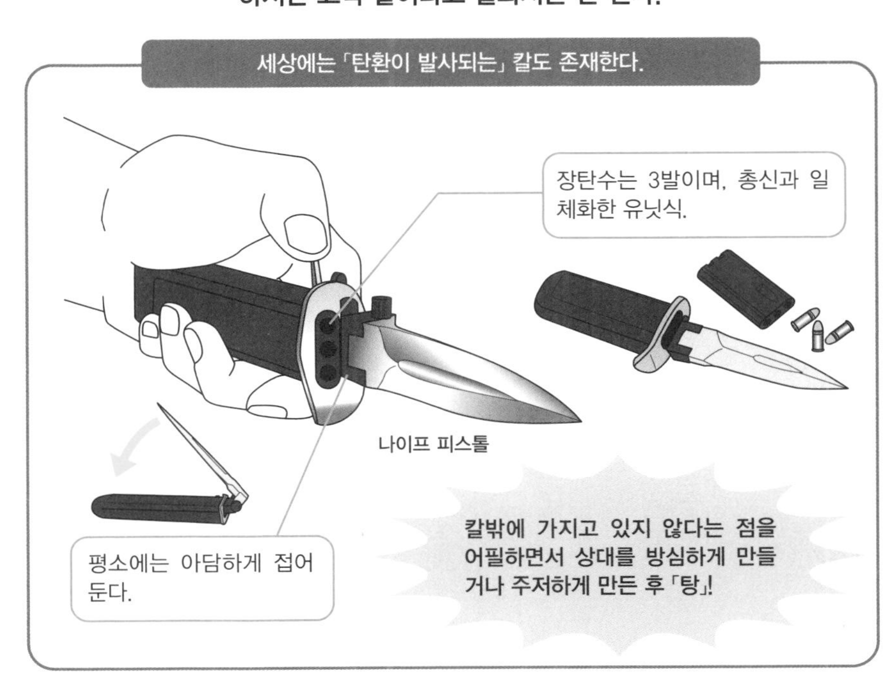

원 포인트 잡학

나이프 피스톨 중에는 리볼버와 같은 6연발 실린더를 내장한 타입도 존재한다.

알몸상태일 때의 총격전

픽션에서는 「맨살이 드러나는 의상」으로 총격전에 임하는 경우가 적지 않다. 만화나 라이트 노벨 등의 표지를 보면 살색의 비율이 높은 일러스트가 늘어서서 황폐해진 마음을 따뜻하게 만들어 주는 경우도 많고 말이다.

이러한 경향을 「모에(萌え) 그림 주의」라거나 「비현실적」이라며 비판하는 목소리도 있지만, 사실 살갗을 노출한 의상으로 총격전을 하는 것은 2차원 세계의 전매특허인 것은 아니다. 많은 시리즈가 등장한 영화 「바이오하자드」나 「툼 레이더」의 선전 포스터에는 주역 배우가 상박이나 허벅지를 드러내면서 포즈를 취하고 있고, 옛날에는 실버스타 스탤론이나 아놀드 슈왈제네거의 액션 영화도 "사나이의 반라"가 키비주얼로 다루어지고 있다. 맨살(특히 여성의)+총이라는 조합은 장사도 될뿐더러 상성도 발군이다.

총격전을 하면서 "맨살을 드러내는" 것으로 인해 얻게 되는 메리트는 상업적인 이유 이외에는 거의 없다는 느낌이지만, 디메리트 쪽은 어떠할까? 총이 탄환을 날리기 위한 에너지는 「화약의 연소」에 의해 발생된 것이기 때문에, 총구에서 그 연소 가스나 타고 남은 화약 찌꺼기가 탄환과 함께 분출된다. 장약의 조합에 따라서는 불기둥이라고 해도 될 정도로 강하며, 이것이 맨살에 맞으면 「문신」과 같은 흔적이 새겨진다. 이 흔적은 전문적으로는 「머슬 프린트(Muscle Print)」, 「화약 감입(Powder Tattooing)」이라고 불리며 총상에 총구가 얼마나 가까웠는지를 측정하는 기준이 된다.

이러한 잉여 연소 가스나 화약 찌꺼기라고 하는 것은 제법 성가신 구석이 있는데, 자동장전식 총이라면 배출구 근처에서, 리볼버라면 총신과 실린더의 틈새에서도 배출된다. 소총은 탄약에 채워진 화약이 많고 연소 시의 가스 총량이 많아서, 권총은 속연성화약(고속으로 불타는 성질을 가진 장약)을 이용하기 때문에 분출하는 가스의 기세가 강하다.

또한 화약의 연소는 당연히 「열에너지」를 만들어내므로, 발포를 계속한 총은 총신이나 기관부가 과열되어 노출된 팔이나 허벅지에 닿으면 화상을 피할 수 없다. 이러한 고열의 위험은 자동 화기에서 배출되는 빈 약협에도 담겨있기 때문에, 여성의 "크게 벌어진 가슴의 골짜기" 같은 곳은 무척 '위험한 델타' 지역이라고 할 수 있을 것이다.

도탄으로 조각난 소총탄이 맨살에 떨어져서 화상을 입거나, 점화구(사격장)에서 옆자리 사수의 총에서 날아온 화약 찌꺼기가 얼굴에 직격한 경험이 있는 필자와 같은 사람은 반라로 총격전이라도 해보라는 말을 듣기라도 한다면 바로 울상을 짓고 말 것이다. 하지만 진짜 전문가라면 노출된 맨살에 어느 정도 고통을 느꼈다고 하더라도 그것은 「애완동물 가게의 동물이 점원을 할퀸」 정도의 일이며, 쿨하게 무시할 수 있는 성질의 것이라고 할 수 있으리라. 그렇다고 해도 특공 부대의 전직 대장이나 라쿤 시티 경찰의 특수요원과 달리, 그저 일반인에 불과한 우리는 얌전히 맨살이 드러나지 않는 복장을 하고 총격전에 임하는 것이 분수에 맞는 행동이라 할 수 있을 것이다.

제 5 장
커스터마이즈 편 · 그 외

No.085

커스터마이즈된 총을 손에 넣기 위해서는?

총을 "사용자의 습관이나 선호에 맞춰서 개수하거나 부품을 변경하는 것"을 커스터마이즈라고 한다. 보통 상태의 총과 비교하여, 커스터마이즈된 총을「커스텀건」이라고 부르며 외견으로 구별할 수 있는 것과 그렇지 않은 것이 있다.

●커스텀건의 입수 방법

「장인은 도구를 가리지 않는다」라는 말이 있다. 실력이 뛰어난 인물은 도구에 얽매이지 않는다는 의미지만, 좋은 도구를 손에 넣으면 그만큼 일의 완성도는 높아질 것이다. 그런 생각을 가진 사람이라면 자신의 손에 "착 감기는 총"을 손에 넣고 싶다는 욕구를 가지게 되는 것은 당연할 것이다. 잘 녹슬지 않는 스테인리스제 프레임 총이나, **인그레이브**를 새겨 넣은 총기도 커스터마이즈된 총이기는 하지만, 일반적으로 "커스텀건"이라고 부르는 것은 일반 부품과는 다른 "커스텀 파츠"를 조합한 것이다.

커스텀 파츠는 시장에서 이런저런 것들이 판매되고 있으며, 사용자가 직접 교환하거나 장착할 수 있다. 물론 커스터마이즈를 위해서는 총을 분해할 필요가 있지만, 대부분은「1차 분해(총의 정비에 필요한 간단한 분해)」레벨에서 조합할 수 있다. 물건에 따라서는 전문지식이나 고도의 기술이 필요한 파츠도 있지만, 그러한 것을 미리 조합한 상태로 판매되는 메이커제 커스텀건도 존재한다.

총기 장인(Gunsmith)에게 의뢰해서「자신만을 위한 전용 스페셜」을 만들어달라고 부탁하는 선택지도 있지만, 그것은 수개월 이상의 시간과 시판품을 사는 비용의 수배~수십 배는 더 들어간다. 하지만(의뢰한 상대가 악덕 건스미스가 아니라면) 세세한 부분까지 주인의 주문이 반영된 "예술품"을 손에 넣을 수 있으므로, 걸린 시간과 비용이 아깝지 않은 좋은 물건을 얻을 수 있기는 하다.

겉보기로는 알 수 없는 커스터마이즈도 있다. 예를 들면 방아쇠나 격철의 작동 상태를 조정하거나, 총신의 정밀도를 올리거나, **자동권총**의 약실 주위를 깎거나 문질러서 재밍(Jamming)을 일으키지 않도록 하는 등의 작은 부분들을 정돈하는 것 등이 말이다. 이러한 작업을「튜닝(Tuning)」이라고 부르지만, 뛰어난 커스텀건—특히 건스미스가 제작한 총기일수록 이러한 요소는 소홀히 지나치지 않는다.

다른 사람과는 다른 총을 가지고 싶다

독특한 총을 손에 넣으려면…

- 스테인리스 프레임 모델 등을 구입한다.
- 직접 커스텀 파츠를 사서 조합한다.
- 건스미스나 메이커제 커스텀건을 찾는다.
- 건스미스에게 「자신의 입맛에 맞는 총」의 제작을 의뢰한다.

※화살표가 아래로 내려갈수록 「희귀도」가 올라간다.

이런 부분이 있다면 그것은 「커스텀건」일 가능성이 크다!

파이어 옵틱 사이트
빛을 받아들여 밝게 보인다.

넉백 사이트
돌출부 없이 심플해서 옷에 잘 걸리지 않는다.

와이드 썸 세이프티
커서 조작하기 쉽다.

스피드 트리거
가볍고 부드럽다.

머즐 스파이크
총구를 어딘가에 갖다 대도 작동 불량을 일으키지 않는다.

비버 테일 그립
그립감을 보조한다.

원 포인트 잡학

커스텀건은 양산되는 것이 아니기 때문에 아무래도 가격이 높아질 수밖에 없다. 유명한 건스미스의 손을 거친 총 등은 희소성도 포함해서 대단히 높은 가격으로 거래되는 일도 있을 정도.

No.086

명중률과 위력 중에 어느 쪽이 중요할까?

총이란 무언가를 「겨냥해서」 「파괴하는」 것이 존재의의인 이상, 명중률과 위력이라는 2가지 요소가 중요해진다. 커스텀건을 제작할 때는 2개의 요소를 밸런스 좋게 만들 것인지, 어느 쪽인가를 포기해서라도 다른 한쪽을 중시할 것인지를 잘 생각해봐야 한다.

●정밀도 중시의 커스텀과 화력 중시의 커스텀

정밀도를 중시한 커스텀건으로 만들기 위해서는 「총신(Barrel)」은 반드시 커스터마이즈해야 한다. 정밀도가 높은 강선을 새기는 것은 노하우와 기술이 필요하므로, 신뢰할 수 있는 **건스미스**나 메이커에게 부탁하는 것이 확실하다. 메이커 공장에는 강선 체크를 전속 장인이 수행하고 있으므로, 그 과정에서 정밀도가 높은 총신을 골라내도 된다. 광학 조준기(Optical Sight)를 탑재하거나 미조정할 수 있는 가늠자(Rear Sight)와 교환하는 등, 조준장비를 커스터마이즈하는 것도 정밀도의 향상에 공헌할 수 있다. 조준을 안정시킬 수 있게 손잡이 등을 교환하는 것도 쓸 만하다.

화력 중시의 커스텀건이라면 탄약을 재검토하는 것이 중요해진다. 하지만 같은 총이라도 강력한 탄약으로 변경한다면 위력 상승으로 연결되지만, 설계 시에 상정된 클래스 이상의 탄환을 쏘면 강도 부족으로 인해 파손되고 만다. 그래서 이런 때에는 탄환이 장전되는 「약실」과 탄환이 지나가는 「총신」을 높은 위력의 탄약을 견딜 수 있는 것으로 교환하는 「보어 업(Bore Up)」이라는 방법이 활용된다. 높은 위력의 탄약은 총신을 긴 것으로 교체하면 더욱 효과적이므로 **자동권총**이라면 슬라이드, **소총**이라면 노리쇠 등의 힘이 걸리는 부품과 함께 교환한다. 또한 대용량 탄창을 장착해서 화력 상승을 꾀하는 것도 효과적이다. 탄약 부족에 시달리지 않고 연속으로 탄환을 발사할 수 있다면, 그만큼 상대를 무력화시킬 기회 또한 늘어나기 때문이다.

정밀도와 화력. 어느 쪽을 우선한 커스터마이즈를 실행하든, "그 총으로 무엇을 하고 싶은지"를 명확하게 해둘 필요가 있다. 목적을 분명히 함으로써 강화되거나 추가된 기능을 효과적으로 사용할 수 있게 되는 것이다. 양쪽을 밸런스 좋게 향상시키는 「밸런스 중시」라는 선택도 있지만, 양쪽을 높은 레벨로 조율시키는 것은 어렵기 때문에 어느 것도 잡지 못하고 애매한 물건이 돼버리는 경우도 많다. 특정 요소에 치우친 커스텀건은 사용하는 입장에서 봤을 때도 쓰임새가 분명해지기 때문에 목적에 맞춰서 취사선택 하는 것이 일반적이라고 할 수 있다.

어느 쪽으로 할 것인가?

정밀도 중시

고정밀도 총신으로 교환

조준장치를 변경

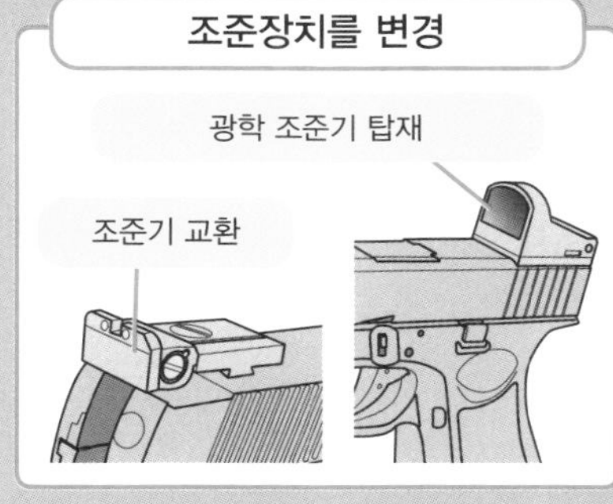

손잡이 교환이나 가공

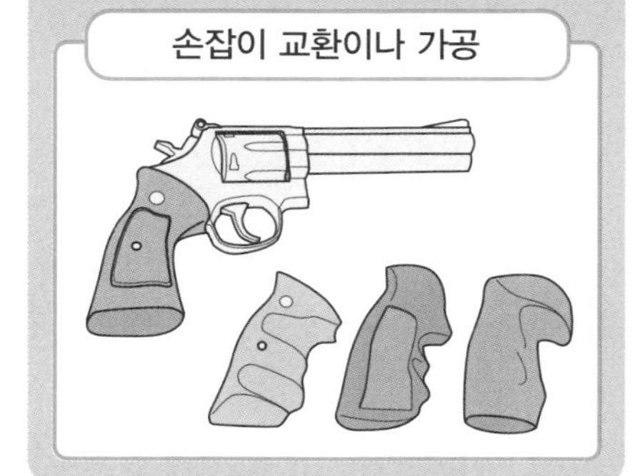

화력 중시

위력이 강한 탄약으로 바꾼다

긴 총신으로 교환

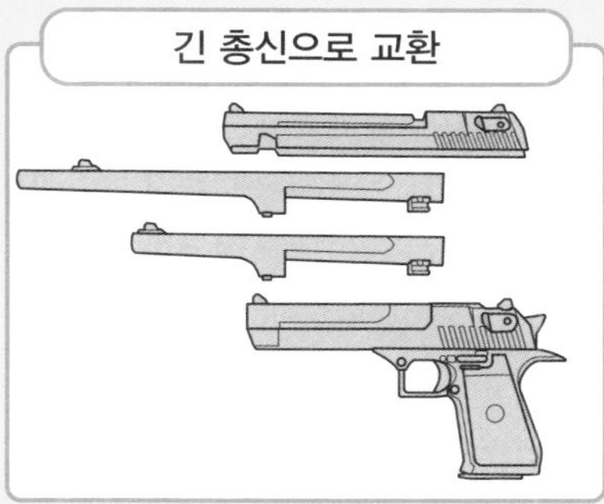

대용량 탄창을 장착

총의 커스터마이즈는 목적에 맞춰서 취사선택한다.

원 포인트 잡학

위력을 중시한 커스텀건은 효과가 눈에 보여서 알기가 쉽고 정밀도를 중시한 것에 비해 사용자의 사격 기술의 영향을 적게 받기 때문에 초보자들이 선호하는 경향이 있다.

No.087

은색 총은 가격이 비싸다?

총의 색깔은 철이나 구리의 색…. 다시 말해 「검정」인 경우가 일반적이지만, 멋쟁이나 여성 캐릭터 등이 때때로 「은색」 총을 들고 있는 경우가 있다. 똑같은 총이라도 색이 달라지는 것만으로도 고급스러운 분위기를 풍기지만…….

●「검은 총」과 「은색 총」의 차이

은색 총이 일반 총과 비교해서 고가인 것은 확실하지만, 총에는 「귀금속으로서의 은」이 사용되는 것은 아니다. 그 광채의 정체는 「스테인리스」. 강도가 있어서 잘 녹슬지가 않고, 손질하기 쉬워서 총의 소재로서 적합하지만, 가공이 어렵기 때문에 상대적으로 가격이 껑충 뛰어오른다. 같은 은색으로 보이는 「알루미늄 합금」제 총의 강도는 강철의 1/3 이하밖에 안 되지만, 가벼우므로 소구경 백업 건(Backup Gun) 등에 사용된다. 열처리가 되어 있지 않은 철을 「은도금」한 총도 있지만, 이것은 강도가 충분하지 못한 조악품인 경우가 많다.

검은색—강철 소재는 스테인리스에 비해 저가이지만, 손질이 된 것은 「블루잉(Bluing)」이라는 처리가 되어 있다. 이것은 일부러 강철의 표면을 산화시켜 철의 표면을 보호하려고 하는 것으로, 일반적인 녹, 즉 붉은 색의 산화제이철(Ferric oxide, 화학식 Fe2O3)은 내부까지 산화가 진행해서 돌이킬 수 없게 되지만, 검은색의 사산화삼철(triiron tetraoxide, 화학식 Fe3O4)은 표면만을 덮으며 내부까지 침식하지 않는다. 표면을 정성껏 닦은 뒤에 약품 등으로 처리하면 철은 검푸른 색으로 물들게 된다.

다른 소재를 조합한 것을 「하이브리드 프레임(Hybrid Frame)」이라고 한다. 사실은 전부 스테인리스로 하고 싶지만 예산 문제로 타협하거나, 쓸 수 없게 된 총을 조합하는 등 다양한 이유로 이것을 하게 된다. 물론 겉으로 봤을 때의 인상 등을 계산해서, 처음부터 하이브리드 사양으로 생산된 모델도 있다.

강화수지 등의 소재로 만들어진 「폴리머 프레임(Frame Polymer)」이라는 것이 있다. 소위 말해 플라스틱과 같은 재질로, 가볍고, 강하고 녹슬지 않는다. 일체 성형에 금속을 부어서 원하는 모양을 만들 수 있는 것으로, 금속을 깎아 만들어낸 것보다 저렴하게 만들 수 있는 것도 매력이다. 「황금으로 만들어진 총」이나 「특수 합금총」 같은 것은 가공세계의 전매특허이지만, 폴리머 프레임 총도 처음 등장했을 때는 이와 거의 같은 급의 별종 취급을 받았다. 하지만 최근에는 오히려 폴리머 프레임이 주류가 되었다. 이렇듯 기술의 진보는 무엇이 주류가 될지 알 수 없으므로 방심할 수 없다.

총의 재질

용도에 맞춰서 다양한 재질의 총이 만들어진다.

강철제

가격이 적당하고 충분한 강도.

스테인리스제

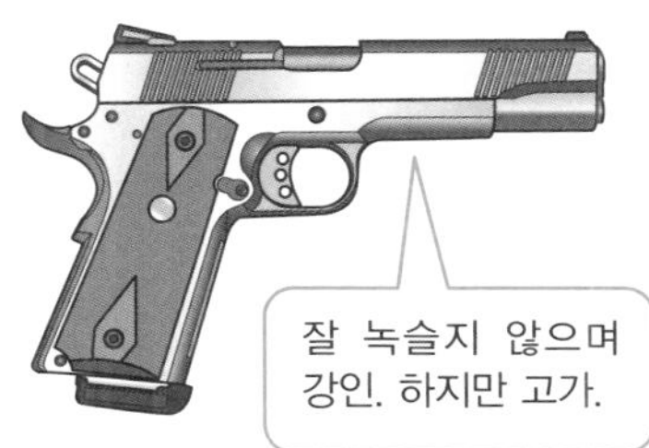

잘 녹슬지 않으며 강인. 하지만 고가.

하이브리드 프레임

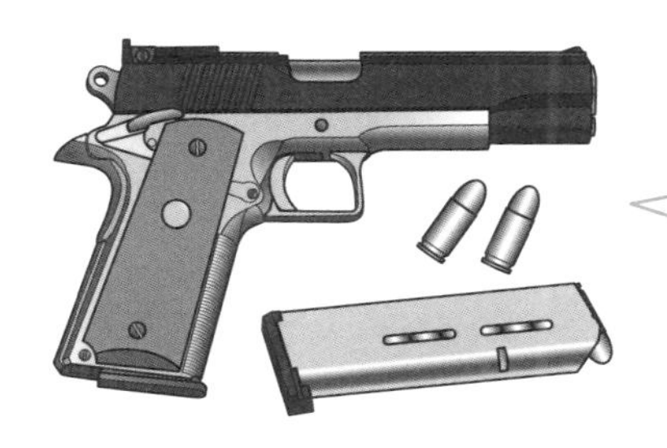

복수의 소재가 조합됨. 타협의 산물, 또는 같은 규격의 부품을 이리저리 짜맞춘 결과이기도.

폴리머 프레임

가볍고 강하며 녹슬지 않고 저렴하다. 최근 들어 주류가 된 총.

특수소재 프레임 (황금이나 특수 합금 등)

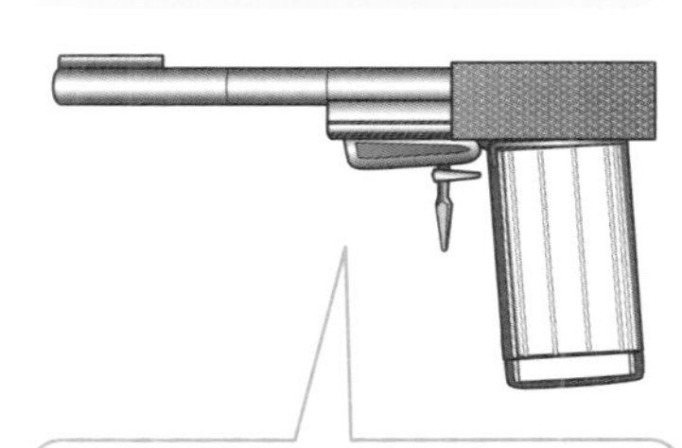

수집가나 뒷세계의 암살자, 은밀한 사명을 가지고 있는 공작원 등에 적합.

원 포인트 잡학

블루잉은 손이 많이 가기 때문에 최근에는 인산염 피막 처리(Parkerizing)나, 표면을 도장 처리 하는 모델도 많다.

No.088

권총의 그립 패널은 교환할 수 있다?

권총—특히 자동권총의 손잡이 부분은 양쪽을 똑같이 생긴 나무판으로 끼워 넣은 구조로 되어 있다. 갈색뿐만 아니라 검정색이나 하얀색인 경우도 있으며 무늬가 새겨진 것 등 다양하며 나사돌리개 하나로 분해할 수 있게 되어 있다.

●「충격흡수」와 「미끄럼 방지」 기능

총의 부품은 필요한 강도를 확보하기 위해 기본적으로는 금속으로 만들어져있다. 옛날의 권총들은 손잡이 부분(Grip)이 나무로 만들어져 있었지만, 현재의 권총은 손잡이 내부에 탄창을 수납하는 디자인이 일반화되어 있기 때문에, 손잡이와 프레임이 일체화한 금속제로 되어 있다.

하지만 손잡이가 단단한 금속으로 만들어져 있으면, 발포 시의 충격이 손에 직접적으로 전해져오므로 궁합이 좋지 않다. 여기서 등장한 것이 손잡이 모양으로 가공된 나무판「그립 패널(Grip Panel)」이다.

그립 패널은 손잡이 양쪽에 나사를 돌려 장착할 수 있게 되어 있으며, 권총의 용도나 사용자의 선호에 맞춰서 교환할 수 있다. 표면에는「체커링(Checkering)」이라고 부르는 홈이 새겨져 있으며, 총이 손에서 벗어나거나 미끄러지는 것을 방지해준다(상아나 진주를 모방한 것 등, 체커링이 없는 그립도 있다).

목제 그립 패널은 체커링을 새기기 쉽고, 또한 땀을 흡수하기 쉬우므로 잘 미끄러지지 않는다는 특징이 있지만, 온도나 온도의 변화에 약하다(=잘 갈라진다)는 단점도 갖고 있다. 결국은 저렴한 플라스틱제 그립 패널이 만들어짐으로써, 목제 그립이 표준적으로 장비되는 일은 줄어들었다.

고무(Rubber)를 소재로 사용한「러버 그립」도 커스텀 손잡이로서는 정석이다. 특히 반동이 강한 총에 장착하는 것이 효과적이라고 하며, 일반 그립 패널과 똑같이 생긴 것을 두꺼운 고무로 만들거나, 얇은 고무를 늘려서 오리지널 그립 위에서 덮은 것 등 여러 가지 타입이 판매되고 있다.

그립 패널은 기능적인 부품임과 동시에 "소유주의 개성을 표현할 수 있는" 몇 안 되는 파츠이므로, 공들인 색이나 디자인의 것을 커스텀 메이커에 특별 주문하거나, 직접 제작하는 사람도 많다.

손잡이의 기능과 소재

권총의 손잡이에 추구되는 기능.

· 사수에게 전달되는「발사 시의 충격」을 분산시킨다.

· 총을 단단히 고정해서 명중률을 높인다.

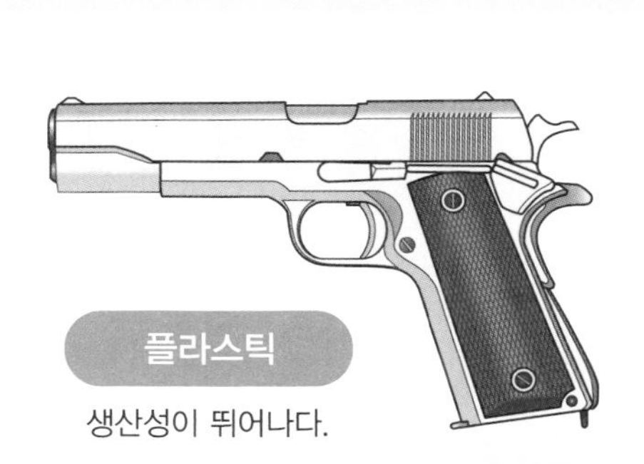

소총과 달리 견착이 불가능한 「권총」에 있어 손잡이는 특히 중요하다!

플라스틱

생산성이 뛰어나다.

선호에 따라 손잡이를 변경한다.

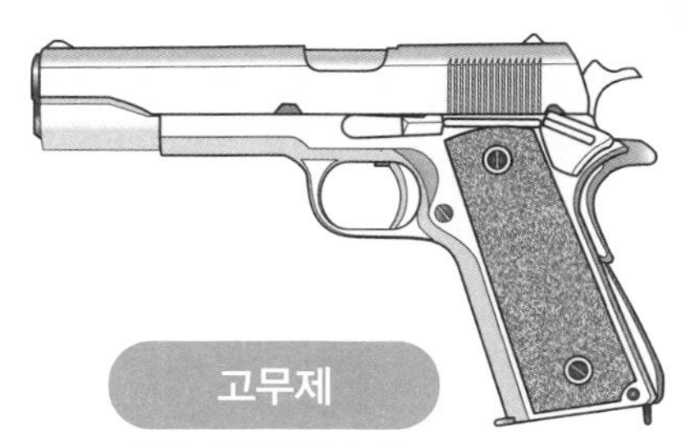

고무제

충격 흡수력이 높다.

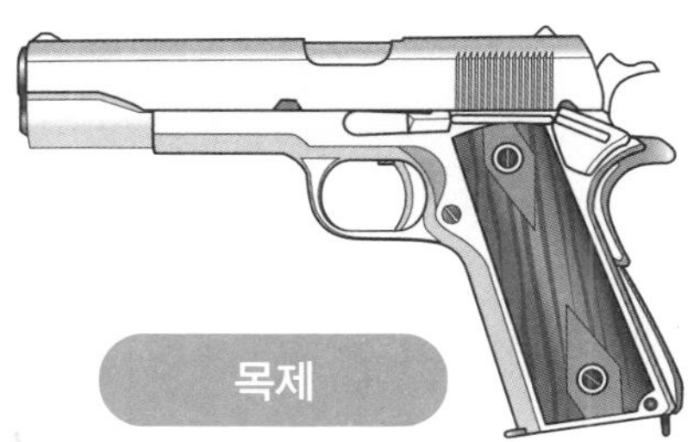

목제

손으로 쥐었을 때 적응하기 쉽다.

강화수지를 다용한 현대의 돌격소총이나 일부 권총은, 손잡이의 부품이 일체 성형되어 독립되지 않은 것도 많다.

원 포인트 잡학

총과 일체감을 추구하기 때문에, 손으로 쥐었을 때 "손에 착 감기는" 느낌이 오도록 손잡이 표면을 손에 맞춰서 깎는 사람도 많다.

No.089

탄창 교환을 보조해 주는 커스텀 파츠는?

자동권총의 탄창을 신속하게 교환하기 위해서는 그저 훈련할 수밖에 없지만, 교환 동작 시에 이용되는 부품을 커스텀 파츠로 교환함으로써, 익숙지 않은 사람도 탄창 교환의 속도와 성공률을 향상시킬 수 있다.

●탄창 주위의 부품을 커스터마이즈

자동권총은 탄약이 떨어져도 탄창을 교환하여 탄약을 빠르게 보충시킬 수 있는 특징이 있다. 하지만 "빠르게"라고 하더라도 그것은 리볼버와 비교했을 때의 얘기이고 제대로 하기 위해서는 나름대로 훈련이 필요하다. 단순히 자신의 기술에 불안감을 느끼고 있는 것이라면, 도구에 의지하는 것도 나쁘지 않다.

「매거진 퍼넬(Magazine Funnel)」은 새로운 탄창을 총에 쉽게 집어넣을 수 있는 커스텀 파츠이다. 각종 자판기를 잘 보면 동전 투입구가 나팔처럼 퍼져 있어서 돈을 넣기 쉽게 되어 있는 것을 확인 할 수 있을 것이다. 그것과 마찬가지로 탄창을 넣는 부분(이 부분을「매거진 웰(Magazine Well)」이라고 한다)에 퍼넬을 장착해주면 탄창이 부드럽게 들어갈 수 있게 되는 것이다.

탄창 밑에 장착하는「매거진 범퍼(Magazine Bumper)」라고 하는 커스텀 파츠는 고무나 수지로 만들어져 있어서, 탄창을 단단한 바닥 같은 곳에 떨어뜨렸을 때의 충격을 흡수한다. 충격으로 탄창이 일그러지는 것을 방지해줄 뿐만 아니라, 낙하음 때문에 적들에게 탄창을 교환 중이라는 사실을 들킬 위험도 줄일 수 있다. 일부 소형 자동권총에 장착된 매거진 범퍼는 연장 손잡이로서 기능하는「핑거 레스트(Finger Rest)」를 장비하는 경우가 있다. 소형 권총은 손잡이의 사이즈가 작기 때문에, 손이 크면 새끼손가락이 삐져나오기 때문이다.

그리고 탄창을 총에서 빼내기 위해서는 탄창 멈치(Magazine Catch)라고 하는 버튼(매거진 릴리즈 버튼(Magazine Release Button)이라고도 한다)을 눌러야 하는데, 총을 잘못 쥐거나 해서 실수로 누르거나 하지 않도록「롱 매거진 매치 버튼」,「와이드 매거진 릴리즈 버튼」이라고 하는 사이즈가 큰 것으로 교환할 수 있다. 또한 홀드 오픈한 총을 사격 가능한 상태로 복귀시키기 위해서는 슬라이드 스톱이라고 하는 부품을 조작할 필요가 있지만, 여기에도 손가락을 걸기 쉽도록 대형화된「롱 슬라이드 스톱」이라고 하는 커스텀 파츠가 존재한다.

퍼넬과 범퍼

탄창을 조금이라도 부드럽게 교환하고 싶다.

훈련에만 의지하지 말고 도구도 사용해보자.

탄창 투입구는 「매거진 웰」이라고 한다

매거진 범퍼

빈 탄창을 떨어뜨렸을 때의 충격을 흡수하여 탄창이 일그러지는 것을 방지한다.

매거진 페널

탄창을 쉽게 집어넣을 수 있도록 하기 위해 장착된 깔때기 모양 부품.

핑거 레스트가 장착된 매거진 범퍼

손잡이가 짧은 소형 권총에는 범퍼가 연장 그립을 겸하는 경우가 있다.

원 포인트 잡학

탄창 주머니에서 빼거나 탄창을 교환하기 쉽도록, 맥풀(Magpul) 사에서 손가락으로 꺼낼 수 있게 고리가 달린 매거진 범퍼가 발매되었다.

No.090

권총의 장탄수를 늘리기 위해서는?

권총의 장점으로는 그 "아담한" 사이즈에서 오는 「휴대성」이나 「취급의 편리성」 등이 있다. 하지만 장탄수를 늘리려고 하면 필연적으로 사이즈가 커질 수밖에 없기 때문에 이 모순을 어떻게 해결할 것인지가 대두되었다.

● 아담한 사이즈를 유지하면서 어떻게 장탄수를 늘릴 것인가 ?

기관단총이라고 하는 카테고리의 총이 널리 보급되지 않았던 제2차 세계대전까지는, 참호전이나 실내의 총격전에서는 권총을 사용할 수밖에 없었다. 당시 권총의 평균적인 장탄수는 7발~9발 정도였기 때문에, 이것을 어떻게 늘릴 수 있을지를 궁리하는 것이 당연한 흐름이었을 것이다.

독일에는 제식 권총「루거 P08(Luger P08)」용의 대용량 탄창으로, 탄환을 직선 1열이 아니라 "빙글빙글 말아놓은 소용돌이형 공간"에 수납하는「스네일 매거진(Snail Magazine)」이 개발되었다. 이 특수탄창은 32발의 탄약을 수납할 수 있어서, 총대에 장착된 긴 총신 모델과 조합해서 카빈(Carbine; 짧은 소총)과 같이 사용할 수 있었다.

현재에는「글록 18(Glock 18)」이나「베레타 M93R(Beretta M93R)」라고 하는 완전 자동 사격이나 3점사가 가능한 권총이 등장하고 있지만, 이러한 총은 구조가 복잡해서 고장나기 쉬운 스네일 매거진과 같은 탄창이 아닌, 단순히 길이만을 연장한 것인「롱 매거진」이 이용된다. 이러한 자동권총은 일반 탄창이라도 약 20발의 장탄수를 자랑하지만, 롱 매거진의 경우에는 무려 40~50발에 가까운 탄약을 채워 넣을 수가 있다.

스네일 매거진이나 롱 매거진은 통상 탄창을 사용하듯이 바로 활용이 가능하지만, 모든 권총에 이러한 특수탄창이 존재하는 것은 아니다. 메이커 순정품이 존재하지 않는 총들은 애프터 마켓의 부품 메이커들이 독자 개발/판매하고 있는 것을 사용하게 된다.

순수한 의미의 "권총"인 것은 아니지만, 캘리코사의「캘리코 M950(Calico M950)」에 채용되고 있는「헬리컬 탄창(Helical Magazine)」도 한정된 공간 안에 대량의 탄약을 수납한다고 하는 콘셉트로 탄생되었다. 박스형 탄창 안에 만들어진 나선형의 홈에 탄약을 수납하여, 스프링의 힘으로 회전하면서 탄약을 보내는 구조로, 장탄수 50발 타입의 탄창과 100발 타입의 탄창이 있다.

권총용 특수 탄창

권총은 「아담한」 것이 이점이므로, 사이즈가 큰 대용량 탄창은 그다지 애용되지 않았지만…

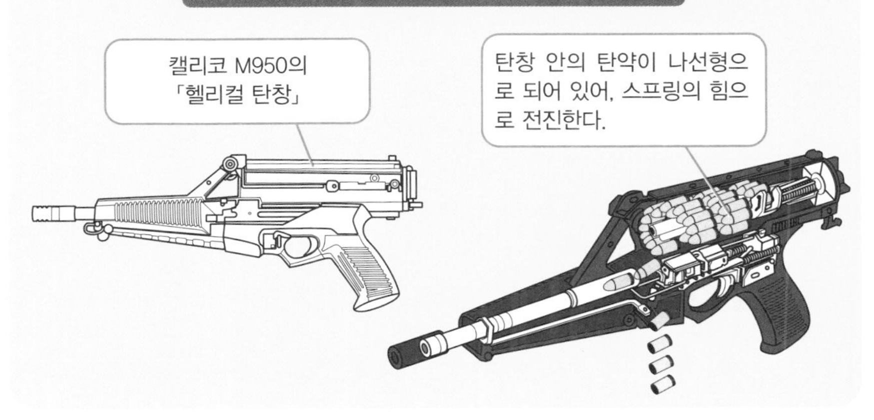

폐쇄된 곳에서 발생하는 총격전과 같이 「특수한 수요」를 만족시키기 위해 개발된 것도 나름대로 있었다.

원 포인트 잡학

나중에 독일에서 개발된 기관단총의 장탄수가 32발인 것은, 「P08」의 스네일 매거진의 장탄수를 의식한 것 때문이라는 말이 있다.

No.091

그립 내장식 레이저 사이트란?

「레이저 사이트」란 스위치를 누르면 레이저가 나오고, 탄환을 발포하면 레이저가 비추고 있는 곳에 착탄하는 조준장치이다. 이것은 조준하기가 쉽고 편리한 반면, 장치의 부피가 커진다는 단점도 있다.

●레이저 조준의 혁명「레이저 그립」

레이저 사이트는 총의 조준장치로 1980년대에는 일반적으로 보급되었다. 빨간 레이저는 보는 사람에게 시각 효과가 발군이므로, 영화「코브라(Cobra)」에서는 실베스터 스탤론이 연기하는 코브레티 형사의 기관단총에, 그리고「터미네이터(Terminator)」에서는 아놀드 슈워제네거가 연기한 살인 사이보그의 자동권총에 장착되어 인상적인 모습으로 사용되었다. 하지만 이 당시의 레이저 사이트는 사이즈도 크고 고장으로 작동하지 않을 위험도 컸다.

하지만 기술의 진보와 함께 소형화가 진행되어 회중전등과 같은 "두툼한 통"이었던 레이저 사이트는 건전지 정도의 사이즈까지 소형화되었다. 거기다 통일규격의 마운트 레일(Mount Rail) 같은 것이 보급되면서 최근에는 군대나 경찰의 일반 부대에서도 사용되기에 이르렀다. 레이저의 스위치는 장치 본체에 달린 모델과 손잡이 근처까지 케이블을 늘려서 조작하는 모델이 있으며, 누를 때마다 ON/OFF가 전환되는 모델은 물론 누르고 있을 때만 빛이 조사되는 등 다양하다.

레이저 사이트의 진화는 여기서 끝이 아니다. 그중에서도 혁명적이라고 평가받는 제품이, 소형화된 레이저 조준장치와 스위치와 배터리를 총의 그립 패널에 내장한「레이저 그립」이다.

지금까지의 레이저 사이트는 장착하면 일반 홀스터에 수납하기가 어려웠지만, 레이저 그립이라면 그때까지 사용해왔던 홀스터를 그대로 사용할 수 있다. 구조상 스위치는 필연적으로 손잡이에 가까워지게 되며, 케이블을 늘릴 필요가 없으므로 기계적으로 고장이 날 가능성도 줄어든다.

총에 장착하는 것은 그립 교환을 함으로써 이루어지는 것이므로, 한 타입의 총—예를 들어「콜트 거버먼트」에는 거버먼트 전용 레이저 그립밖에 장착할 수 없다는 단점이 있었지만, 마운트 장착 타입에 비해 총의 외견이나 벨런스가 거의 변하지 않는다는 점은 커다란 장점이라고 할 수 있다.

이런 곳에 레이저 사이트가?!

초기의 레이저 사이트

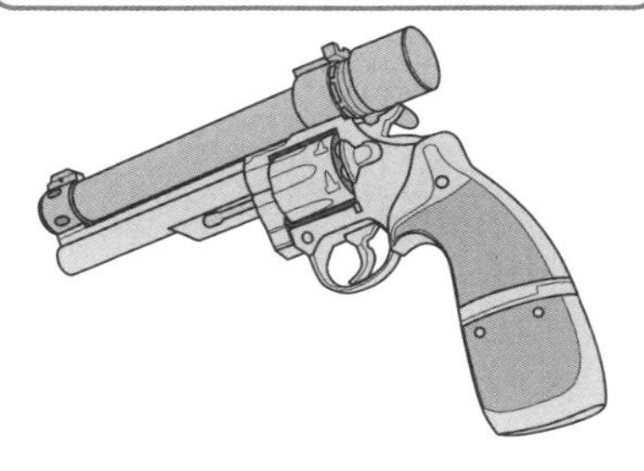

코드의 단선이나 배터리 방전 등, 기계적인 고장도 많았다.

택티컬한 모델에는…

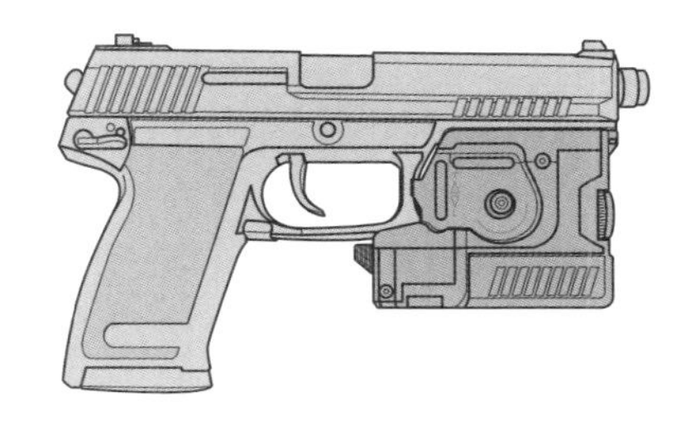

라이트 등과 조합해서 총신 아래의 레일에 장착할 수 있는 것이 많다.

최근 유행하는 레이저 그립

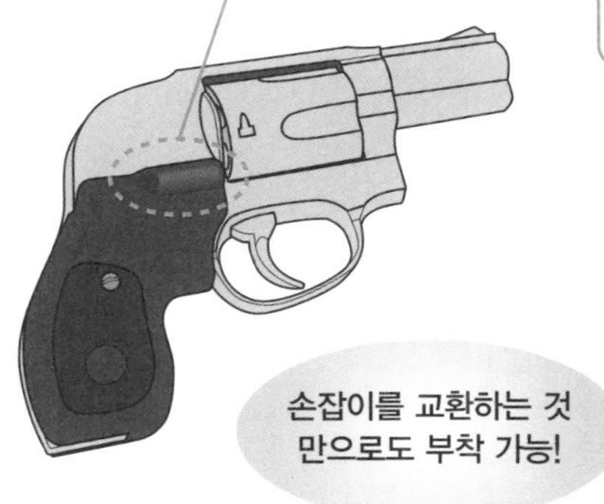

이것이 이점!

· 일반 홀스터를 그대로 사용한다.

· 마운트가 필요 없다.

· 총의 밸런스가 무너지지 않는다.

원 포인트 잡학

총을 쥐거나 방아쇠에 손가락을 걸면 자동으로 스위치가 들어오도록 개조된 총 등은 픽션에서는 자주 등장하는 소재이다.

No.092

총에 사용하는 기름이나 그리스는 특별한 것을 써야 하나?

자신의 총을 최고 상태로 유지하려면 평소에도 정비를 게을리 해서는 안 된다. 발포 후의 총은 세척이 필요한데 그런 경향은 자동장전식 총(자동권총이나 자동소총, 돌격소총 등)일수록 더욱 강해진다고 볼 수 있다.

● 대형 슈퍼마켓에서 파는 것도 OK

총의 정비에 필요한 도구는 여러 가지가 있지만, 일반적으로 떠올리게 되는 것은 기름이나 그리스와 같은 기름류(Chemical)일 것이다.

총의 정비에 사용하는 「기름(Oil)」은 달라붙은 화약 찌꺼기 등을 씻어내기 위해 뭔가 특별한 성분이 배합된 것을 사용하느냐고 묻는다면, 그렇지는 않다는 대답을 드리도록 하겠다. 일상적인 손질의 범위라면 일반적인 기계용 기름이라도 문제없는 것이다.

기름에는 재봉틀 기름과 같이 액체 상태로 "주유"하는 기름과 자동차나 오토바이의 정비 등에도 사용되는 스프레이식 기름이 있는데, 전자는 기름의 막을 형성하여 녹이 스는 원인이 되는 수분과 산소를 차단하는 효과가, 후자는 더러움을 씻어주거나 수분을 분리시키는 효과가 강하다.

액체 상태의 기름은 증조제(增稠劑)를 더해서 점도를 높인 것이 「그리스(Grease)」이다. 이것은 헤어왁스나 땅콩버터와 유사한 페이스트(Paste) 모양으로, 발라놓은 곳에서 쉽게 흘러내리지 않게 되어 있다. 기본적으로는 기관부의 내부 파츠 같은 곳에 사용되는 유지류로, 분해해서 빼낸 부품에 적정량을 발라주면 된다.

물론 무조건 기계용 기름으로 해결된다는 말은 아니다. 총신 내부에 상처를 내지 않고 더러움을 녹이는 「포밍 보어 클리너(Forming Bore Cleaner)」나, 기름으로 세척할 수 없는 탄창 내부에 뿌리는 방수제 「마그 슬릭(Mag Slick)」 등 사용처에 따라서는 전용 기름류를 사용해야 한다. 이러한 제품은 총기 판매점이나 통신판매와 같은 곳에서 입수할 수 있다.

기름류를 너무 칠하면 역으로 모래 먼지나 쓰레기가 들러붙기 쉬우므로, 사용량을 최소한으로 줄이거나 남는 기름은 닦아내는 것이 좋다. 그리고 어떤 것이든 "몸에 좋은 유지류"와 같은 것은 없고, 일부 제품에는 명확히 독성이 있는 것조차 존재한다. 장갑과 방독 마스크를 착용하라고는 하지 않겠지만, 최소한 창문은 열어둬서 환기를 시킨 상태에서 작업하는 것이 좋다.

기름이나 그리스

총을 정비하거나 조정할 때 사용하는 기름(Chemical)은 일반적인 기계 정비용을 사용하는 것으로 족하다.

기름 액체 상태의 윤활유. 원료에 따라 「광물성 유지」, 「식물성 유지」, 「동물성 유지」, 「합성유」 등으로 분류된다.

스프레이 오일

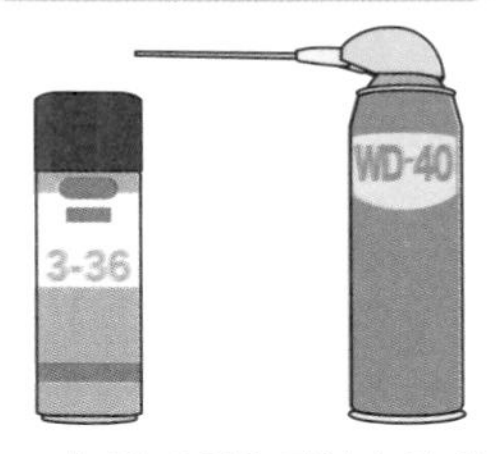

스프레이식 오일은 점성이 약해서 침투하기 쉬운 반면, 엉뚱한 부분이 기름투성이가 될 위험이 있다.

그리스 반고체 윤활유. 기름에 증조제를 더한 것으로, 액체 상태라면 흘러내려서 주유하기 어려운 곳에 사용한다.

단 중요한 곳을 정비할 때는 전용 제품을 사용하는 것이 좋다.

포밍 보어 클리너

거품으로 총신 내부를 세척.

마그 슬릭
(탄창 수리제)

기름을 사용하지 않는 방수 코팅.

원 포인트 잡학

강선에 달라붙은 구리를 닦아낼 때는 「솔벤트(Solvent)」라는 용매를 사용한다. 화약 찌꺼기(Carbon)를 풀어주는 것도 있지만, 오래된 제품은 독성이 강하다.

No.093

인그레이브란 무엇인가?

「인그레이브(Engrave)」란 총의 표면에 새겨진 다양한 디자인의 조각을 말한다. 총에 인그레이브를 채색하는 것을 「인그레이빙(Engraving)」이라고 하며, 실용품밖에 없었던 총에 미술품과도 같은 가치를 부여해준다.

●화려한 장식은 실용적이지 않다?

인그레이빙된 총은 확실히 아름답다. 하지만 미끄럼방지로서 그립 패널에 새겨놓은 「체커링(Checkering)」 같은 것과는 달리, 인그레이브는 총의 성능에 아무런 영향도 주지 않는다. 오히려 조각의 아름다움을 유지하기 위해 부지런히 손질해야 하는 등, 실용적인 면에서 생각해보자면 "소유자의 자기만족"밖에 안 된다고 할 수 있을 것이다.

또한 모델로서는 구식 총—특히 샷건 같은 물건에는 다양한 인그레이브가 새겨진 것도 많다. 이것은 옛날에 「사냥」이라고 하는 귀족의 스포츠(취미)에 사용된 도구를 "더욱 눈부시게" 치장하고 싶다는 발상에서 온 것으로, 역시 자기과시욕이 구현화한 것이라고 할 수 있으리라.

그런데도 인그레이빙된 총을 원하는 자는 적지 않다. 인그레이브는 그 대부분이 전문 장인(Engraver)에 의해 디자인되어, 일일이 수작업으로 새겨지는 하나의 작품인 것이다. 제작 기간도 길고 비용도 나름대로 필요하므로, 옛날에는 권력자가 그 힘을 과시하기 위해서 만들거나, 공적을 세운 자에게 포상으로서 부여한 것도 있었다. 현재는 건스미스(Gunsmith) 등이 주문을 받아 만들고 있지만, 주문이 많기 때문에 항상 순번을 기다려야 하는 상태이다.

호화로운 조각을 새기는 것은 총의 금속 부분(기관부)만이 아니다. 고급 커스텀 소총 등에는 목제 스톡 부분에 화려한 조각을 새기는 케이스도 있는데, 이러한 것은 「카빙(Carving)」이라고 한다.

조각을 새겨진 총은 벽의 오브제가 되어, 수집품으로서 소중히 간직되는 일이 많았다. 유명한 것으로는 제2차 세계대전 당시의 독일 공군 원수 헤르만 괴링이 소유했다고 알려져 있는 황금 루거가 있으며, 이는 「바이오하자드」 시리즈 등의 게임에 등장하거나, 외관을 정밀하게 재현한 토이건(에어건)으로 판매되기도 했다.

인그레이브와 카빙

총에 조각을 새기는 것은

수고가 든다.

돈도 든다.

그런데 총의 성능과는 아무런 관계도 없다.

= 권력자의 자기과시

…라고 받아들이는 일도 많았다.

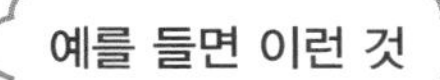

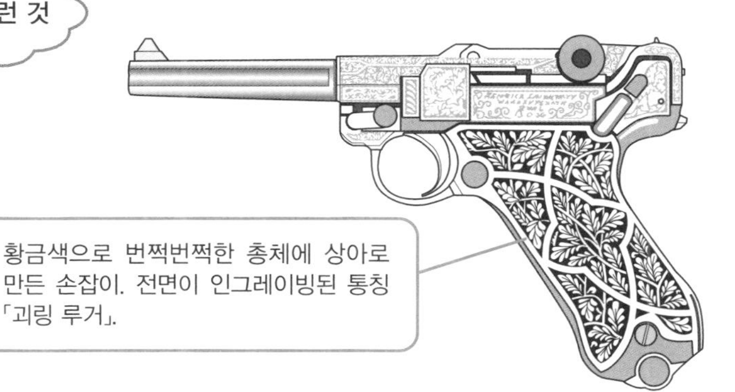

황금색으로 번쩍번쩍한 총체에 상아로 만든 손잡이. 전면이 인그레이빙된 통칭 「괴링 루거」.

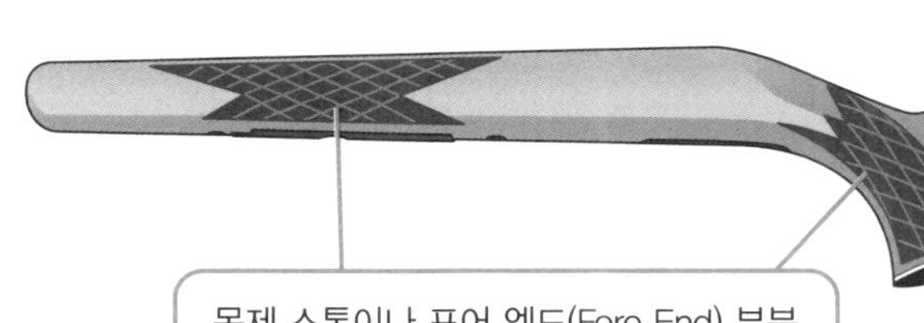

목제 스톡이나 포어 엔드(Fore End) 부분에 새겨진 조각을 지칭하여 「카빙」이라고 부른다.

원 포인트 잡학

인그레이빙된 총에는 조각한 자(인그레이버)의 이름이나 이니셜이 작게 새겨진 것도 있다.

No.094

슈팅 레인지란 어떠한 곳인가?

움직이지 않는 표적을 아무리 쏴봐야 실전에서는 아무런 도움이 되지 않는다, 라는 견해도 있다. 하지만 자신의 총이 사용감이 어떻고, 성능이 어떤지는 실제로 쏴 봐야만 알 수 있는 부분이 있는 것도 확실하다.

●자신의 총을 알기 위해

슈팅 레인지(Shooting Range)란 총을 쏘기 위한 시설로 「사격장」 등으로 번역된다. 관광객을 위한 대여총(Rental Gun)을 다루고 있는 곳도 많지만, 자신의 총을 가져와서 사격하는 것도 가능하다. 입지 조건에 따라서 실내와 야외 사격장이 있지만, 소총이나 샷건을 쏠 수 있는 것은 대부분이 교외에 있는 야외 사격장이다.

표적은 금속제인 것과 종이제인 것이 있다. 금속제 표적은 「스틸 플레이트(Steel Plate)」라고 불리며, 두께가 약 10mm. 사이즈는 원형으로 직경 25~30cm 정도다. 일반적인 권총탄으로는 관통되지 않지만(매그넘탄이라면 움푹 파이는 경우도 있다), 소총탄이라면 쉽게 꿰뚫어버리므로 전용 플레이트를 준비한다. 부서진 탄환의 파편이 튀거나 도탄이 나올 가능성도 있기 때문에, 실내 사격장의 경우는 표적지(Paper Target)를 사용하는 것이 일반적이다.

여러 명이 사용하는 사격장의 경우, 빈 약협이나 발사 가스 같은 것이 옆으로 튀지 않도록 벽으로 나누어져 있는(이 공간을 「부스(Booth)」라고 부른다) 경우가 많다. 부스에는 허리 높이 정도 되는 테이블이 준비되어 있고, 여기에는 총이나 탄환, 예비 표적지 등이 놓여 있다.

사격의 명중률이라는 것은 사수의 정신적인 면에서도 영향을 받는다. 그러한 인적 요소를 배제하고 순수한 「총 자체의 성능(명중 정밀도)」를 알고 싶을 경우, 테이블에 「랜섬 레스트(Ransom Rest; 레스트 머신)」라고 하는 기구를 설치해서 탄환이 흩어지는 상태를 본다. 레스트에 총을 고정하는 방식에는 손잡이 째 끼워 넣는 타입과, 손잡이 패널을 벗겨내서 끼워 넣는 것이 있다.

대부분의 사격장에는 부스 안에서 눈과 귀를 보호해주는 보호구를 착용하는 것이 의무화되어 있다. 이것은 평소에 어떤 스타일로 사격하는 인물이라도 마찬가지이며, 사격 이전의 매너로 되어 있다. 물론 자신이 쏘고 있을 때 한한 얘기는 아니고, 총을 쏠 수 있는 공간에 있는 사이는 그 룰이 계속해서 적용된다.

슈팅 레인지와 시험 사격

막 구입했거나 커스텀한 총은 슈팅 레인지에서 그 명중 정밀도나 사용감을 체크해보자.

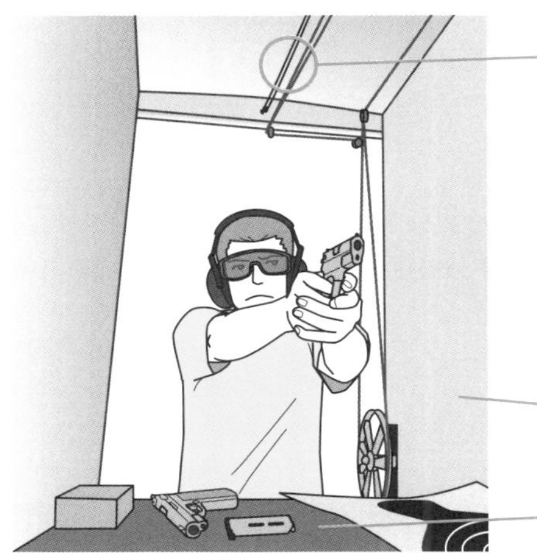

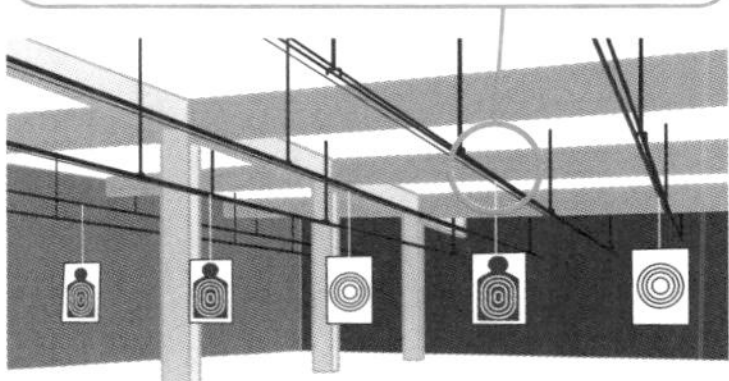

총 자체의 기능을 볼 때는 「랜섬 레스트(레스트 머신)」을 사용한다.

하지만 아무리 튼튼하게 고정시켜도, 탄환은 표적의 같은 장소에는 맞아주지 않는다.

원 포인트 잡학

근거리 사격에서는 탄도의 변화 같은 것을 별로 고려할 필요가 없기 때문에 절반 사이즈의 표적을 사용해서 예측치를 재는 경우도 있다(15m 거리에 절반 사이즈의 표적을 놓아두고, 30m 환산해서 계산하는 경우도).

No.095

표적지에 깔끔한 탄흔을 남기려면?

총탄이 관통한 구멍(탄흔)은 항상 깔끔한 구멍을 남기지는 않는다. 특히 표적지가 대상일 경우, 소재가 연약하고 섬유질이기 때문에 테두리 부분이 들쭉날쭉해서 "장지문을 손가락으로 찌른" 것 같은 구멍이 생기고 만다.

●권총의 표적사격용 탄환

총탄을 겨냥한 장소에 정확히 명중시키려면 준비와 훈련을 충분히 할 필요가 있다. 조준기로 겨냥한 장소와 실제 탄환이 맞은 장소를 비교해서 양쪽이 몇 발을 쏘더라도 같은 곳에 맞을 수 있도록, 자세를 교정하거나 총을 조정하는 것이다.

이 작업을 하기 위해서는 "탄환이 맞은 장소를 정확하게 파악하는" 것을 빼놓을 수가 없으므로, 타깃에 탄흔이 확실히 남아서 나중에 검증하기 쉬운 「표적지(Paper Target)」가 이용된다.

하지만 **풀 메탈 재킷 탄**이건 **할로우 포인트 탄**이건 표적지를 총탄이 관통하면, 장지문을 손가락으로 찌른 것처럼 테두리가 깔끔하지 못한 일그러진 구멍이 남는다. 총의 정밀도를 측정하고 싶다거나 사격 경기 등에서 점수를 확실히 정산하고 싶은 경우 등등에서는, 구멍이 깔끔하지 못해서야 아무래도 실용성이 떨어지는 것이 사실이다.

여기서 등장한 것이 종이표적에 "고양이와 쥐가 신나게 다투는 만화"에 나오는 「구멍 뚫린 치즈」와 같은" 그런 깔끔한 구멍을 뚫을 수 있는 전용 탄환이다. 「와드커터(Wadcutter)」라고 불리는 이 물건은 탄두부분의 생김새가 상당히 독특하다. 일반적인 탄환의 선단 부분은 뾰족하게 생겼지만, 와드커터의 탄두는 평평하고 가장자리가 조금 솟아올라 있다. 예를 들자면 청량음료 캔과 같은 모양이다.

솟아오른 테두리 부분이 딱 「펀치」라는 문구류의 날과 같은 역할을 하면서 종이를 원형으로 도려내는 것이다. 이것으로 종이표적의 어떤 부분에 탄환이 맞았는지 알기 쉬워지고, 점수의 계산이나 표적에서 빗나간 판정을 명확하게 할 수 있게 된 것이다.

전투사격(Combat Shooting)에서는, 즉 실전 사격에서는 탄흔의 위치를 밀리 단위로 판정할 필요가 거의 없기 때문에, 와드커터 탄은 "한쪽 눈을 감고 만점을 노리는 표적사격"을 하는 개인이나 조직이 주로 사용하고 있다.

와드커터의 탄흔

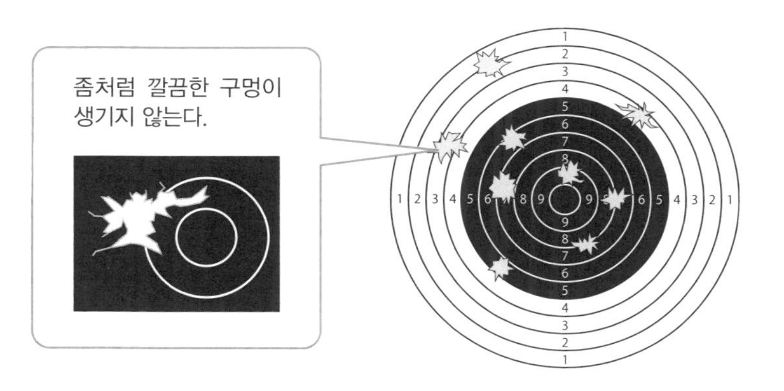

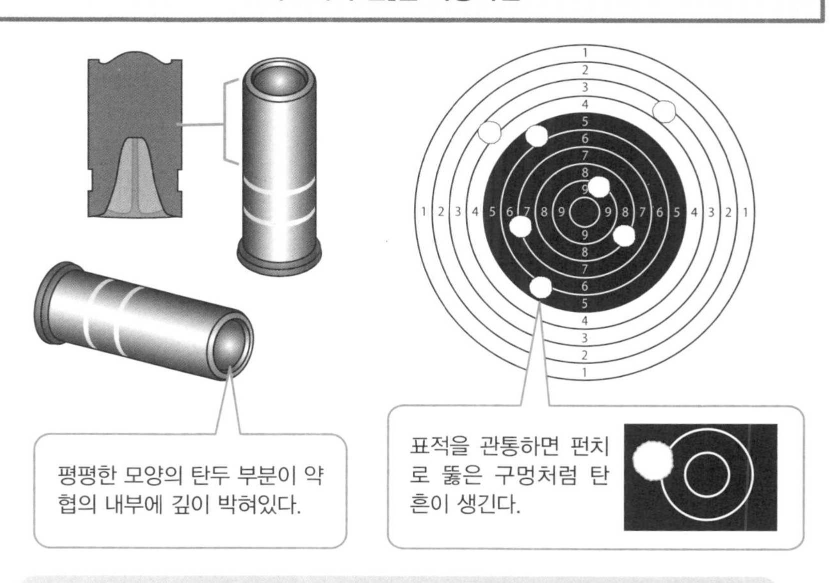

구멍의 경계가 분명하다면, 어디에 맞혔는지 명확해지므로 표적사격의 점수를 쉽게 매길 수 있다.

원 포인트 잡학

와드=판지를 가리키며 와드커터 탄을 해석하면 「판지를 자르는 탄환」이라는 의미가 된다.

No.096

메이커탄과 리로드탄의 차이는?

메이커가 제조하고 판매하는 정규 탄약을 「팩토리로드(Factoryload)」라고 한다. 이와는 다르게 유저가 리로딩(사용한 탄약에 탄두와 장약을 채워 넣는 일)한 탄약은 「핸드로드(Handload)」라고 불린다.

● 리로딩에는 주의를!

탄약은 소모품이다. 그리고 소모품을 보충하려면 돈이 든다. 여기서 생각해낸 것이 「쓰고 남은 약협(빈 약협)을 재활용하면 돈을 아낄 수 있다」는 아이디어다. 마치 컴퓨터용 프린터에 쓰이는 「재활용 잉크 카트리지」 같지만, 재미있게도 그 특징도 닮았다. 즉, 순정품은 "성능은 보장되지만 비교적 비싸다". 재활용품은 "저렴하지만 사고가 나거나 고장을 일으킬 가능성이 있다"는 것이다.

이러한 재활용 탄약은 탄두나 장약(화약)을 선택하여 조립하는 작업을 모두 사용자 자신이 해야 한다. 덕분에 목적에 맞춰서 자신이 선호하는 탄약을 만들 수 있는 반면, 사소한 미스가 사고로 이어질 가능성도 크다. 특히 자주 나오는 실수가 「장약의 종류를 착각하거나」, 「적정량 이상의 장약을 넣는」 불상사다.

권총은 총신이 짧으므로 고속으로 불타는 속연성(速燃性) 화약(Powder)을, 소총은 총신이 기므로 천천히 불타는 지연성(遲燃性) 화약을 사용하지만, 이것은 탄환이 총구를 나가는 순간에 화약의 연소가 끝나도록 하기 위해서이다. 속연성 파우더를 소총탄에 사용하면 총신을 빠져나가는 도중에 가스가 떨어지게 되고, 역으로 지연성 파우더를 권총에 사용하면 짧은 총신을 금방 빠져나가기 때문에 많은 가스를 낭비하게 된다.

장약의 계량은 「화약 저울(Powder Scale)」이라고 하는 기구를 사용해서 엄격하게 측정하지만, 그럼에도 불구하고 사고는 항상 일어난다. 특히 권총탄에 많이 사용되는 속연성 파우더는 용적이 적으므로, 멍하니 있으면 2~3회 더 채우고 말 가능성이 있는 것이다(라이플탄의 장약은 약협의 입구 부근까지가 적정량이므로, 규정량 이상을 채울 물리적 여유는 없다).

비용을 의식하는 건 중요하지만 리로딩한 탄약이 원인으로 트러블이 발생해서는 본말전도다. 그 때문에 군대나 경찰 등에서는 원칙적으로 「팩토리로드」 탄약만을 사용한다.

리로딩을 할 때의 주의점

메이커제 순정탄.

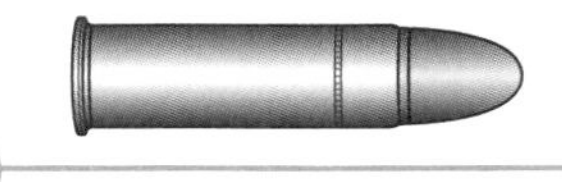

사용자가 장약(화약)을 직접 재충전한 탄약.

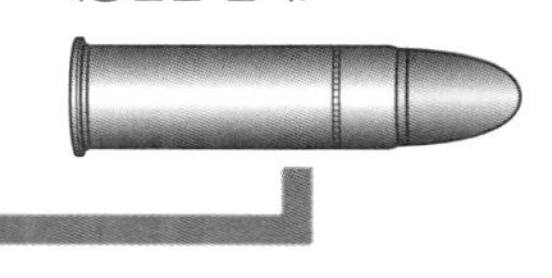

겉모습은 같기 때문에 얼핏 봐서는 구별할 수 없다.

화약(Powder)을 재충전할 때 주의해야 할 점.

장약의 「종류」를 착각해서는 안 된다.

속연성 파우더	=	연소 속도가 빠르다. 일반 권총탄에 사용.
지연성 파우더	=	연소속도가 느리다. 매그넘탄이나 소총탄 등에 사용.

장약의 「양」을 오버해서는 안 된다.

더블 차지	=	파우더를 적정량의 2배를 충전.
트리플 차지	=	파우더를 적정량의 3배를 충전.

파우더의 양을 늘린 탄약을 「핫로드(Hotroad)」, 혹은 「와일드 캣(Wildcat)」 카트리지라고 부른다.

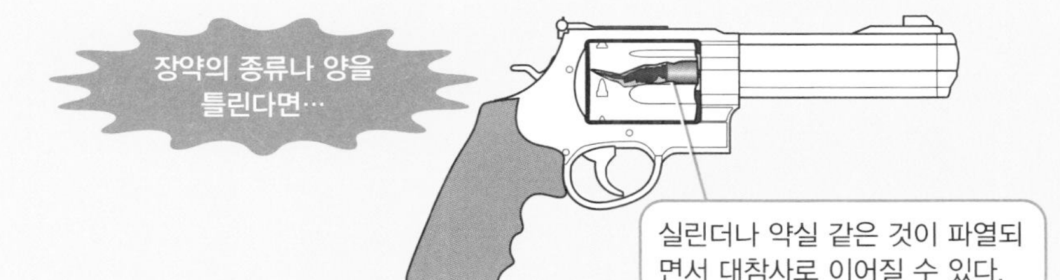

원 포인트 잡학

관광객을 대상으로 한 해외 사격장은 핸드로드인 경우가 많다. 「괌에서 매그넘을 쏴봤는데 반동이 전혀 없었어. 싱거운 걸?」 이런 말을 하는 지인이 있다면, 장약량(裝藥量)을 속이고 있는 건 아닌지 의심해봐야 할 것이다.

No.097

폭죽을 해체해서 수제 탄약을 만들 수 있을까?

불을 붙이면 불꽃을 뿜어내거나 밤하늘에 솟아오르는 가정용 화약에는 소량의 화약을 사용하고 있다. 화약을 잔뜩 준비해서 채워진 화약을 빼낸 다음 한곳에 모으면, 탄환을 발사할 수도 있지 않을까?

●불꽃의 화약은「폭약」

「총탄을 발사하는데 사용되는 화약」과「불꽃에 사용되는 화약」은 전혀 다르다. 탄환을 추진시킬 에너지를 만들어내는 것은, 세간에서는 그냥 뭉뚱그려「화약(火藥)」으로 통용되지만, 전문적으로는「장약(裝藥)」이라고 표현하는 것이 옳다. 장약은 화약의 일종이지만, 폭발이라기보다는 "기세 좋게, 그리고 급격하게 불타는" 성질을 가지고 있다(이 현상을「폭연(爆燃)」이라고 한다).

이에 반해 불꽃에 사용되는 화약은「폭약(爆薬)」에 속한다. 장약과는 비교할 바가 안 될 정도로 연소속도가 빠르며, 충격파를 동반하는「폭굉(爆轟)」이라는 현상을 일으킨다.

총의 약협이나 약실은 폭굉의 에너지를 버틸 수 있게는 설계되어 있지 않다. 불꽃의 화약을 약협에 채워서 탄약을 만들었다고 하더라도 쏜 순간에 폭발하게 된다. 상당한 압력을 버틸 수 있게 설계된 진짜 총조차도 이 꼬락서니다. 철 파이프를 조합해서 만든「수제총」에서「불꽃의 화약을 채워 넣은 탄」을 쏘려고 한다면, 자살희망자 소리를 들어도 할 말이 없을 것이다.

단, 일반적인 장약이라도, 기온의 영향으로 성분이 변질되어 위험한 상태가 되는 케이스도 있다. 장약은 니트로(Nitro) 계 폭약을 베이스로 교화제(膠化剤)로 개어서 굳힌 후 안정시킨 것으로, 그 종류나 양은 사용 환경에 따라 달라진다. 특히 한랭지용 탄약은「마이너스 ××도에서도 사용할 수 있게」만들어졌기는 하지만, 그 이하의 기온에서 보관하고 있으면 교화제가 변질되어 장약이 산산이 부서지고 "폭약에 가까운 성질"이 되어버리고 마는 것이다.

이러한 특수한 조건이 갖추어지지 않으면 총의 탄약에 사용되는 장약은 아무리 모아도「폭발」하지 않는다. 물론 "가연물"이기는 하므로 대량으로 모으면 기세 좋게 타오른다. 하지만 다이너마이트(Dynamite)와 같은 파괴력을 기대할 수는 없으므로, 붙잡힌 인물이 탄약의 화약을 모아서 독방의 잠금장치를 파괴하거나 그 자리에서 수류탄 대신으로 사용할 수는 없다.

위험하므로 절대로 따라하지 마십시오

총탄의 화약과 불꽃용으로 사용되는 화약은 다르다.

「탄약」에 사용되는 화약은…

서서히 연소해서 압력을 발생시키는 「장약」.

「불꽃이나 폭죽」에 사용되는 화약은…

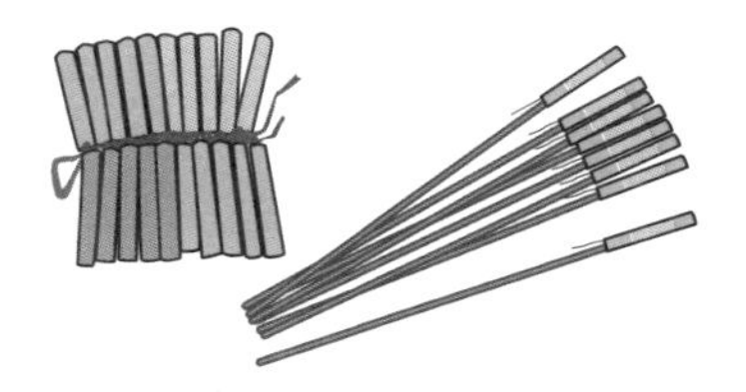

단숨에 연소해서 충격파를 발생시키는 「폭약」.

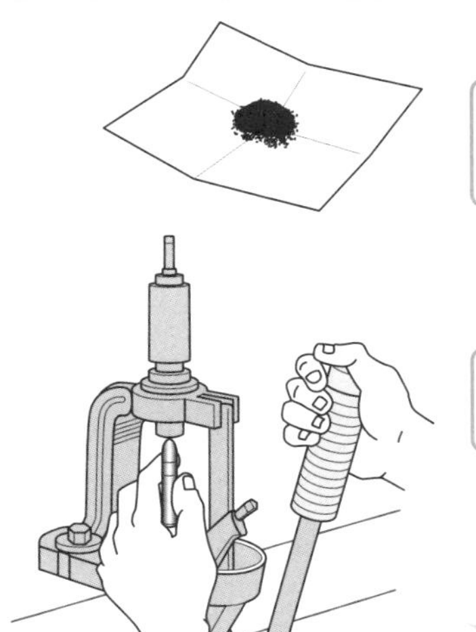

즉 불꽃의 화약(=폭약)을 모아서…

약협에 채우면…

탄환이 발사되기는커녕 약협이나 총이 통째로 폭발한다!

원 포인트 잡학

장약의 성질은 로켓 분사의 가스를 발생시키기 위한 것에 가까워서 장약을 「추진제(推進劑)」라고 표현하는 자료도 있다.

No.098

건스미스란 어떤 직업인가?

스미스(Smith)란 영어로 「장인」을 말한다. 예를 들어 워치스미스(Watchsmith)는 시계장인을, 록스미스(Lock-smith)는 자물쇠 장인을 가리키는 것이다. 즉, 건스미스=총기장인이라는 말이 되지만, 주된 업무는 총을 가공하거나 조정하는 것이지, 총을 처음부터 제작하는 것은 아니다.

●총기전문의 장인

의뢰인의 주문에 응해, 총에 커스텀 파츠를 조합하거나, 부품의 정밀도를 올리는 가공을 하는 것이 건스미스(Gunsmith)라는 직업이다.

커스텀건은 가동 부분이 타이트하게 마무리된 것이 많다. 부품이 빈틈없이 결합되면서도 부드럽게 움직이는 것이, 총의 정밀도에 영향을 주기 때문이다. 군용 총기의 경우에는 이 틈을 의도적으로 넓게 해서 정밀도를 희생하는 대신에, 먼지가 들어가거나 충격으로 부품이 일그러져도 작동할 수 있도록 고안된 것이 많다. 하지만 진흙투성이인 전장과는 인연이 없는 커스텀건은 건스미스의 수작업으로 철저하게 가공된다.

주요 부품은 숫돌이나 줄로 갈아 가공한다. 분해해서는 연마제를 칠한 뒤, 다시 결합하고 부품끼리 마찰시켜 길을 들이며, 이를 또 다시 분해해서 조정한다. 이러한 작업을 끝없이 되풀이한 끝에 완전한 형태를 갖춘 이상적인 부품이 완성되는 것이다.

커스터마이즈용 파츠는 다양한 것이 존재하지만, 그중에는 “조금이지만 크게” 만들어진 것이 있는데, 이것은 건스미스에 의한 피팅(Fitting)이 전제가 되어 있으며, 이들의 숙련된 기술을 통해 빈틈없이 딱 들어맞도록 높은 정밀도로 다시 태어난다. 물론 내부 파츠 뿐 아니라, 총의 외견도 커스터마이즈한다. 필요에 따라서 각종 재질을 자르거나 붙이거나 구부리거나 늘리거나 해서, 이미지대로의 형태를 만들어내는 것이다.

사격 경기(Shooting Sports)나 수렵이 번성한 곳이라면, 건스미스는 수요가 높은 직업이 된다. 수렵이나 해수(害獣) 퇴치에 사용하는 총은 생활에 밀착된 중요한 도구이며, 각종 정비나 성능 향상을 서포트 해주는 건스미스의 존재는 중요하다.

총기 제작자는 경험에 뒷받침된 지식이나 기술은 물론, 감이나 센스와 같은 자질도 필요하다. 가끔은 완전히 독학했다는 사람도 있지만, 대부분은 기술학교에 다니거나 선배 건스미스의 제자가 되는 등의 방법으로 기술을 흡수하고 있다.

총의 장인

건스미스란…

의뢰주의 요구에 따라 총을 가공하고 조정하는 총기 장인.

건스미스의 주된 업무

베이스 총에
커스텀 파츠를 조합한다.

가동 부분의
정밀도를 향상시킨다
(애큐라이즈).

필요하면 각 부분을 자르고
덧붙이는 가공도 행한다.

사격 경기가 번성한 지역(특히 미국 등)에서는
수요가 높다.

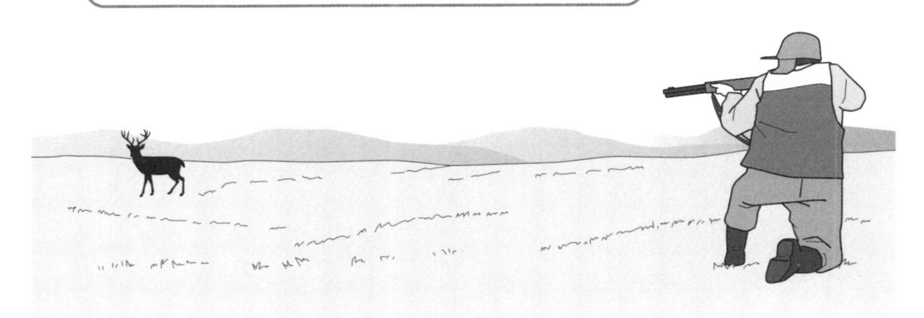

수렵용 총을 수리하거나 튠업하는 것은 생활과
밀접한 관련이 있는 중요한 문제.

건스미스가 되려면…

민간 학교에 들어가서 공부하거나, 사무소를 차린 선배에게 가서 기술을
배우는 것이 지름길.

원 포인트 잡학

「Smith=장인」은 의역에 가깝고 옛 영어의 「두드리다=Smite」가 어원. 망치로 두드리는 사람≒대장장이≒장인으로 금속 가공의 장인을 가리키는 말이었지만, 현대에는 「뭔가를 만드는」 직업이라면 ××스미스와 같은 식으로 두루 쓰인다.

No.099

메이커 소속의 건스미스도 있다?

총에도 가전제품과 같이 어느 정도의「보증」이 붙는다. 대부분은 메이커 측에 원인이 있는 트러블에 대처하기 위한 것으로, 그 보증 범위도 구입한 뒤 몇 년 이내와 같이 한정적인 것부터, 초대 오너에 한해 몇 번이든 가능한 것까지 그 종류도 다양하다.

●애프터 서비스에는 빠질 수 없는 존재

출하상태의 총이 트러블을 일으켰을 경우, 정식 루트로 구입한 총이라면 메이커에 보내면 수리 등의 대응을 해준다. 하지만 멀리 있는 수리 센터까지는 배송비가 늘어나고 포장하는데도 수고가 든다.「어중간한 제품을 만들어놓고 사용자에게 수고와 비용을 들이게 하다니. 이 메이커의 총을 두 번 다시 사나 봐라!」와 같은 평판이 사용자에게서 나오지 않도록 총기 메이커도 서포트 거점을 충실히 하기 위해 많은 노력을 기울이고 있다.

하지만 기업의 노력에도 한계가 있다. 여기서 등장하는 것이 메이커와 계약하여 수리업무를 대행하는 특수한 건스미스(Gunsmith)다. 그 업무에 맞게「워런티(Warranty) 건스미스」,「리페어(Repair) 건스미스」등의 호칭으로 불리는 그들은, 메이커의 정비 매뉴얼에 따라 수리나 정비를 해서 총을 구입했을 때의 상태로 되돌려준다.

그들은 건스미스를 하는 장인이라기보다 흔히 말하는 수리공에 가까운 입장이며, 세간에서 말하는 건스미스에 비해 개성을 발휘할 여지는 적다. 하지만 계약 메이커가 판매하는 총의 구조나 버릇을 완전히 숙지하고, 수리 센터의 기계나 숙련공과 동등한 작업 수준을 발휘할 수 있는 그들은 수수하게 보여도 대단히 높은 기량의 소유자라고 할 수 있다.

S&W사의「퍼포먼스 센터(Performance Center)」나 킴버(Kimber)사의「커스텀 샵(Custom Shop)」등 전문 커스터마이즈 부문을 차리고 있는 메이커는 물론, 어느 정도의 규모를 가진 건스미스는, 대부분의 종기 제작자와 계약하여 자사 제품의 서포트를 시키고 있다. 메이커는 요구에 따라 수리나 커스터마이즈용 파츠를 건스미스에게 공급하고, 건스미스는 그것을 받아들여 사용자에게 꼼꼼한 서비스를 제공한다. 사용자는 메이커에게 총을 보내는 번거로움에서 해방되어 근처의 총기제작자에게 들고 가서 수리를 맡기면 되는 것이다.

고객의 요구를 신속하게 처리

워런티(보증) 건스미스란…

메이커의 위탁을 받아 총의 수리와 정비를 하는 총기 대장장이.

대체로 「높은 기량」의 소유주인 경우가 많다.

「자사의 간판을 걸고 일을 시키기 때문에」 메이커측도 표준 이상의 능력을 요구한다.

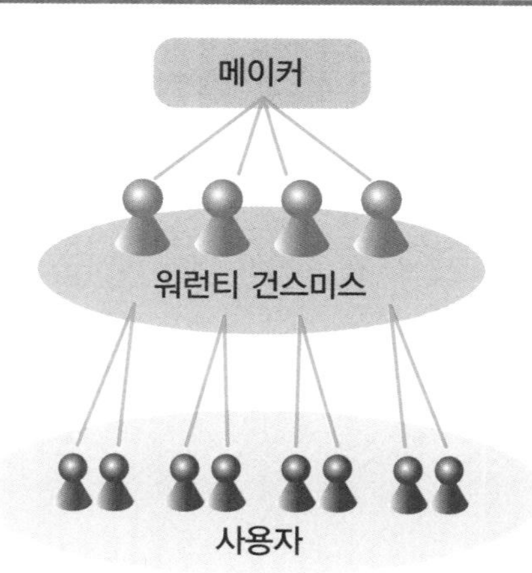

이걸로 Win-Win

총기 메이커	=	서포트 거점이 늘어난다. (사용자에 대하여 꼼꼼하게 서비스할 수 있다)
사용자	=	근처에서 총의 수리를 맡기거나 파츠를 구입할 수 있다. (송료 부담이 없어진다)
워런티 스미스	=	고객을 지속적으로 받을 수 있어서, 부품 확보도 하기 쉽다. (유명 메이커의 간판을 걸고 판매할 수 있다)

때로는 이런 업무도…

메이커의 요청으로 「총의 개량」 등에 협력하거나, 사건이나 재판 등에서 전문가로서 의견을 내는 일도 있다.

원 포인트 잡학

총기 판매점에도 제각각 「계약하는 건스미스」가 있으며, 가게에서 구입한 총의 커스터마이즈나 애프터서비스를 하는 것이 일반적이다.

No.100

초보자에게 총 쏘는 법을 가르치기 위해서는?

총을 쏘는 법이라고 하면 「기본자세」부터 「조준하는 법」이나 「탄약이 떨어졌을 때의 동작」 등등 여러모로 숙지해야 할 점이 많다. 하지만 무엇보다 중요한 것은 "위험물인 총을 완전히 자신의 것으로 컨트롤할 수 있도록 훈련하는 것"이다.

●총의 컨트롤

총의 취급=건 핸들링(Gun Handling)을 하는데 있어서는 타협할 수 없는 4개의 대원칙이 있다. 이 룰은 경찰이나 군대의 지도교관뿐만 아니라, 관광객이나 초보자를 대상으로 한 강연을 하는 슈팅 레인지 등에서도 널리 받아들여지고 있다.

우선 첫 원칙은 「총은 항상 탄약이 장전되어 있다는 가정 하에서 취급한다」는 것이다. 사고를 일으킨 사람들의 대부분은 「탄약이 들어있는지 몰랐다」고 변명한다. 그러니 처음부터 "탄약이 들어있지 않은 상태란 아예 존재하지 않는다"고 생각한다면 사고는 일어날 수가 없다.

다음 원칙은 「중요한 것에는 총구를 겨누지 않는다」이다. 이것은 물건에 한정된 얘기가 아니라 다른 사람이나 자기 자신도 포함하여, 총구가 향하지만 않는다면 만에 하나 격발하더라도 탄환에 맞을 일이 없다는 것이다. 총을 조준한 채 이동해야만 할 때는 총구를 아래로 향하면 된다.

그리고 「사격을 하기 전까지 방아쇠에 손가락을 걸지 않는다」는 것도 중요하다. 총의 종류에 따라 다르지만, 어딘가 부딪히는 등의 간단한 자극에도 격발은 일어날 수 있다. 집게 손가락을 펴는 것만으로는 충분하지 않으므로, 방아쇠에 걸지 않도록 손은 총의 손잡이나 방아쇠울 부분을 잡고 있는 것이 무난하다.

마지막 하나는 「타깃이나 그 주위에 뭐가 있는지 항상 의식한다」이다. 표적은 쏴도 괜찮은 것인가, 탄환이 다른 방향으로 튀진 않을까, 관통하거나 빗나갔을 경우에는 주위에 피해가 발생하지 않을까…. 그러한 문제에는 항상 주의를 기울이지 않으면 안 된다.

위에 있는 4개의 원칙 중, 소홀히 여긴 것이 많을수록 중대사고가 발생할 확률이 높아진다. 총기를 다루는데 아직 익숙지 않은 "초보" 라면 우선 이러한 마음가짐부터 철저하게 익히는 것이 중요하다고 하겠다.

건 핸들링의 철칙

4개의 안전 수칙

1. 모든 총은 장전 상태라고 가정하여 다룬다.
2. 절대로 중요한 것에는 총구를 겨누지 않는다.
3. 조준이 확실히 되었을 때까지 방아쇠에 손가락을 걸지 않는다.
4. 표적의 주위에 뭐가 있는지 항상 의식한다.

이런 행위는 중대한 사고를 유발할 수 있다! 반드시 피하자!

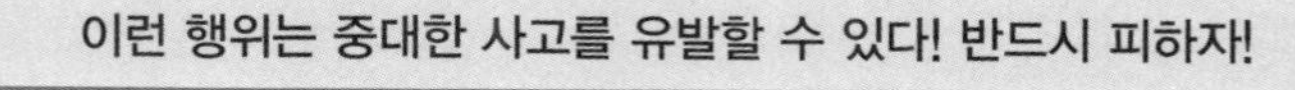

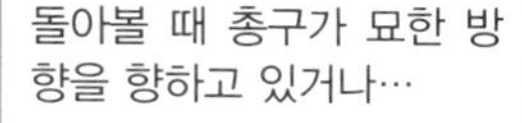

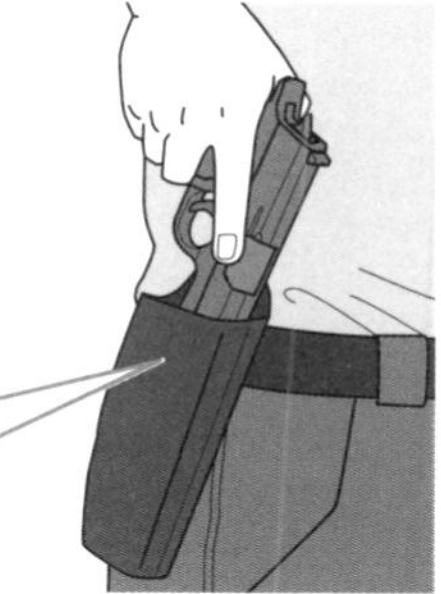

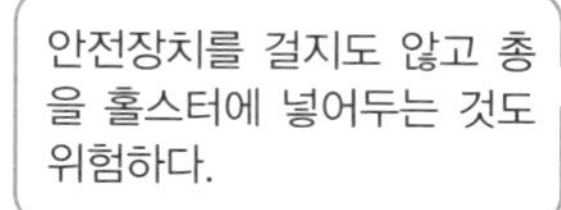

원 포인트 잡학

총을 다룰 때의 안전 수칙에는 그 외에도 「총의 메커니즘을 이해한다」, 「알코올이나 약물을 섭취하지 않는다」 등과 같은 것이 있다.

No.101

러시안 룰렛의 작법은?

러시안 룰렛(Russian roulette)이란 리볼버에 탄약을 1발만 넣어둔 후 참가자가 순서대로 돌아가며 방아쇠를 당기는 도박(게임)이다. 소설이나 만화 등에서는 붙잡힌 주인공이 강제로 하게 되거나, 젊은이들끼리 고집을 피우다가 저지르는 경우도 있다.

●목숨을 건 게임

실린더라고 불리는 원통형 탄창에 탄약을 넣고, 그것을 회전시킴으로써 연속으로 발사할 수 있게 한 것이 리볼버라는 카테고리의 권총이다. 실린더에 장전할 수 있는 탄약의 수는 6발 정도가 표준으로, 러시안 룰렛에 사용할 경우 방아쇠를 6회 당기면 반드시 1발이 "맞게" 된다는 계산이 나온다.

「당첨 확률 1/6의 제비뽑기」를 시작하려면, 우선 실린더가 비어 있는 리볼버와 탄약을 1발 준비한다. 다음으로 6개 있는 구멍 중 1개에 탄약을 넣고 실린더를 닫는다. 이 상태에는 실린더가 고정되므로, 격철을 손가락으로 약간만 당긴다. 그러면 실린더는 고정되지 않은 상태가 될 것이다. 이때 실린더를 손으로 기세 좋게 회전시킨 다음 손가락의 힘을 풀어서 격철을 원래대로 되돌리면 실린더가 고정되면서 회전이 멈춘다. 이걸로 탄약을 넣은 본인도 탄약의 위치를 모르게 되는 것이다.

주의해야 할 점은 실린더를 전방에서 들여다보면 「장전된 탄약의 위치」를 파악할 수 있다는 점이다. 탄환의 위치를 알게 되면, 다음에 방아쇠를 당겼을 때 탄환이 발사될 것인지 짐작할 수 있기 때문에(단, 총의 메이커에 따라서는 실린더의 회전 방향이 반대인 경우도 있기 때문에 계산을 잘못할 수도 있다), 다른 사람들이 총에 대한 지식이 많지 않다면 사기를 치는 것도 가능하다. 방아쇠를 1회 당길 때마다 다시 한 번 실린더를 회전시키거나, 총을 응시하지 말라는 룰을 정하는 것도 생각해볼 수 있지만, 실제로 이러한 룰을 정했다는 사례는 거의 없는 것 같다.

러시안 룰렛이라고 하는 내기가 널리 알려진 것은, 1970년대의 경찰관 드라마나 베트남 전쟁을 다룬 영화 등의 영향이 크다. 어원에 대해서는 여러 가지 의견이 있는데 「제정 러시아 귀족의 자식들이 시작했다」는 것이나 「러시아 감옥에서 죄인들에게 강제로 시행되었다」 등 다양하지만, 어느 것도 억측에 불과하다. 그중에는 「러시아의 권총은 6발 쏴서 1발밖에 맞지 않는 품질이었으니까」라는 것도 있었다.

확률 6분의 1

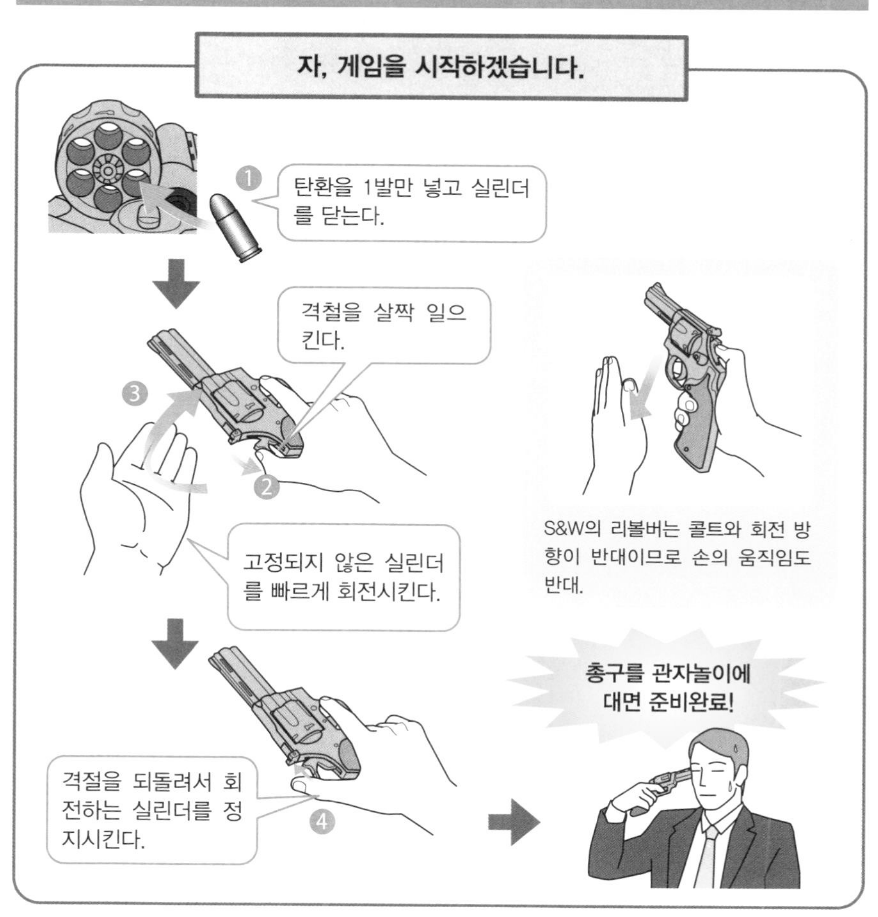

러시안 룰렛은 자동권총으로는 절대로 해선 안 됩니다.

— 담력 시험을 해보지 않겠나? 탄환은 한 발. 서로 번갈아가며 방아쇠를 당겨서 탄환이 나온 쪽이 지는 거야. 탄창 장전. 슬라이드를 당기고… 자. 선공은 네게 양보하지.

— 저, 저기요…???

원 포인트 잡학

미국에는 「Chuck Norris Played Russian Roulette with a Fully Loaded Gun And Won(척 노리스는 탄약이 완전히 장전된 총으로 러시안 룰렛에서 이겼다)」라는 농담이 존재한다.

중요 키워드와 관련 용어

A~Z

■ OK 목장(O.K. Corral)

전 라이트급 복싱 왕자의 승부 대사. 미국 애리조나 주에 있는 목장 근처에서 발생한 총격전은 「OK 목장의 결투(Gunfight At The O.K. Corral)」, 「와이어트 어프(Wyatt Earp)」 등, 서부극의 대표적인 소재로서 여러 번 영화화되어 다루어졌다.

■ Shoot to kill

"총을 뽑는 순간, 그것은 자신이나 상대 중 누군가가 죽는다"라는 사고방식. 사살 주의라고도 부른다. 이런 견해를 가진 사람에게는 「위협사격(威嚇射擊)」이라는 게 존재하지 않아서 확실히 급소를 노리거나 상대의 반격이 그칠 때까지 총격을 계속한다.

가

■ 강선(Rifling)

총신 안에 새겨진 몇 개의 홈. 발사된 탄환은, 비스듬히 새겨진 홈을 거치면서 회전하여 탄도가 안정되고 비거리도 늘어난다. 홈의 형태가 각이 진 「엔필드(Enfield)형」이 현재 주류이지만, 홈이 둥근 「메트포드(Metford)」라고 하는 것도 있다(일본군의 총기는 이 형식).

■ 건카타(Gun Kata)

영화 「이퀼리브리엄(Equilibrium)」을 통해 세상에 알려진 새로운 개념의 건 액션 스타일. 총격전을 통계학적으로 분석해서, 적의 공격을 수학적으로 끌어냄으로써 공격과 회피를 동시에 해내는 전투기술. 영화 「울트라바이올렛(UltraViolet)」에서는 적 다수를 동시에 사선축 상으로 유도한 뒤 자신은 공격을 전혀 하지 않고 적을 전멸시키는 요소도 추가되었다.

■ 건플레이(Gunplay)

권총을 손가락으로 회전(건 스피닝 : Gun Spinning)시키거나, 저글링 구슬처럼 던진 후 다시 잡는 것을 보여주는 기술. 실전에서는 아무런 도움도 되지 않지만, 총을 다루는 데 익숙하다는 점을 어필할 수 있다.

■ 고르고 13(ゴルゴ13)

프로 저격수. 각국의 지도자층 사이에서는 직업 테러리스트라고 통하기도 한다. 「원 맨 아미(One Man Army)」를 자칭하며, 저격과 총격전 양쪽에 대응할 수 있는 「M16(아말라이트 변형총)」을 애용한다. 홀스터에 넣어둔 리볼버를 0.17초의 속도로 뽑을 수 있다.

■ 고스트 그로(Ghost Glow)

야광페인트를 바른 오픈 사이트(Open Sight)를 이르며, 어두운 장소에서는 은은하게 빛난다. 축적된 빛을 방출하는 것뿐으로, 시간이 지나면 광량이 떨어진다.

■ 꼼짝 마(Hold Up)

「손을 들어라」 와 같은 의미. 구르면서 총을 겨눈 뒤 상대에게 항복을 권고할 때 하는 말이다. 상대가 스티븐 시걸(Steven Seagal)이나 척 노리스(Chuck Norris)일 경우, 너무 접근하면 역습당할 수 있다.

■ 기관총(Machine Gun)

소총탄을 완전 자동 사격으로 사격할 수 있는 총. 크고 묵직하기 때문에 들고 다니기에는 불편하지만, 옵션으로 삼각 받침대 등을 사용해서 명중률이나 조작성을 향상시킬 수 있다. 권총탄을 사용하는 아담한 기관총은 「기관단총(Submachine Gun)」이라는 명칭으로 구별한다.

나

■ 네코너샷(ネコーナーショット)

고양이 가죽을 뒤집어쓴 코너샷. 총구가 고양이의 머릿속에 숨어 있기 때문에 발포하면 머리가 갈라지고 내장이 튀어나온다. 코너샷의 개발자가 직접 만든 총으로, 정식 명칭은 「Kitty CornerShot」이다.

■ 뇌관(Detonator)

화약의 밑바닥에 달린 점화장치. 이것이 폭발하면 약협 내부의 화약(장약)이 불타고, 그 가스가 탄두를 가속시킨다. 「베르단(Berdan)형」과 「복서(Boxer)형」이 있다.

다

■ 대용량 탄창

일반 탄창보다 장탄수가 많은 탄창을 말한다. 표준 사양의 1.5~2배 정도 되는 것을 가리키지만 명확한 기준은 없다. 탄수가 늘어나는 반면, 총이 무거워지면서 사격 자세를 잡았을 때 밸런스가 무너질 수 있기 때문에 꼭 좋은 것만은 아니다.

■ 싱글 컬럼(Single Column)

단열식 탄창. 탄약을 1열로 채워 넣는 타입으로, 장탄수는 적지만 탄약을 내보내는 것이 매끄러운 만큼 재밍이 잘 발생하지 않는다.

■ 단편화(Fragmentation)

고속으로 착탄한 총이 충격으로 체내에서 부서지는 것. 풀 메탈 재킷 탄의 탄심(彈芯)과 피갑(被甲)이 체내에서 분리해버리는 현상도 포함된다. 에너지가 확산해버리기 때문에 관통력은 떨어지는 반면 에너지가 체내에서 전부 사용되기 때문에 탄환의 위력을 100% 활용할 수 있다. 이 현상을 의도적으로 이용한 탄환도 존재한다.

■ 더블 액션(Double Action)
총의 작동 구조. 최초의 1발부터 "격철을 당기지 않고" 쏠 수 있는 방식으로, 현재의 주류가 되어 있다. 2발 째부터는 싱글 액션과 같은 동작으로 연발할 수 있다.

■ 더블 탭(Double Tap)
대인사격의 기본. 명중한 장소가 급소를 빗나가거나, 상대가 불굴의 정신력을 가지고 있어도 확실히 제압할 수 있도록 하나의 목표에 탄환을 2발 연속으로 쏘는 테크닉. 1발이 맞은 직후에 조준을 살짝 조정하는 것이 포인트.

■ 도탄(跳弾)
탄환이 지면이나 벽 등에 맞고 튀는 것을 이르는 말. 특히 콘크리트나 시멘트, 블록 등으로 만들어진 벽이나 바닥 재질이 단단한 장소에 맞을 경우 발생하기 쉽다. 탄환의 원형을 유지한 상태로 도탄을 일으키는 각도는 3~8도 정도가 한계이며, 15도 이상이 되면 부서지고 만다. 빠르고 단단한 탄환일수록 도탄이 나기 쉽지만, 도탄이 되었을 때 탄도가 불안정해지기 때문에, 당구를 하듯 「도탄을 이용한 핀 포인트 사격」은 지극히 어렵다.

■ 독일 루거(German Luger)
미국인이 독일의 「루거」를 가리키는 속어. 미국에는 「스텀 루거(Sturm Ruger)」라는 건 메이커가 있어서 그것과 구별하기 위해 사용한다. 영어로는 독일의 루거는 「Luger」, 미국의 루거는 「Ruger」로 그 철자가 명확하게 다르지만, 발음만으로는 그 차이를 구분하기 어려운 경우도 있는 것 같다.

■ 돌격소총(Assault Rifle)
소구경 고속탄을 사용하고 완전 자동 사격이 가능한 소총으로, 현대 육전에서 보병의 주 무기로 사용되고 있다. 군대에서 처음 사용된 이후 군용 총기라는 이미지가 강했지만, 최근에는 경찰의 실전 부대에서도 장비하게 되었다.

■ 동구권(東歐圈)
러시아, 우크라이나, 벨로루시를 시작으로 다수의 공화국으로 이루어지는 사회주의 진영. 소비에트 연방(소련)과 그 위성국의 통칭. 현재는 소멸해버렸기 때문에 그냥 「구공산권」이라고 표현하는 경우도 있다.

■ 동류전환
2개를 합쳐 1개로 만드는 것. 물품을 만들거나 수리할 때 사용하는 말로, 엉망이 된 물건 여러 개를 조합하여 1개로 완성하는 것을 가리킨다.

■ 드라이 파이어(Dry Fire)
탄환을 장전하지 않고 약실이 비어있는 상태에서 격발하는 것을 말한다. 총에 익숙해지기 위한 연습이나 총격전 후에 탄환을 빼냈는지를 확인할 때 등에 사용되지만, 고장의 원인이 된다면서 경원시되는 경우도 많다. 빈 약협으로도 대신 사용할 수 있지만 「드라이 파이어 전용 카트리지」도 시판되고 있다.

라

■ 라운드 노우즈(Round Nose)
선단의 모양이 둥근 탄두를 가리키는 말. 주로 권총탄에 사용되지만, 일부 소총탄에도 이러한 모양의 것이 존재한다.

■ 러버 그립(Rubber Grip)
고무로 성형된 손잡이를 통틀어 이르는 말. 미끄럼 방지 효과가 크지만, 반동이 강한 총에 장착하면 역으로 손의 피부가 벗겨지는 경우도 있다. 땀을 흡수하지 않는 것이 옥에 티.

■ 러시안 타코야키(ロシアンたこ焼き)
6~8개의 타코야키에 1개만 "매운 고추가 들어간" 것을 섞어서, 걸릴 때까지 순서대로 계속 먹는 게임. 그 외에도 「만두」나 「초밥」과 같은 다양한 베리에이션이 있어서 술집이나 맞선자리 같은 곳에서 자주 한다. 자위대에는 기념품으로 「불꽃의 작전(경단)」, 「서바이벌 상황 개시!(쿠키)」 등의 상품이 판매되고 있다.

■ 레그 홀스터(Leg Holster)
힙 홀스터의 일종으로, 허리에서 조금 아래에 있는 「넓적다리」에 총을 장착하는 홀스터. 소총으로 지향사격자세 자세를 취했을 때 방해가 되지 않는 데다 기관단총 크기의 총도 수납할 수 있지만, 무릎 쏴 자세를 취했을 때는 총을 뽑기 어렵다.

■ 레버 액션(Lever Action)
소총의 작동 구조. 방아쇠울을 겸한 「레버(Lever)」를 조작함으로써 탄약을 장전, 배출하는 방식을 가리킨다. 스티브 맥퀸(Steve McQueen)이나 존 웨인(John Wayne)의 「스핀 콕(Spin Cock)」은 레버를 받침점으로 삼아 총 전체를 회전시켜서 장전하는 테크닉이지만, 최근에는 아놀드 슈왈제네거(Arnold Schwarzenegger)가 영화 「터미네이터 2(Terminator 2)」에서 그것을 재현했다.

■ 로큰롤!(Rock'n'roll!)
「얘들아! 마구 쏴버려라!」라는 의미. 1970년대(배트남 전쟁이 한창이던 시절) 즈음부터 장전 완료된 총으로 임전태세에 들어가거나 아군 전원이 전력으로 사격하는 것을 가리키는 표현으로 사용되었다.

■ 리볼버(Revolver)
원통형 탄창(실린더)에 5~6발의 탄환을 장전하는 연발총. 고장이나 작동 불량을 잘 일으키지 않지만 자동권총과 비교해서 장탄수가 적다. 옛날에는 군용 총기로도 사용되기도 했다. 하지만 탄환을 재장전할 때도 훈련이 필요한 데다 예비탄을 휴대하는 것도 어려워서, 최근에는 군용으로 쓰이지 않게 되었다.

마

■ 매그넘(Magnum)

남성의 '그것'을 나타내는 비유표현. 상대가 「어멋! 굉장해!」라는 태도를 보일지, 「그런 물총가지고 뭐 하는 거냐」라는 태도를 보일지는 남자의 능력에 따라 달라진다. 자칭 매그넘의 경우, 다소 허세가 섞여 있는 경우가 많아서 「내 바주카는 더 굉장하다고!」라고 지껄이며 잘난 체를 하다가 되레 혼이 나는 경우도 있다.

■ 맥시칸 스탠드 오프(Mexican Stand Off)

총을 든 자들끼리 총을 머리나 얼굴에 겨누면서 "옴짝달싹 못하는" 상태가 된 것. 최근에 발생하는 케이스가 많은 「교착상태」나 「서로 무슨 짓을 해도 제대로 된 결과가 나오지 않는」 상황을 가리키는 말로도 사용된다.

■ 머쉬루밍(Mushrooming)

명중한 탄환이 몸속에서 「버섯(Mushroom)」과 같이 확장하는 것. 몸속에 들어온 탄환은 버섯 모양으로 변형하고 탄환의 직경이 퍼지면서 저항 또한 커지게 된다. 이 때문에 머쉬루밍을 일으키는 탄환은 사람이나 동물에게 높은 살상력을 발휘할 수 있다.

■ 메이드복(メイド服)

19세기 말 영국의 여성 하인이나 가정부(Housekeeper)가 착용했던 의복. 「검정이나 짙은 감색의 원피스」와 「하얀 프릴이 달린 앞치마」를 조합한 앞치마 드레스가 일반적. 원래 모습은 심플하고 장식이 거의 없는 롱 드레스였지만, 총격전에 나갈 때는 「미니스커트 메이드」가 일정 비율로 섞여 있다.

■ 모쿠구리(木グリ)

나무로 만들어진 손잡이를 통틀어 이르는 말로, 딱딱한 호두나 마호가니(Mahogany) 등이 대표적이다. 그중에서도 자단(紫檀) 손잡이는 고급품인데, 보통 도구로는 홈이 잘 파이지 않기 때문에 특수한 절삭도(切削刀)를 사용해야 한다.

■ 무차별 사격

난사. 난전이 발생했을 때 마구잡이로 사격하는 것으로, 정확히 겨냥한 뒤 저격하는 것과는 반대되는 말이다. 적당히 쏘는 것 같지만 실은 제대로 조준하는 케이스와, 정말로 아무것도 생각지 않고 잡히는 대로 방아쇠를 당기는 케이스가 있다. 하지만 이 둘은 얼핏 봐서는 구분이 되지 않는다.

바

■ 바람 구멍

총격에 의해 생겨난 관통총상을 비유적으로 이르는 말. 「손바닥에 바람구멍을 뚫어주마」, 「바람구멍을 뚫어줄게」 등과 같은 방식으로 사용한다. 이 바람구멍이 여러 개 생기면 그 표현이 한층 상승해서 「벌집」이 된다.

■ 바주카(Bazooka)

총격전이 교착상태에 들어가면, 어째서인지 적이 높은 확률로 들고 나오는 대전차병기. 픽션에서는 맞으면 폭발하는 「유탄(榴彈)」을 날리는 일이 많고, 자칫 방심하면 숨어 있는 장소째 폭발해버리곤 한다. 비슷한 걸로 「수류탄(手榴彈)」이 있지만, 투척거리가 짧거나 되받아 던지는 등 약간의 단점을 안고 있다.

■ 방탄유리(防彈琉璃, Bullet Proof Glass)

불꽃을 일으키며 총탄을 튕겨내는 마법의 유리. 실제 방탄유리는 강화 유리와 아크릴이 샌드위치 구조로 되어 있으며, 접착제 대신에 중간막(폴리에스테르 등)이 충격 완충제 역할을 해주어 총탄 에너지를 흡수한다. 즉, 총격된 방탄유리는 관통되지는 않을지라도 금이 가면서 부옇게 흐려진다.

■ 방탄조끼(Bullet Proof Jacket)

베스트(Vest)나 재킷 타입의 방탄구. 장력의 강도가 높은 케블라(Kevlar)나 스펙트라(Spectra) 등의 섬유로 총탄을 휘감는 방식이기 때문에, 미처 확산되지 못한 착탄 에너지는 착용자에게 직접적으로 전해진다. 금속이나 세라믹(Ceramics) 판을 감싸서 방어력을 올린 것도 있지만, 그러한 것은 두껍고 무겁기 때문에 "주위에서 눈치 채지 못하도록 옷 아래에 겹쳐 입는" 것은 어렵다.

■ 방탄차(防彈車, Bullet Proof Car)

방탄처리를 한 자동차를 이르는 말. 차체를 방탄금속으로 만든 것이 아니라 "외장과 내장 사이에 방탄 패널을 끼우는" 방식이 일반적으로, 총격을 받으면 탄흔이 남는다(물론 관통되지는 않는다). 유리와 타이어, 연료 탱크의 방탄화는 기본이지만, 등급이 올라가면 바닥에 내폭 처리를 하거나, 좌석의 등받이에 방탄판을 설치하거나, 전해질 용액을 사용하지 않는 드라이 방식 배터리(용액이 샐 때 파워다운이 발생하지 않는다)로 교환하는 등 하나의 요새와 같이 만들어져 있다. 중장비 방탄차는 중량증가를 피할 수 없기 때문에 서스펜션(Suspension)이 가라앉은 상태를 보고 구분할 수 있다.

■ 방탄코트(Bullet Proof Coat)

케블라(Kevlar) 등의 항탄섬유(抗弾纖維)를 짜서 만든 특수 코트. 방탄조끼와 같이 두껍지 않기 때문에 충격 흡수 효과는 낮지만, 적어도 즉사는 피할 수 있다. 호위대상을 코트로 덮은 뒤 재빨리 차로 밀어 넣는 등, 요인 경호에도 응용할 수 있다.

■ 백 사이드 홀스터(Back Side Holster)

힙 홀스터의 일종으로 허리 옆쪽이 아니라 뒤쪽(엉덩이 위쪽)에 총을 장착한다. 총구가 아래를 향하는 것이 아니라 지면과 수평으로 되는 타입은, 허리의 잘록한 부분에 총을 넣어둘 수 있으므로 은밀성이 뛰어나다.

■ 보트 테일(Boat Tail)
첨두탄의 밑 부분이 노로 젓는 보트와 같이 오므라진 형태로 되어 있는 것. 공기저항이 감소되면서 비거리와 안정성이 향상된다.

■ 더블 컬럼(Double Column)
탄약을 2열로 채우는 탄창으로 복렬식 탄창이라고도 불린다. 탄약을 많이 채울 수 있기 때문에 현재 권총의 주류가 되어 있지만, 탄약이 들어가는 만큼 손잡이가 두꺼워진다.

■ 볼트액션(Bolt Action)
소총의 작동구조. 기관부 후방에 장비된 「노리쇠(Bolt)」를 후퇴시켜서 탄약을 장전, 배출하는 방식을 가리킨다. 노리쇠에 달린 잠금(Locking)장치로 약실을 폐쇄하는 것도 가능하다. 이 경우 우선 노리쇠를 일으켜서 탄약을 약실로 보낸 뒤, 다시 쓰러뜨려서 약실을 폐쇄(Lock)하는 방식으로 사용한다.

■ 불발(不發)
방아쇠를 당겨도 탄환이 발사되지 않는 것. 뇌관(Primer)의 불량 등으로 장약이 점화되지 않았을 경우에 발생한다. 드물게 시간차로 탄환이 나가서 깜짝 놀라게 하는 경우도 있지만, 이러한 케이스는 「지발(Hang Fire)」이라고 불러 구별한다.

■ 볼트액션 소총(Bolt Action Rifle)
노리쇠(Bolt)를 조작해서 탄약을 장전하거나 배출하는 소총. 1발 발포할 때마다 볼트 조작이 필요하기 때문에 연발 속도에는 한계가 있지만, 강력한 탄약을 사용할 수 있다. 또한, 정밀도가 높은 사격도 가능하기 때문에 사냥이나 저격 등에 널리 쓰인다.

■ 브라 홀스터(Bra Holster)
여성의 브래지어에 장착하는 타입의 홀스터. 가슴 아래쪽의 공간—컵의 골짜기에 소형 권총용 홀스터를 벨트로 고정시킨 것으로, 셔츠의 아래에 손을 집어넣어 총을 꺼낸다.

■ 블랙 탤런(Black Talon)
할로우 포인트 탄의 일종. 블랙이란 윤활계 코팅제 「류발록스(Lubalox)」의 색을, 탤런은 맹금류의 발톱을 이르는 말. 탄두부에 새겨진 홈에 따라 꽃잎 모양의 머쉬루밍을 일으킨다. 윈체스터(Winchester)사에서 만든 제품.

사

■ 사살(射殺)
인간이나 동물을 총탄으로 쏴서 죽이는 일. 형벌로 인간을 사살하는 것을 「총살(銃殺)」이라고 불러 구별한다.

■ 샷건(Shotgun)
수발~ 수백 발의 금속구(산탄)을 발사하는 총으로, 조준을 잘 못해도 표적을 명중시키기가 쉽다. 반면, 탄환이 확산되기 때문에 저격에는 적합하지 않다. 경찰이나 군경 등이 폭동 제압 및 경비에 이용하는 샷건은 「라이엇건(Riot Gun)」이라고 불리기도 한다(라이엇에는 폭동이라는 뜻이 있다).

■ 상아(象牙)
권총의 손잡이에 사용되는 소재. 워싱턴 조약으로 거래가 금지된 귀중품. 동물의 뼈를 가루로 만들어서 수지로 굳힌 합성품은 「아이보리 폴리머(Ivory Polymer)」라고 불리며, 자주 사용하면 색이 변하는 등 진짜에 가까운 특징을 가지고 있다. 그 외에도 버팔로의 뿔로 만들어진 「버팔로 혼(Buffalo Horn)」 등이 있지만, 이러한 것에도 정교한 합성품이 존재한다.

■ 서방 진영
아메리카, 영국 등의 자유주의 진영의 통칭. 서방 진영의 군사동맹을 「북대서양 조약기구(NATO)」라고 부르며 소속된 군대는 「NATO탄」이라는 명칭의 탄약을 공통으로 사용하고 있다.

■ 숄더 홀스터(Shoulder Holster)
양어깨에 걸친 벨트의 옆구리 부분에 권총을 장착하는 타입의 홀스터. 오른손잡이라면 왼쪽 옆구리에 총이 오도록 장착하는 것이 일반적이다. 상의로 감추기 때문에 총을 가지고 있다는 사실을 파악하기 어렵지만, 신속하게 총을 꺼내는 데에는 적합하지 않다.

■ 스토브 파이프(Stovepipe)
주로 자동권총에서 발생하는 재밍의 일종. 사격 후에 빈 약협이 불완전하게 배출되면서 탄피 배출구에 끼어버리는 상태를 가리킨다. 배출구에서 튀어나온 약협의 입구가 굴뚝과 닮았다는 데서 유래되었다.

■ 스트롱 사이드 드로우(Strong Side Draw)
오른쪽 허리에 장착한 홀스터에서 오른손으로 총을 뽑는 행동. 이름은 자주 쓰는 팔=스트롱 핸드(Strong Hand)를 사용하는 데서 유래되었다. 잘 쓰는 팔이 왼쪽인 경우, 홀스터의 위치는 반대가 된다.

■ 슬램 파이어(Slamfire)
펌프액션식 샷건의 방아쇠를 당긴 채 포어 엔드(Fore End)를 후퇴시키고, 연사하는 테크닉. 탄막을 신속하게 펼칠 수 있지만, 최근에는 안전장치가 있어 사용할 수 없는 모델이 많다. 일본에는 독일에서 유래된 「래피드 파이어(Rapid Fire)」라는 표현을 사용하기도 한다.

■ 슬리브건(Sleeve Gun)
옷의 소맷부리에 총을 장착하여, 간단한 동작으로 튀어나오도록 세공한 것. 팔을 힘껏 내밀거나 휘두르는 등의 행동을 하면 작동되는 것이 많다. 사용자의 "손바닥 안에 쏙 들어가는" 크기의 총이 아니면 소맷부리에 들어가지 않으므로, 모델을 선정할 때는 신중을 기할 필요가 있다. 본가의 「슬리브건」은 옷의 소맷부리에 숨겨두고 사용하는 단발권총으로, 총구 가까이에 스위치를 눌러 발포한다.

■ 실버칩(Silver Chip)
할로우 포인트 탄의 일종. 머쉬루밍이 발생하기 쉽게 하기 위해, 황동 대신에 알루미늄이나 니켈, 아연 합금 등으로 코팅되어 있다. 이름은 탄두가 은색인 점에서 유래되었다. 윈체스터(Winchester)사 제품.

■ 싱글 액션(Single Action)
구식 리볼버에 이용되는 작동 구조. 1발 사격할 때마다 격철을 당기지 않으면 다음 탄환을 쏠 수 없지만, 방아쇠가 움직이는 거리(Stroke)가 짧기 때문에 손 떨림이 적다. 「콜트 거버먼트」나 「토카레프」 같은 자동권총에도 이용되지만, 수동으로 격철을 당길 필요가 있는 것은 최초의 1발뿐이고 2발 째부터는 연속으로 발사할 수 있다.

아

■ 아드레날린(Adrenaline)
인간의 체내에 분비되는 호르몬의 일종. 흥분하거나 스트레스를 받으면 혈중에 방출되어 심박수나 혈압, 혈당치가 상승하는 등 다양한 체내반응을 일으킨다. 전투 중에 정신이 고양되었을 때도 아드레날린이 늘어나기 때문에, 과잉분비로 인해 통각이 둔해지는 경우도 있다.

■ 앵클 홀스터(Ankle Holster)
발목 부분에 총을 장착하는 홀스터. 홀스터에 총을 넣어둔 후, 바짓가랑이로 덮어 보이지 않게 숨기는 것이 일반적. 섹시한 여성이 스커트 안쪽의 넓적다리에 총을 숨겨둘 때도 이 홀스터가 이용된다.

■ 약실(Chamber)
총의 내부에 탄약이 들어가는 공간을 말하며, 기본적으로 총신의 가장 끝 부분에 있다. 탄약 1발을 에워싸듯이 만들어져 있으며, 발포 시에는 폐쇄/밀폐되어 장약의 연소 가스를 군더더기 없이 탄환으로 전달한다. 장탄수를 표기할 때 「+1발」이란, 약실에 들어가 있는 탄환을 계산에 넣은 것이다.

■ 약협(탄피, Cartridge Case)
탄환을 추진시킬 화약(장약)을 채워 넣기 위한 통. 영어로는 「Cartridge Case(혹은 그냥 Case)」이지만, 쏘고 난 뒤의 빈 약협을 가리킬 경우에는 「Empty Case」라고 불러 구분한다. 재질은 기본적으로 황동. 리볼버와 자동권총, 소총이냐에 따라 그 형태는 각각 다르다.

■ 오프핸드 트레이닝(Offhand Training)
「자주 쓰지 않는 팔」로 총을 다루는 트레이닝을 이르는 말. 자주 쓰는 팔에 부상을 입거나, 소총을 겨누는 상태 그대로 권총을 뽑아들어 응전해야 할 상황이 발생했을 때 중요해진다.

■ 요코하마 항구 경찰서(横浜港署)
현(県)내에서 가장 많은 탄환 소비량을 자랑했던 관할 경찰서. 1980년대까지는 도쿄 도내 제일의 총격발생건수를 자랑하는 서부 경찰서와 함께 표면의 무대에 모습을 드러내고 있었지만, 완간(湾岸)서의 탐사수법이 스며들면서 미디어에 노출되는 일은 줄어들게 되었다.

■ 원 오브 사우전드(One of thousand)
기계 가공으로 양산된 총 중에 극히 드물게 굉장한 정밀도로 총이 완성되는 경우가 있다고 하는 도시 전설. 천 정 중 한 정이 나올까 말까 하다는 점에서 이렇게 불리고 있다. 몇 천이 아니라 몇 만 정의 총을 소유하는 군대에서는 그중에서 정밀도가 좋은 총을 선별해서 저격총의 베이스로 삼는 경우가 있다.

■ 원홀샷(One hole shot)
총격에 의해 벽이나 유리 같은 것에 구멍이 뚫렸을 때 그 구멍을 노리고 총을 쏴서 탄환이 구멍을 넓히지 않고 통과하는 사격 기술. 핀홀샷(Pin Hole Shot)이라고 부르는 경우도. 이것을 할 수 있는 사수가 마음만 먹으면, 적이 겨냥한 총의 총신 안에 있는 탄환을 쏘아 명중시키거나, 날아온 탄환을 쏴서 떨어뜨릴 수도 있다.

■ 유탄발사기(Grenade Launcher)
유탄(Grenade)을 발사하는 화기. 그레네이드란 소형 수류탄과 같은 것으로, 유탄 안에 채워져 있는 화약이 폭발하면서 발생하는 충격파와 튀어나오는 금속파편으로 주위의 인간을 살상한다.

■ 인형옷
인간이 입을 수 있는 등신대 「봉제인형」. 총을 다루기가 어려운 데다 시야도 극단적으로 안 좋아지기 때문에 총격전에는 맞지 않지만, 모니터를 사용한 시각 인식 장치나 방탄섬유 등 최신기술을 적용한 인형옷이 마이애미 시에서 경찰용으로 채용되어, 어느 정도 성과를 거두고 있다고 전해진다.

자

■ 자동권총(Auto Pistol)
방아쇠를 당기면 「발사→배출→장전」의 과정이 자동으로 이루어지는 권총. 정비를 하는 데 다소의 수고가 들긴 하지만 장탄수는 리볼버보다 훨씬 많다. 유럽에는 「셀프 로더(Self Loader, 셀프 로딩 피스톨)」라고 불린다.

■ 재밍(Jamming)
총의 탄약이 어떠한 이유로 제대로 급탄, 배출 동작이 되지 않는 상태. 일반적으로 「재밍」, 「장탄 불량」, 「폐쇄 불량」, 「막힘」, 「배출 불량」, 「급탄 불량」 등 다양한 표현이 있는데, 이것은 재밍이 총기 작동 트러블 중 가장 많은 부분을 차지하기 때문이다.

■ 재장전(Reload)
탄약이 떨어진 총기에 새로 탄약을 보충하는 것. 「리로딩(Reloading)」의 약칭. 초탄을 장전하는 것을 「로드(Load)」, 약실에서 탄약을 빼내는 것을 「언로드(Unload)」라고 한다.

■ 저격 소총(Sniper Rifle)
저격에 사용되는 소총의 통칭. 튼튼한 총대에 긴 총신을 장착하는 것이 특징으로, 조준안경(스코프)를 장착하면 1km 이상 멀리 있는 목표를 저격할 수 있다. 볼트액션식과 반자동식이 일반적.

■ 저킹(Jerking)
방아쇠를 당기는 힘이 너무 세거나, 당기는 기세가 너무 강해서 총구가 어긋나버리는 현상. 저크(Jerk)에는 "덜컥" 또는 "왈칵"라는 뜻이 있다. 저킹을 방지하기 위한 충고로 「방아쇠는 당기는 게 아니라 쥐는 것이다」라는 말을 사용한다.

■ 전투소총(Battle Rifle)
7.62mm 클래스의 탄약을 사용하는 "완전 자동 사격이 가능한 소총"을 통틀어 이르는 말. 구경이 5.56 클래스의 소형 탄약을 사용하는 「돌격소총」이나, 반자동 사격밖에 안 되는 「자동소총」과 구별된다.

■ 전투증명(戰鬪証明, Combat Proof)
무기나 병기가 실전에서 사용되고 그 성능이 설계 의도나 설명서의 스펙대로(혹은 그 이상) 발휘할 수 있다는 사실이 객관적으로 실증되었을 때 주어지는 표현. 영어로는 「Combat Proof」나 「Battle Proof」라고도 부른다.

차

■ 철제 약협
철로 만들어진 약협. 전쟁으로 자원이 고갈된 나라에서 사용되곤 한다. 발사 가스의 영향으로 팽창한 채 원래대로 돌아오지 않기 때문에 약실 안에 「들러붙기」 쉽다. 그 때문에 연속 사격을 할 때 재밍을 일으키기 쉽지만, 소련의 AK소총 등은 약실의 치수를 여유롭게 잡아 제작하기 때문에 재밍을 일으킬 확률은 적다. 쉽게 녹슬기 때문에 이를 방지하기 위해 도금해놓는다는 특징이 있다.

■ 첨두탄(尖頭弾)
선단이 표족한 탄약을 가리키는 말로, 주로 소총탄으로 사용된다. 영어로는 「스피처 불릿(Spitzer Bullet=독일어로 "뾰족한 탄환"이라는 의미)」, 「P90」, 「Five Seven Pistol」 등에 사용되는 탄약은 권총탄이지만 선단이 뾰족하게 되어 있다.

■ 총은 검보다 강하다
"총은 멀리서 일방적으로 공격할 수 있기 때문에 검보다 강하다"는 의미를 가진 말. 하지만 상대가 상당한 실력을 갖춘 야쿠자거나 포스 능력을 가진 자와 같은 변칙적인 능력을 사용하는 자라면, 탄환을 두 동강 내버리거나 받아칠 수도 있기 때문에 방심해서는 안 된다.

카

■ 카트리지(Cartridge)
총의 탄약. 탄두, 약협, 장약(화약), 뇌관으로 구성되는 "1발의 탄약"을 가리키는 말. 수십 발 단위의 탄약을 가리킬 경우에는 「Ammunition」이라고 표현한다(즉, 「탄약 상자」는 영어로 Cartridge Box가 아니라 Ammunition Box라고 해야 한다).

■ 케이스 하든(Case Harden)
총의 표면처리 중 하나. 「기름구이」라고도 부르며, 금속 표면만 담금질하는 것. 담금질을 할 때 특수한 원료로 만들어진 탄소를 사용하여, 냉각시킨 후에 헝겊으로 닦아주면 독특한 질감이 나타난다. 서부극으로 유명한 「콜트 SAA(Colt SAA)」는 이 방법으로 표면처리가 되었다.

■ 퀵 드로우(Quick Draw)
쉽게 말해 빨리 쏘기를 이르며 「스피드 드로우(Speed Draw)」나 「퍼스트 드로우(First Draw)」라고도 부른다. 이론상으로 "가장 군더더기 없는 방법"은 힙 홀스터에 넣어둔 권총을 스트롱 사이드 드로우(Strong Side Draw)로 빼는 것이다.

■ 코인(Coin)
가슴주머니에 넣어두면 「심장을 노린 일격」을 막아주는 안심 아이템. 같은 종류의 아이템으로 오일 라이터(Zippo)나 회중시계, 성서 등이 있다.

■ 크로스 드로우(Cross Draw)
자주 쓰지 않는 팔에 장착한 홀스터에서 자주 사용하는 손으로 총을 뽑는 것. 총을 뽑는 팔이 몸 앞을 교차(Cross)하는 모습에서 이름이 유래되었다.

타

■ 탄막(Barrage)
적이 있다고 생각되는 방향을 향해 탄환을 넓게 뿌리듯이 사격하는 것. 「탄막을 펼친다」, 「탄막을 전개한다」와 같이 사용된다. 적을 쓰러뜨리는(살상하는) 것보다도, 기세를 누그러뜨리는 것을 중요시한 테크닉.

■ 텀블링(Tumbling)
명중한 탄환이 체내에서 (공중제비를 돌듯이) 회전하는 현상. 텀블링이 일어나면 체내조직이 강제로 팽창되면서 파괴되기 때문에, 상처 입은 자리의 상태가 심해진다.

■ 토카레프(Tokarev)
야쿠자나 사용하는 조악한 권총이라는 이미지가 강하지만, 전용 탄약은 방탄조끼를 관통하는 위력이 있어서 얕봤다간 큰코다칠 수 있다. 중국제 염가판은 「54식 수창(54式手槍)」이 제식명.

■ 튜브 탄창(Tube Magazine)
튜브 상태의 탄창으로 관형 탄창이라고도 부른다. 샷건이나 레버 액션식 소총 등, 수동장전식 총에 많이 발견된다. 튜브는 총신 아래쪽에 평행으로 설계되어 있으며, 탄약은 직렬 상태로 1렬로 늘어선다. 엎드려 쏘기 쉽다는 장점이 있지만, 폭발할 위험이 있기 때문에 「첨두탄(尖頭弾)」을 장전할 수 없다.

■ 트랜지션(Transition)
지금까지 사용하고 있었던 총을 두고 다른 총을 꺼내서 겨냥하는 것. 오른손에 들고 있었던 총을 왼손으로 바꿔 드는 「스위칭(Switching)」을 포함해서 이렇게 부르는 경우도 있다.

■ 트리거 해피(Trigger Happy)
어쨌든 총을 쏘기만 하면 행복하다고 하는 사람을 이르는 말. 필요하지 않은데도 발포하고 싶어 하는 사람이나, 앞뒤 생각지 않고 안이하게 방아쇠를 당기는 사람을 가리킨다. 물론 멸칭(蔑称).

■ 트리튬 조준기(Tritium Sight)
트리튬을 유리 튜브에 밀폐하여, 알루미늄이나 실리콘으로 감싸서 오픈 사이트(Open Sight)에 채워 넣은 것. 축적된 빛을 방출하는 축광 조준기나 미약한 빛을 증폭시키는 파이버 옵틱 사이트(Fiber Optic Sight)와 달리, 스스로 빛을 방출하기 때문에 어두컴컴한 밤이라도 문제없다.

파

■ 파우더(Powder)
총의 발사약. 장약(装薬)이라고도 한다. 연소 시에 발생하는 가스의 압력으로 탄환을 가속시키기 위한 것으로, 폭탄이나 수류탄에 사용되는 화약(폭약)과는 성질이 다르다. 니트로셀룰로오스(Nitrocellulose) 등을 틀(Base)로 삼고 첨가물을 추가하여 만들어지지만, 틀의 수에 따라 「싱글 베이스(Single Base)」, 「더블 베이스(Double Base)」, 「트리플 베이스(Tripple Base)」로 나누어진다.

■ 파우치 홀스터(Pouch Holster)
웨스트 파우치(Waist Pouch)나 힙 백(Hip Bag) 등의 「주머니」에 홀스터 기능을 추가한 것. 주머니 속에 총이 움직이지 않게 고정하고, 사용할 때는 일반적인 홀스터와 같이 빼서 쏠 수 있다.

■ 파커라이징(Parkerizing)
총의 표면처리 중 하나. 부품을 망간, 철을 포함한 「인산염(燐酸塩)」 액체를 적시거나, 뿌림으로써 표면에 피막이 형성되어, 녹이 스는 현상을 막아준다. 처리된 표면은 울퉁불퉁해서 기름 피막이 오래 지속된다. 돌격소총 「M16」은 이 방법으로 표면 처리되어 있다.

■ 펄 그립(Pearl Grip)
백진주(White Pearl)는 권총의 손잡이 소재로 사용되지만, 수가 많지 않아 대단히 비싸다. 대량 생산이 불가능하기 때문에 「펄라이트(Pearlite)」라고 부르는 펄 색깔의 합성품 손잡이가 인기.

■ 펌프 액션(Pump Action)
총신 아래에 장비된 「포어 엔드(Fore End)」를 후퇴시킴으로써 장전, 배출을 하는 작동 구조로 되어 있다. 이름은 펌프 조작과 닮았다는 점에서 유래되었다. 대형 탄약을 사용한다는 점 때문에 확실히 장전할 수 있는 펌프 액션식 샷건을 많이 사용한다.

■ 페트병 소음기(Pet Bottle Silencer)
영화나 소설 등에 등장하는 즉석 소음기. 내용물이 없는 페트병의 주둥이를 총구에 끼워 맞춘 뒤 발사해서 총성이나 충격파가 주위에 퍼지지 않도록 한다.

■ 펠릿(Pellet)
샷건용 탄약(Shotshell)에 채워져 있는 산탄의 알갱이 하나하나를 이르는 말. 일반적으로 구체이지만, 입방체가 된 것은 「큐빅 샷(Cubic Shot)」이라고 부르며, 관통력이 낮기 때문에 경찰의 특수부대 등에서 사용한다.

■ 풀 메탈 재킷(Full Metal Jacket)
납으로 된 탄심(彈芯)에 금속제 피갑을 씌운 탄환으로 관통력이 높다. 벽 등을 관통해서 관계없는 시민에게 위해를 가할 우려가 있기 때문에, 경찰 등의 법집행기관에서는 사용이 제한된다. 주로 군에서 사용된다.

■ 프렌들리 파이어(Friendly Fire)
무심코 아군을 쏘아버리는 것. 혹은 아군이어야 할 인간에게 총을 맞고 마는 것. 오인사격.

■ 플랫 노우즈(Flat Nose)
탄두의 형태를 가리키는 말로, 선단이 평평하게 만들어진 것. 주로 권총탄에 사용되며, 도탄이 잘 발생하지 않는다는 특징이 있다.

■ 플린칭(Flinching)
플린치(Flinch)란 "뒷걸음질 치다", "움찔하다"와 같은 의미를 가진 말로, 발포 시의 반동에 대비해 무의식중에 총구를 아래로 내리는 것을 말한다. 정신적인 압박감이 근육에 작용해서 나타나는 반사동작인 것도 있는데 이게 버릇이 들면 고치는 데 고생하게 된다.

하

■ 하얀 비둘기

평화의 상징. 영화감독 오우삼의 세계에서는 이 생물이 상공을 날기 시작할 때 총격전이 시작된다.

■ 하이드라 쇼크(Hydra Shock)

할로우 포인트 탄의 일종. 움푹 들어간 중심에 돌기(Post)가 달린 것이 특징으로, 머쉬루밍을 일으키면서 돌기가 튀어나오기 때문에 관통력이 어느 정도 유지된다. 페데랄(Federal) 사의 제품.

■ 하지키(ハジキ)

권총. 챠카(※역자 주 : チャカ, 야쿠자나 불량배들이 권총을 가리킬 때 쓰는 은어. 권총의 방아쇠를 당기는 소리에서 유래되었다고 한다)라고도 한다. 히트맨의 세계에서는「먼저 쏜 쪽이 승리」라는 룰이 있다.

■ 할로우 포인트(Hollow Point)

탄두의 선단이 움푹 들어가 있는 약협을 말한다. 영어 표기(Hollow Point)의 문자에서 따와「HP」라고 부르는 경우도 있다. 주로 권총탄으로 쓰이며 머쉬루밍을 일으킨다는 점 때문에 대인용이나 수렵용으로 인기가 있다.

■ 핫 로드(Hot Road)

보통 탄약보다 장약을 많이 채운 탄약을 통틀어 이르는 말. 장약이 2배일 때는「더블 차지(Double Charge)」, 3배일 때는「트리플 차지(Triple Charge)」 등으로 표현한다. 핫 로드와 비슷한 탄약으로는 장약이 미묘한 밸런스로 추가된「매그넘탄」이 있지만, 실제로 핫 로드와는 미묘하게 다르다.

■ 헤드 샷(Head shot)

인간의 머리를 겨냥해 쏘는 것. 인형 표적을 사용한 훈련에서는「7m 거리에서 헤드 샷으로 과녁의 5cm 범위 안에 들어가라」 등과 같은 명중률 중시의 방법과 머리에 맞으면 보통 죽는다는 발상에서「7m 거리에서 헤드 샷을 1.5~2초 안에 클리어해라」등과 같은 속도를 중시한 방식이 있다.

■ 힙 홀스터(Hip Holster)

허리에 두른 벨트의 위치에 권총을 장착하는 타입의 홀스터. 총을 재빠르게 뽑아 쏠 수 있지만, 총을 소지하고 있다는 사실을 다른 사람이 눈치 챌 확률이 높다. 먼지가 들어가지 않도록 뚜껑이 달린 것이나, 수지로 만든 가벼운 것 등 종류도 풍부하다.

색인

〈숫자〉

〈A~Z〉

〈가〉

〈나〉

〈다〉

〈아〉

〈자〉

〈차〉

참고문헌

『현대 군용 피스톨 도감(現代軍用ピストル図鑑)』 토코이 마사미 著　도쿠마 쇼텐
『현대 피스톨 도감(現代ピストル図鑑)』 토코이 마사미 著　도쿠마 쇼텐
『최신 군용 라이플 도감(最新軍用ライフル図鑑)』 토코이 마사미 著　도쿠마 쇼텐
『최신 머신건 도감(最新マシンガン図鑑)』 토코이 마사미 著　도쿠마 쇼텐
『최신 군용 총기 사전(最新軍用銃事典)』 토코이 마사미 著　나미키 쇼보
『올컬러 최신 군용 총기 사전「개정판」(オールカラー最新軍用銃事典 「改訂版」)』 토코이 마사미 著　나미키 쇼보
『세계의 권총(世界の拳銃)』 WORLD PHOTO PRESS 編　코분샤
『병기 메커니즘 도감(兵器メカニズム図鑑)』 이데이 타다아키 著　그랑프리 출판
『병기도감(兵器図鑑)』 코바시 요시오 著　이케다 쇼텐
『세계의 특수부대(世界の特殊部隊)』 GROUND POWER 편집부 著　DELTA 출판
『테드 아라이의 권총호신술(テッド・アライの拳銃護身術)』 아라이 쿠니스케 著　나미키 쇼보
『최신 병기 전투 매뉴얼(最新兵器戦闘マニュアル)』 사카모토 아키라 著　분린도
『세계의 군용 총(世界の軍用銃)』 사카모토 아키라 著　분린도
『미래 병기(未来兵器)』 사카모토 아키라 著　분린도
『현대의 특수부대(現代の特殊部隊)』 사카모토 아키라 著　분린도
『범죄 수사 대백과(犯罪捜査大百科)』 하사가와 키미유키 著　에이진샤
『세계의 최강 대테러 부대(世界の最強対テロ部隊)』 Leroy Thompson 著 모리 모토사다 訳　GREEN ARROW 출판사
『경찰 대테러 부대 테크닉(警察対テロ部隊テクニック)』 모리 모토사다 著　나미키 쇼보
『대도해 특수부대의 장비(大図解 特殊部隊の装備)』 사카모토 아키라 著　그린애로 출판사
『컴뱃 바이블 1&2(コンバット・バイブル 1&2)』 우에다 신 著　니혼 출판사
『더 건&라이플(ザ・ガン&ライフル)』 오오야부 하루히코 著　WORLD PHOTO PRESS
『GUNS of the ELITE : 특수부대의 최신 웨폰(GUNS of the ELITE: 特殊部隊の最新ウェポン)』 George Markham 著　토코이 마사미 訳　대일본회화
『GUN 용어 사전(GUN 用語事典)』 Turk Takan 감수·편집　코쿠사이출판
『더 파이어 암즈 : 세계의 총기&발명가 파노라마 도감(ザ・ファイヤアームズ: 世界の銃器&発明家パノラマ図鑑)』 토코이 마사미 著　타이리쿠 쇼보
『〈도설〉최신 세계의 특수부대(〈図説〉最新世界の特殊部隊)』 GAKKEN
『〈도설〉최신 미군의 모든 것(〈図説〉最新アメリカ軍のすべて)』 GAKKEN
『〈도설〉세계의 총 퍼펙트 가이드 1~3(〈図説〉世界の銃パーフェクトバイブル 1~3)』 GAKKEN
『〈도설〉독일 전차 퍼펙트 바이블(〈図説〉ドイツ戦車パーフェクトバイブル)』 GAKKEN
『전장의 저격수(戦場の狙撃手)』 Mike Haskew 著 코바야시 토모노리 訳　겐 쇼보
『서바이벌 바이블(サバイバル・バイブル)』 츠게 히사요시 著　겐 쇼보
『SWAT 공격 매뉴얼(SWAT攻撃マニュアル)』 GREEN ARROW 출판사
『파이어 파워 총화기 Part 1, Part 2(ファイアーパワー銃火器 Part 1, Part 2)』 타시로 타이 著　도호샤 출판
『별책 Gun Part 1~4(別冊Gun Part 1~4)』 고쿠사이 출판
『WEAPONS UPDATED EDITION』 THE DIAGRAM GROUP ST.MARTIN'S GRIFFIN
『GUNS』 Chris McNab THUNDER BAY
『SMALL ARMS OF THE WORLD』 W.H.B.SMITH THE STACKPOLE COMPANY
『Military Small Arms of the 20th century』 Ian V. Hogg and John S. Weeks Arms &Armour Press

『월간 GUN(月刊 Gun)』 각 호(各号) 코쿠사이 출판
『Strike And Tactical MAGAZINE(ストライク アンド タクティカルマガジン)』 각 호 SAT 매거진 출판
『Fun Shooting』 각 호 하비재팬
『월간 Arms MAGAZINE(月刊 アームズマガジン)』 각 호 하비재팬
『COMBAT MAGAZINE(コンバットマガジン)』 各号 WORLD PHOTO PRESS
『J Ground(Jグランド)』 각 호 이카로스 출판
『MILITARY CLASSICS(ミリタリー・クラシックス)』 각 호 이카로스 출판
『역사군상(歴史群像)』 각 호 GAKKEN
『주간 월드 웨폰(週間ワールド・ウェポン)』 각 호 DEAGOSTINI

도해 건파이트

초판 1쇄 인쇄 2016년 1월 20일
초판 1쇄 발행 2016년 1월 25일

저자 : 오나미 아츠시
일러스트 : 후쿠치 타카코
번역 : 송명규

펴낸이 : 이동섭
편집 : 이민규, 김진영
디자인 : 이은영, 이경진
영업 · 마케팅 : 송정환
e-BOOK : 홍인표, 이문영
관리 : 이윤미

㈜에이케이커뮤니케이션즈
등록 1996년 7월 9일(제302-1996-00026호)
주소 : 04002 서울 마포구 동교로 17안길 28, 2층
TEL : 02-702-7963~5 FAX : 02-702-7988
http://www.amusementkorea.co.kr

ISBN 979-11-7024-602-2 03390

이 도서의 국립중앙도서관 출판예정도서목록(CIP)은
서지정보유통지원시스템 홈페이지(http://seoji.nl.go.kr)와
국가자료공동목록시스템(http://www.nl.go.kr/kolisnet)에서 이용하실 수 있습니다.
(CIP제어번호: CIP2015035506)

*잘못된 책은 구입한 곳에서 무료로 바꿔드립니다.